大国权力转移与技术变迁

POWER TRANSITION AMONG GREAT POWERS AND
THE TRANSFORMATION OF TECHNOLOGY

深 度
修订版

黄琪轩 著

上海三联书店

目　录

表　序

图 序

第一章

导　　论

进入 21 世纪以后，人工智能、量子计算、大数据和物联网、ChatGPT 等技术不断涌现，新一轮产业与技术革命呼之欲出。2021年底，哈佛大学教授格雷厄姆·艾利森（Graham Allison）等人发布了《伟大的科技竞争：中国对美国》（The Great Tech Rivalry：China vs the U. S.）研究报告。该报告指出：中国将在人工智能、5G、量子计算、半导体、生物技术和绿色能源等技术领域挑战美国优势地位。[①] 2022 年 8 月，美国总统拜登又签署了《2022 芯片与科学法案》，试图应对外部世界竞争，强化美国芯片制造能力，保障美国供应链安全。与此同时，中国政府也日益强调加强世界科技强国建设，致力于实现高水平科技自立自强。重大技术变迁在世界政治中的重要作用再度显现。本书致力于关注重大技术变迁背后的国际政治驱动。

第一节　技术对世界政治的塑造

技术进步给世界带来了重大影响。技术进步改变了世界政治、影响了全球经济、重新塑造了人类社会。不同学科都试图涉足到对技术进步的研究中来。经济学曾试图渗透到技术研究领域，它主要关注技术进步对经济增长的贡献。将技术变迁作为重要的余值

[①] Graham Allison, Kevin Klyman, Karina Barbesino and Hugo Yen, *The Great Tech Rivalry: China vs the U. S.*, Boston: Belfer Center for Science and International Affairs, 2021, pp. 5 - 32.

（residual），经济学家试图对此展开探索，解开经济增长之谜。[①] 而政治学和社会学等学科更多关注技术如何塑造政治与社会。

不少研究关注技术如何塑造了世界政治。历史学家威廉·麦尼尔（William McNeil）等学者指出，一些关键性技术变迁推动了西欧中世纪的变革，使西欧步入近代社会。长矛、枪支、帆船以及书本等技术的出现，带来了十七世纪西欧封建制度的终结，推动了现代国家体系的建立。技术进步成为国际体系转变和新式政治组织出现的动力。长矛、枪支以及帆船等新技术的出现改变了旧有国际体系。[②] 人类学家本尼迪克特·安德森（Benedict Anderson）则看到：十八世纪晚期和十九世纪早期，报纸的出现与民族主义的兴起密不可分，也与民族国家体系的发展息息相关。[③] 十九世纪，现代民族国家这一政治组织形式在世界范围内的扩展离不开汽船、铁路、电报

---

① 参见 Robert Solow, "A Contribution to the theory of Economic Growth", *Quarterly Journal of Economics*, Vol. 70, No. 1, 1956, pp. 65 - 94; Robert Solow, *Growth Theory, An Exposition*, New York: Oxford University Press, 2000。其他相关文献参见: Paul Romer, "Growth Based on Increasing Returns Due to Specialization", *American Economic Review*, Vol. 77, No. 2, 1987, pp. 56 - 62; Paul Romer, "The Origin of Endogenous Growth", *Journal of Economic Perspectives*, Vol. 8, No. 1, 1994, pp. 3 - 22; Philippe Aghion and Peter Howitt, *Endogenous Growth Theory*, Cambridge: MIT Press, 1998。关于该领域经济史的研究参见 Joel Mokyr, *The Lever of Riches, Technological Creativity and Economic Progress*, New York: Oxford University Press, 1990。

② 参见 William Hardy McNeil, *The Pursuit of Power: Technology, Armed Force and Society since A. D. 1000*, Chicago: Chicago University Press, 1984; Geoffrey Parker, *The Military Revolution: Military Innovation and the Rise of the West, 1500 - 1800*, New York: Cambridge University Press, 1988; Carlo Cipolla, *Guns, Sails and Empires: Technological Innovation and the Early Phases of European Expansion, 1400 - 1700*, New York: Pantheon Books, 1965; Lusien Paul, Victor Febvre and Henri Jean Martin, *The Coming of the Book: The Impact of Printing, 1950 - 1800*, London: Verso, 1984; Ronard Deibert, *Parchment, Printing, and Hypermedia: Communication in World Order Transformation*, New York: Columbia University Press, 1997。

③ 关于民族主义和印刷术，参见 Benedict Anderson, *Imagined Communities: Reflections on the Origins and Spread of Nationalism*, London: Verso, 1991。

等新兴技术的支撑。① 随着技术进步，战争对技术的依赖也逐渐增强。随着世界步入工业化，战争也随之工业化。在国际政治中，竞争的国家成为"知识性国家"（knowledgeable state）。② 战争成为技术的竞技场。从某种程度上讲，第一次世界大战是化学家的战争，而第二次世界大战成为物理学家的战争。

技术变迁在深刻地影响国际政治中的权力分布。国家之间技术水平的高低与技术自主性的差别也在深刻影响国际关系。例如，技术进步会改变国家之间进攻-防御平衡（offense-defense balance）。③ 在冷战期间，核技术提供了足够的"惩戒"，美苏两个超级核大国在"相互确保摧毁"的制约下，军事冲突得到有效控制，世界政治进入了"以防御占优势"的时代。核武器的出现有力地改变了原有的国际关系。④ 冷战结束后，不少学者将注意力转移到新兴技术领域。他们开始关注计算机、互联网等信息技术的扩展，以及切断网络连线

① 关于铁路以及蒸汽机改变国际体系的相关研究，参见 Robert Gilpin, *War and Change in World Politics*, New York: Cambridge University Press, 1981, pp. 56 – 59; Daniel Headrick, *Tools of Empires: Technology and European Imperialism in the Nineteenth Century*, New York: Oxford University Press, 1981。

② 关于知识性国家，参见 Maurice Pearton, *The Knowledgeable State: Diplomacy, War, and Technology Since 1830*, London: Burnett Books, 1982。

③ 关于进攻性与防御性的军事技术变迁对国际冲突的影响，参见 Keir Lieber, *War and the Engineers: The Primacy of Politics over Techonology*, Ithaca: Cornell University Press, 2005. 关于技术变迁如何影响国际体系的研究，参见 Geoffrey Herrera, *Technology and International Transformation: The Railroad, the Atom Bomb, and the Politics of Technological Change*, Albany: State University of New York Press, 2006。

④ 关于核技术所引发的国际关系变革，参见 Robert Jervis, *The Meaning of the Nuclear Revolution: Statecraft and the Prospect of Armageddon*, Ithaca and London: Cornell University Press, 1989, pp. 1 – 45; Stephen Evera, "Offense, Defense, and the Causes of War", *International Security*, Vol. 22, No. 4, 1998, pp. 5 – 43. 相关争论参见斯科特·萨根、肯尼斯·华尔兹著，赵品宇译：《核武器的扩散：一场是非之辩》，上海：上海人民出版社 2012 年版，第 1—27 页。

等可能引发的国际政治后果。[①]

我们可以看到,上述研究大多关注技术如何影响了国际政治。事实上,随着大国竞争强度的周期性变化,学者对大国技术竞争探讨的热情也会起伏。[②] 本书将展示,不仅技术在塑造世界政治,重大技术变迁也在被世界政治所塑造。重大技术变迁很大程度上是大国政治竞争的结果而不是原因,这种趋势在二战以后尤其明显。本书通过对大国竞争与技术变迁的梳理,力图展示大国政治如何塑造了重大技术进步。

第二节　周期性的技术与权力变迁

从事技术研究的学者一般有此共识,即技术进步充满不确定性。[③]

[①] 参见 Rober Keohane and Joseph Nye, "Power and Interdependence in the Information Age", *Foreign Affairs*, Vol. 77, No. 5, 1998, p. 81; Henry Farrell and Abraham L. Newman, "Weaponized Interdependence: How Global Economic Networks Shape State Coercion", *International Security*, Vol. 44, No. 1, 2019。

[②] 国际政治对技术影响的早期研究,大多重在描述,参见 William Fielding Ogburn, ed., *Technology and International Relations*, Chicago: University of Chicago Press, 1949; Victor Basiuk, *Technology, World Politics, and American Policy*, New York: Columbia University Press, 1977; John Granger, *Technology and International Relations*, San Francisco: W. H. Freeman, 1979; Ronard Deibert, *Parchment, Printing, and Hypermedia: Communication in World Order Transformation*, New York: Columbia University Press, 1997; Geoffrey Herrera, *Technology and International Transformation: The Railroad, the Atom Bomb, and the Politics of Technological Change*, Albany: State University of New York Press, 2006。此外,参见文一著:《科学革命的密码——枪炮、战争与西方崛起之谜》,北京:东方出版社 2021 年版。

[③] 技术进步具有不确定性的相关研究,参见 Nathan Rosenberg, *Perspective on Technology*, New York, Cambridge University Press, 1976; Nathan Rosenberg, "Uncertainty and Technological Change", in Ralph Landau, Timothy Taylor, and Gavin Wright, eds., *The Mosaic of Economic Growth*, Stanford: Stanford University Press, pp. 334 - 353, 1996; Richard Nelson and Sidney Winter, *An Evolutionary Theory of Economic Change*, Cambridge: Belknap Press of Harvard University Press, 1982。

技术进步的过程是不均衡的，时快时慢。有时候技术进步是爆炸性的；有时候技术进步则非常缓慢。技术进步比较缓慢的时候，大多数技术进步呈现渐进创新的特征；而当技术进步呈现爆炸性突破时，诸多创新则更多是激进创新。[①] 在激进的技术进步过程中，是技术呈现"集群式"（constellation）出现的时期，是技术进步最显著的时期。人们所说的技术革命就是激进创新大规模出现的时期。[②] 长期以来，此类重大技术变迁持续吸引着研究者的关注。西蒙·库兹尼茨（Simon Kuznets）在获得诺贝尔经济学奖时发表的演讲指出："长期的、持续的经济增长的主要源泉来自于那些人类知识的重大突破。这些重大突破扩散到世界大部分地区。我们可以将这些突破称为划时代的创新。经济史的变迁或许可以被划分为不同的经济纪元。而划时代的创新以及它们所产生的独特的经济增长模式是每一个纪元的特征。"[③]

而库兹尼茨所谈到的人类知识的重大突破与重大技术变迁呈现周期性的分布。有时候，技术进步悄无声息；有时候，重大技术变迁此起彼伏，出现技术革命。从表 1.1 我们看到：从 18 世纪开始，英国出现了第一次技术革命以后，每隔一段时期，人类社会就会呈

---

① 关于技术进步创新的分类，如渐进的创新与激进的创新，参见 Clayton Christensen and Richard Rosenbloom, "Explaining the Attacker's Advantage: Technological Paradigms, Organizational Dynamics, and the Value Network", *Research Policy*, Vol. 24, No. 2, 1995, pp. 233 - 257。

② 一场技术革命可以被定义为一批有重大影响的、显而易见的新的技术、产品和部门，它们在整个经济中能带来巨大的变化，并能推动长期的发展高潮。技术革命是紧密地交织在一起的一组新技术集群，一般包括一种重要的、通用的低成本投入品，再加上重要的新产品、新工艺和新的基础设施。参见 Carlota Perez, *Technological Revolutions and Financial Capital: The Dynamics of Bubbles and Golden Ages*, Northampton: E. Elgar Publising, 2002, p. 13。

③ Simon Smith Kuznets, *Population, Capital, and Growth*: Selected Essays, New York: Norton, 1973, p. 166.

现出一次技术革命。人们普遍认为十九世纪中叶是蒸汽和铁路的时代。随后钢代替了铁，钢铁和电力时代来临。到了二十世纪二十年代，汽车和大规模生产时代来临。而二十世纪七十年代以后，人类社会又进入了"信息时代"和知识社会。在两百年间，世界历史出现了多次技术革命，这些都是重大技术变迁。本书把这些重大技术变迁和大国权力转移联系在一起，试图找出二者的关联与作用机制。

表1.1　重大技术变迁的周期

技术革命	该时期的通行名称	核心国家	年份
第一次	产业革命	英国	1771
第二次	蒸汽和铁路时代	英国（扩散到欧洲大陆和美国）	1829
第三次	钢铁、电力、重工业时代	美国和德国追赶并超越英国	1875
第四次	石油、汽车和大规模生产时代	美国（起初与德国竞争世界领导地位），后扩散到欧洲	1908
第五次	信息和远程通讯时代	美国（扩散到欧洲和亚洲）	1971

资料来源：Christopher Freeman, *As Time Goes by: From the Industrial Revolutions to the Information Revolution*, New York: Oxford University Press, 2002. 以及 Carlota Perez, *Technological Revolutions and Financial Capital: The Dynamics of Bubbles and Golden Ages*, 2002。

　　需要注意的是，本书所关注的重大技术变迁不仅局限于世界范围的技术革命，还涉及后发国家赶超过程中的重大技术进步，如苏联在核技术与计算机领域的突破。这些重大技术进步在世界范围内可能原创性不足，但是这些后发国家却因此获取了技术能力的巨大提升和技术上的自主性，进而影响了国内政治经济与世界政治经济。

因此，这些原创性不足，局限在一个国家或者区域内部，但是对一个大国却意义重大的技术变迁，也是本书关注的对象。

在国际关系史上，同样存在周期，其中最吸引研究者关注的就是大国权力转移的周期。如表 1.2 所示，在 21 世纪之前，国际关系史上，新兴大国崛起，守成大国相对衰落，世界政治会出现一轮又一轮的权力转移周期。国际关系史的权力转移周期在很大程度上与世界重大技术变迁的周期存在重叠。本书将融合国际关系史与世界技术史，展示重大技术变迁背后的国际政治驱动。

表 1.2　大国权力转移的周期

时期与冲突	守成大国	崛起大国
15 世纪末 16 世纪初	葡萄牙	西班牙
17 世纪	荷兰	英国、法国
18 世纪中期到 19 世纪初	英国	法国
19 世纪末到 20 世纪初	英国	德国、美国
20 世纪五十年代到七十年代	美国	苏联
20 世纪八十年代到九十年代初	美国	日本

资料来源：根据 George Modelski, *Long Cycles in World Politics*, Basingstoke: Macmillan, 1987, p. 40 修订。

此外，尽管本书主要关注的案例聚焦二战以后，但是辅助案例也涉及二战以前。第二次世界大战结束后，在美国、苏联、日本等国家，技术进步取得了惊人的成绩。美国推动了电子革命的出现，带来了计算机、互联网等新技术的集群式的涌现。在军事技术上，美国也实现了阿波罗登月等人类历史上重大的技术跨越。在苏联，尽管技术进步主要集中在军事领域，其技术成就也相当显著，在人类技术史上成绩斐然。苏联不仅自主研制出了核武器，还发射了人类历史上第一颗人造地球卫星，将宇航员尤里·加加林（Yuri Gagarin）送入太空。

在日本，重大技术变迁相对乏善可陈，这也与日本有争议的大国地位相关。尽管如此，从二十世纪七十年代末开始，日本技术进步对世界政治的意义日益显现。日本逐渐提高了各个高端技术领域的制造能力，如机器人、半导体芯片、微电子、计算机辅助制造、高级材料以及超导、激光、光纤等。在 1984 年，美国公司英特尔（Intel）生产的动态随机存储器在世界市场的占有率下跌到了 1.3%。① 在 1985 年，英特尔公司从动态随机存储器业务中退出，集中精力发展微处理器。英特尔的创始人之一罗伯特·诺伊斯（Robert Noyce）说：事实上我们并不想退出，不管怎么说，英特尔是靠生产存储器起家的。② 1985 年春天，面临日本的竞争，美国半导体公司裁员数千人，缩短了工作时间，封存了产能，并撤销了新的投资计划。③ 英特尔的总裁安德鲁·格罗夫（Andrew Grove）发出警告：硅谷即将成为日本的技术殖民地（techno-colony）。④

而在中国，进入二十一世纪以后，在载人航天、超级计算机、卫星导航、量子信息、新能源技术、大飞机制造、生物医药等技术

---

① 汤之上隆著，林曌等译：《失去的制造业》，北京：机械工业出版社 2019 年版，第 153 页。

② 西村吉雄著，侯秀娟译：《日本电子产业兴衰录》，北京：人民邮电出版社 2016 年版，第 82 页。

③ John Kunkel, *America's Trade Policy Towards Japan: Demanding Results*, London and New York: Routledge, 2003, p. 88.

④ Marie Anchordoguy, *Reprogramming Japan: The High Tech Crisis under Communitarian Capitalism*, Ithaca and London: Cornell University Press, 2005, p. 187.

领域不断取得重大成果。不仅如此,尽管中国技术进步在世界范围内的原创性还需要提升,中国政府还致力于建设创新性国家,建设世界科技强国。从 2012 年到 2021 年十年间,中国的全球创新指数(Global Innovation Index)排名由第 34 位上升到第 12 位。如果有人问:在未来五十年的时间里,是否会出现技术革命?如果会,那么技术革命最可能出现在哪些国家?那么,本书的回答是,会出现技术革命这样的重大技术变迁,而且中国会是其中的重要引领者。那么,这一回答有何依据呢?接下来,我们从国际关系史和科技史出发,探讨重大技术变迁背后的驱动力。

是什么原因引发了这些重大的技术变迁呢? 抑或是什么原因,带来了大国技术进步活动的显著增强呢?有研究指出,技术进步有着自己的轨道,技术进步有着自身的周期。① 而本书试图展示,技术进步的周期显著受到国际政治变化的影响。大国竞争是世界技术变迁的重要驱动力,大国权力转移时期往往是权力竞争最激烈的时期,正是在这一时期,领导国与崛起国之间的权力竞争显著推动了世界重大技术变迁的出现。

本书一共九章。第一章为导论。第二章将聚焦国际关系中的大国权力转移,尤其关注崛起国与守成国。第三章将聚焦重大技术变迁的前期研究,并展示重大技术变迁背后有着深刻的国际政治驱动。第四章到第八章则集中展示本书的经验证据,其中第四章到第七章

---

① 关于技术进步有着自身轨道的研究,参见 Giovanni Dosi, "Technological Paradigms and Technological Trajectories: A Suggested Interpretation of the Determinants and Directions of Technical Change", *Research Policy*, Vol. 11, No. 3, 1982, pp. 147 - 162。关于技术进步的长波的研究,参见 Christopher Freeman, *Long Waves in the World Economy*, Boston: Butterworths, 1983; Christopher Freeman, *As Time Goes by: From the Industrial Revolutions to the Information Revolution*, 2002。

主要关注二战以后美国面临三次崛起国在世界政治中迅速崛起，从苏联、日本再到中国。在三个不同时段，无论是在崛起国还是在守成国美国，尽管取得的技术绩效有异，但均出现了重大技术变迁的驱动。第八章将聚焦国际关系史上的"无核时代"，即历史上的欧洲与古代中国，并展示本书的逻辑不仅适用于"有核时代"，同样也适用于"无核时代"。第九章是全书的总结。

第二章

领导国、崛起国及其技术竞争

本书的一个焦点是大国权力转移。国际关系史很大一部分历史是由大国书写的。肯尼斯·华尔兹认为其结构现实主义只解释大国的行为，而不解释小国。[①] 本书立足于现实主义政治经济学，将主要目光放在大国技术变迁。

第一节　大国及其技术特征

大国（Great Powers）一词，来自欧洲外交史。这一词汇可以追溯到雅典、斯巴达、迦太基、罗马、古代中东帝国以及古代中国。如果说过去五百年里，欧洲国际政治的演进有明显分野，那么我们便可以简略地区分为大国政治与非大国政治。[②] 历史上大战的主角也往往是大国。在过去五百年的战争中，大国参与的战争大约占到70%，其中有 4 个大国参与了五分之一的欧洲战争。[③] 而大国在当代国际关系中仍然扮演重要角色。

（一）国际关系中的大国

关于国际关系中的大国及其界定，很多国际关系学者有不同认

---

① Kenneth Waltz, *Theory of International Politics*, Mass. : Addison-Wesley Pub. Co, 1979, p. 77.

② Buzan Barry, *United States and the Great Powers: World Politics in the Twenty-First Century*, Cambridge: Polity, 2004, p. 48.

③ Jack Levy, *War in the Modern Great Power System: 1495 - 1975*, Lexington: University Press of Kentucky, 1983, p. 3.

识。爱德华·卡尔（Edward Carr）的标准很简单，他指出：判断一个国家是否有资格跻身大国队伍的一项重要标志就是"它是否赢得过一次大战"。① 如华尔兹就认为：在国际政治的自助体系里，要成为最有能力的行为体需要依靠一国的综合国力。"因此，一个国家的经济实力、军事实力以及其它能力是不能被分割看待、分开计算的。一个国家可能因为仅仅缺乏某项因素，而不能跻身到国际体系的顶层。国家在国际体系的等级决定于以下因素：人口、领土规模、资源禀赋、经济实力、军事实力、政治能力和稳定性等。如果我们将国家划分等级的话，我们不需要看这个国家是否赢得过战争，也不需要考虑它在其它方面所做出的努力。我们需要做得事情仅仅是：大致地按照这些国家的能力来划分国家的等级。"② 因此，华尔兹对大国的关注集中于大国的综合竞争力。此外，他更多地强调物质实力。

巴里·波森（Barry Posen）以及安德鲁·罗斯（Andrew Ross）对大国也有类似看法。他们认为大国"需要有实质性的工业和军事潜力"。③ 这个看法也是建立在物质基础上的。值得注意的是，对大国潜力的估算也很重要。因为二战以后世界经济结构改变，后发展国家经济增长迅速，具备潜力的国家可以用相当快的速度赶超先发展国家。同时，二战后经济实力能够快速转化为其它实力。国家从以往的领土扩张转向自由贸易来积累实力。④ 在这样的结构下，即便

---

① 爱德华·卡尔著，秦亚青译：《20 年危机（1919—1939）：国际关系研究导论》，北京：世界知识出版社 2005 年版，第 104 页。

② Kenneth Waltz, *Theory of International Politics*, p. 131.

③ Barry Posen and Andrew Ross, "Competing Visions for U. S. Grand Strategy", *International Security*, Vol. 21, No. 3, 1996‐7, p. 17.

④ Richard Rosecrance, *The Rise of the Virtual State: Wealth and Power in the Coming Century*, New York: Basic Books, 1999, pp. 1‐30.

是像日本这样缺乏自然资源的国家，也能跻身大国行列，乃至对世界政治的领导权构成有力挑战。

与上述物质主义看法有区别的是英国学派的研究。英国学派对大国的界定更多具有观念和认知特征。赫德利·布尔（Hedley Bull）对大国的界定就是如此。布尔强调国际社会对大国的社会建构。布尔指出：大国必须具备这样的条件，即其他国家认为该国具有一些特殊的权利和责任（special rights and duties），而这个国家的领导人和人民也确凿不移地相信这一说法。比如，这个国家会宣布自己享有一些权利，并根据这些权利，在一些决定性的事务上扮演相应角色，进而影响整个国际体系的和平与安全。它们也接受它们的责任，调整自身政策，以适应它们所负有的管理国际社会的责任。[①] 我们不难看出，布尔对大国资格的界定强调认知因素。而本书关注的大国权力转移更加关注物质实力的权力转移，对战后的分析尤其关注经济实力的转移。尽管认知因素也很重要，但是本书和其他现实主义政治经济学的假定一致，即假定这些认知因素的变化是基于物质力的。

二战以后，世界政治中开始出现超级大国（superpowers）。"在国际体系中纵横捭阖，超级大国需要具备广泛的能力（broad-spectrum capabilities）。超级大国需要一流的军事能力、政治能力以及经济能力作为支撑。"[②] 二战以后，美国和苏联成为超级大国。随

---

① Hedley Bull, *The Anarchical Society: A study of Order in World Politics*, London: Macmillan, 1977, pp. 200–202. 而布赞就指出，印度就是相当有趣的案例。印度的大国来自于自己和国际社会成员对它的认知和界定。参见 Barry Buzan, "South Asia Moving Towards Transformation: Emergence India as a Great Power", *International Studies,* Vol. 39, No. 1, 2002, pp. 1–24.

② Buzan Barry, *United States and the Great Powers: World Politics in the Twenty-First Century*, p 69.

着苏联解体，苏联超级大国的地位由此终结。作为享有世界政治领导权的美国，尽管其霸主地位有起伏，但是却一直享有超级大国的地位。[1] 在国际关系史上，葡萄牙、西班牙、荷兰等都曾在欧洲乃至世界的政治经济中有着举足轻重的影响，是历史上的"大国"。在一战以前，大家公认的大国有以下九个：奥匈帝国、英国、法国、德国、意大利、日本、奥斯曼帝国、俄国以及美国。经历了一战，到了 1939 年，大国队伍剩下七个：英国、法国、德国、意大利、日本、苏联、美国。而二战后，除了美苏两个超级大国，其它次一级的大国有英国、德国、法国和中国。[2] 二战结束以后，美国领导权有所波动，主要是由于其面临其它大国的迅速崛起。事实上，在二战后，美国将苏联的崛起、日本的崛起以及中国的崛起都视为对自身领导地位的挑战。

一般而言，在进入大国队伍之前，小国权力增长过快，是不足以改变世界政治结构的。因此，小国的经济奇迹对领导国而言是不足为虑的，它至多打破区域平衡。如果一个国家想要成为大国，需要依赖于一个关键因素。布赞指出，"把大国同区域性国家区分开来的标志是：大国的所作所为能够迫使其他国家对国际社会现在以及将来的权力分布做出反应，而这些国家对此反应的计算和谋划是建立在国际体系这个层次上的（当然也包括了区域层次的计算）。这表明国际社会的其它主要国家（major powers）把大国当作这样的行为体：它能够在中短期内，有足够明确的经济、军事、政治潜力去

---

① 关于美国领导国地位的文献很多，包括冷战后单极世界的研究，参见 Stephen Brooks and William Wohlforth, *World Out of Balance: International Relations Theory and the Challenge of American Primacy*, Princeton: Princeton University Press, 2008。

② 本书使用的大国名单，参见格雷厄姆·艾利森著，陈定定、傅强译：《注定一战：中美能避免修昔底德陷阱吗？》，上海：上海人民出版社 2019 年版，第 320—321 页。

获得超级大国地位。"[1] 按华尔兹对国际体系的理解，正如完全竞争条件下众多公司作为价格的接受者（price taker）而不是价格的制定者（price maker）一样，大国在国际体系中受到一个超出自身控制的国际结构影响，就像在完全竞争的市场中一样。但是国际结构并不同于微观经济学中的完全竞争结构，而类似于寡头竞争结构，各个寡头都可以是价格制定者，而不仅仅是价格接受者。[2] 连华尔兹也坦言："国家，尤其是大国，就像大公司一样，它们既受到环境的限制，又能够通过行动来影响环境。大国不得不对其他行为体的行动做出反应，而后者的行动也会因为前者的反应而随之改变。因此，这就像个寡头市场。"[3] 换句话说，大国能成为国际结构的改写者，它们的选择可以重塑世界政治。作为国际结构改写者的大国，其技术进步模式与小国会有很大的不同。

（二）大国与小国的技术进步模式

以往的大国政治研究更倾向于研究大国之间的战争与和平，而会忽略包括技术在内的低级政治。[4] 在国际关系史上，战争是大国政

---

[1] Buzan Barry, *United States and the Great Powers: World Politics in the Twenty-First Century*, pp. 69 - 70.

[2] Jonathan Kirshner, *Appeasing Bankers: Financial Caution on the Road to War*, Princeton: Princeton University Press, 2007, p. 19.

[3] Kenneth Waltz, *Theory of International Politics*, p. 134.

[4] 1973 年第一次石油危机使得学者日益关注国际经济运行背后的政治逻辑，国际政治经济学（International Political Economy）由此应运而生。国际政治经济学则是探讨国际政治体系或是国家系统怎样影响国际经济事务与经济政策。国际政治经济学研究的重点在于研究国家系统与国际市场的互动。参见朱天飚：《国际政治经济学与比较政治经济学》，载《世界经济与政治》2005 年第 3 期。关于国际政治经济学的历史与发展梳理，参见：王正毅著：《国际政治经济学通论》，北京：北京大学出版社 2010（转下页）

治的重要篇章。战争是与一国的国际等级相关的活动（a rank-related activity）。一般而言，一个国家在国际等级中的排序越高，它越可能卷入战争。换句话讲，大国之间战争爆发的可能性大于小国；此外，一个稳定的国际等级秩序会导致和平。[①] 从以往经验来看，大国比小国卷入战争可能性高，大国和小国在战争上有显著的不同。二战后的情势变化显示：大国之间的竞争在很大程度上已经转向。在美苏之间，所持有的核武器已经达到"相互确保摧毁"的程度。在这样的条件下，大国竞争很大程度上从战场走向备战、走向实验室。因此，战争具有明显的大国特征变成了技术进步具有明显的大国特征。

在国际政治中，大国是国际结构的塑造者。大国权力变化影响国际结构变化，而小国则是既定国际结构的接受者。大国技术实力是影响大国自身综合实力的重要方面。因此，大国的技术变迁进而会带来国际结构的变迁。[②] 由于大国与小国的能力不同，在国际结构的位置不同，大国技术进步与小国技术进步的国际影响很不相同。

首先，世界政治中的技术具有大国垄断供给的特点。由于国家间实力分布的不均，科技创新的提供主要集中在少数大国。科技创新仍然具有寡头垄断的特点。由于科技创新具有高耗费、高门槛、高投资、高风险等特点，只有少数公司和国家有能力负担。在1998

（接上页）年版；Benjamin Cohen, *International Political Economy: An Intellectual History,* Princeton: Princeton University Press, 2008。

[①] 对此的检验参见 Henk Houweling and Jan Siccama, "Power Transitions as a Cause of War", *The Journal of Conflict Resolution* , Vol. 32, No. 1, 1988, pp. 87 - 102.

[②] Geoffrey Herrera, *Technology and International Transformation: The Railroad, the Atom Bomb, and the Politics of Technological Change* , p. 2.

年，信息技术行业排名前五的公司，包括 IBM、朗讯（Lucent）、康柏（Compaq）、日立（Hitachi）和北电（Nortel），平均研发经费为48 亿美元，占其总收入的 10%左右。这些公司的总收入总计为 2400亿美元，超过奥地利的国民生产总值。仅 IBM 年收入就达到 820 亿美元，超过智利和埃及的国民生产总值。同年，中国的研发支出为54 亿美元，超过世界银行年度报告列出的 46 个发展中国家的国民生产总值。[①] 在 2000 年，在研发投入上全球排名前十的国家占全球研发份额的 84%；同样是这些国家，在 1977 年到 2000 年间，占到美国专利申请额的 94%。[②] 在 2003 年到 2006 年间，美国生产的高技术产品占全球高技术产品总额的 39%。[③] 因此，世界政治中的技术具有垄断供给的特点，重大科技创新的供给集中在大国及其大公司手中。不仅当前如此，在国际关系史上，世界政治中的技术同样具有大国垄断供给的特点。为什么会如此呢？这源于大国技术进步的广度和深度都要显著强于小国。

其次，就广度而言，世界政治中的大国往往选择"大而全"的技术战略。如果我们将世界各国技术战略进行分类，大致而言，国家面临三种不同的技术发展模式。[④] 其一，大而全的技术进步模式。即一国在各个方面建立自己的科学技术基础，这个模式是以美国为

---

① Peter Nolan, *China and the Global Economy: National Champions, Industrial Policy and the Big Business Revolution*, New York: Palgrave, 2001, pp. 137 - 138.

② Carlos Correa,"Can the TRIPS Agreement Foster Technology Transfer to Developing Countries?" in Keith Maskus, Jerome Reichman, eds., *International Public Goods and Transfer of Technology Under a Globalized Intellectual Property Regime*, New York: Cambridge University Press, 2005, p. 233.

③ Stephen Brooks and William Wohlforth, *World Out of Balance: International Relations and the Challenge of American Primacy*, p. 33.

④ 对此三种技术进步类型的描述，参见 Robert Gilpin, "Technological Strategies and National Purpose", *Science*, New Series, Vol. 169, No. 3944,1970, pp. 441 - 448。

代表的，这就是大国技术进步的模式。其二，小而精的技术进步模式，即一国遵循专业分工的模式。在这种模式下，科学与技术的发展聚焦于专业化的方向，一国把注意力集中于有限的几个领域。这是典型的小国技术进步模式。这一模式是以欧洲小国，如瑞典、瑞士、荷兰等为代表的。其三，技术依赖模式，即依赖进口技术，再进行本土的技术改进。二战后，日本曾经有一段时期采纳了这一模式。这三种模式体现了各国在世界政治中的等级结构，不同等级的国家技术进步模式有明显的分野。在技术的产业分布上，大国往往强调技术的全面覆盖性，以降低对它国的技术依赖；而小国则更强调技术的专业分工，更加专注于比较优势的发挥。因此，小国产业与研发的涉足面比大国更加狭窄。小国可以专注于比较优势进而专注于国际分工。大国则受到更多的限制。小国要么主动，要么被国际潮流裹挟着变动。大国则更强调确保自身政治经济的自主性（automony）以保障自身安全。所以，大国的国际分工程度远不如小国高，在与国家安全密切相关的技术领域更是如此。大国会更多地投资与其比较优势相违背的技术领域，以解决"卡脖子"技术问题，进而确保国家安全。

再次，就深度而言，世界政治中的大国往往会投入更高强度的研发。衡量技术深度的指标是研发密度，即研发投入占国民经济的比重。如果以这一指标来测量，研发密度和国家的富裕程度并非直接相关，即国家对技术的投入并非会随着经济富裕程度的增加而增加。与大国相比，小国对技术投入的全面性并不那么强调，富裕小国对技术投入的研发密度也远远落后于大国。人均 GDP 位居世界前列的北欧小国，在技术投资上的排名远远落后于其经济排名。从国际数据来看，人均收入相当高的加拿大、瑞典、瑞士、挪威、丹麦、芬兰、新西兰、澳大利亚等国，它们在技术研发中属于技术研发的中小国家，它们的技术投资远远跟不上其人均收入和国民财富。这是由于它们在国际社会中是小国，对技术投入的压力远不如大国高。而大国对技术的投入则可超前于其经济排名。在迅速崛起时期，苏联在经济绩效并不十分靠前时，展开了大规模的技术投入。因此，我们可以说：并不是经济发展了，一国就会呈现"技术民族主义"的特征或者加强对技术自主性的诉求。世界政治中的大国，尤其是崛起国往往会有这种诉求，而其它富裕的小国则不然。

我们可以推断，如果一国的国际地位发生变化，其技术选择也会有相应改变。即便由于结构约束，日本对美国的挑战不如苏联，当日本崛起时，日本的技术进步模式也开始转型。国际关系学者罗伯特·吉尔平（Robert Gilpin）指出："日本想要跻身政治大国的前列，而要获得这个地位，一个国家必须拥有自己研发的技术。"[1] 日本开始着手从下面几个方面予以改变：首先，日本开始扩大基础研究；其次，日本研发领域大规模扩展。在日本政府资助下，日本技术研发分布从以前比较狭窄的领域往更宽广的领域扩展。日本科学和技术开始覆盖到更广阔的领域。再次，崛起时的日本，开始强调技术自主性，而不是单纯的技术进口。日本开始着意于摆脱对领导国美国的技术依赖，以保障国家的经济安全与政治安全。同时，日本技术研究开始转向，日益重视研发军用技术。

本书主要关注大国技术变迁，大国对国际政治的变动比小国更敏感。世界政治中的技术具有大国垄断供给的特点；大国技术投入

---

[1] Robert Gilpin, "Technological Strategies and National Purpose", pp. 443 – 447.

领域覆盖面更广；大国技术研发密集程度更强。在世界政治的权力转移过程中，世界政治的领导国与崛起国往往呈现明显的"技术民族主义"倾向并加大对"技术自主性"的诉求，而小国则更多倾向于选择"技术国际主义"。大国政治会更加明显地影响大国的技术变迁。概括地讲，与小国相比较，大国的技术呈现为技术供给能力更强、技术涵盖面更广、技术研发力度更大等特征，大国技术对"自主性"的诉求也更显著。

尽管本书只集中关注全球范围内的重大技术变迁以及大国的技术变迁，但是随着研究的深入，以后的研究努力也可以关注到区域层次领导权的变迁带来技术的相应变迁。事实上，建国后中国的技术发展在"学习强者"到"自立自强"之间的几度变换就离不开中国在社会主义阵营内部以及在世界政治中的迅速发展。当然，区域性的领导权争夺和全球性领导权的争夺，在激烈程度、行为模式上会有很大区别。本书接下来将会从世界政治中的领导国与崛起国权力分布的改变及其引发的一系列政治后果展开。

第二节　霸权兴衰与权力转移

国际关系研究中有关世界政治领导权的主要理论有霸权稳定论（hegemonic stability theory）与权力转移理论（power transition theory）。而无论是霸权稳定论还是权力转移理论，都把国际社会的稳定寄希望于国际等级结构的维系。大国之间的权力变化不平衡性会显著影响霸权起落。因而，国际关系所关注的霸权稳定论和权力转移理论都从不同侧面展示了国际等级格局变动会对世界稳定的影响。那么，国际政治中的权力转移和霸权兴衰会给世界技术变迁带来怎样的影响呢？我们先简要分析国际政治经济学中的霸权稳定论，看霸权兴衰起落如何影响到技术变迁。

(一) 霸权稳定论与国际市场

霸权稳定论是对国际政治结构和国际经济结构之间关系的探索。在霸权稳定论正式提出之前，不少学者对国际政治结构和国际经济结构间的相关性进行了长期探索。早期的研究如爱德华·卡尔关注十九世纪英国经济霸权以及自由贸易的兴起。此后，罗伯特·吉尔平开始着力研究政治权力与国际经济开放度的关系。到了 1973 年，查尔斯·金德尔伯格（Charles Kindleberger）开始研究英国霸权衰落如何引发了世界经济萧条。他指出："一个稳定的世界经济秩序需要一个稳定的提供者"。[①] 如果霸权衰落，稳定的世界经济秩序就会遭受重创。有关霸权稳定论的研究大都强调，开放的国际经济是公共品。这个公共品的提供需要一个政治前提：即霸权国家的存在。而本书的研究正是要指出，如果大国之间没有权力转移发生，世界政治的霸权国家仍能维持这个开放的世界经济秩序。此时，国家间更多考虑绝对收益。与权力转移时期相比，大国对技术自主性的诉求并不高。因此在这一时期，比较稳定的环境难以激发大国政府大规模投资和采购技术的意愿。同时，由于霸权维系着世界市场开放，国际市场的需求不断为技术发展提供激励，这一时期的技术进步大都属于对以

---

① Charles Kindleberger, *The World in Depression, 1929 – 1939*, Berkeley: University of California Press, 1973, p. 305.

往重大技术的改进和市场化阶段，技术的民用倾向很高。① 反之，技术进步则可能出现相反的走向。因此，我们讨论霸权起落对技术进步的影响，需要梳理霸权稳定论的诸多问题。②

第一个问题是：国际经济与安全合作为何要霸权？不仅开放的国际经济秩序需要霸权国家维系，在霸权等级体系下，国际社会的政治秩序也得以维持下去。因此，这个时期的国际合作既涉及安全领域，又涵盖经济领域。正是霸权国家的存在，克服了国家之间合作的障碍。国家之间要实现合作，往往需要克服两个障碍：第一，要克服执行问题（enforcement）；其次，要克服对相对收益过度关注问题。③

在克服强制执行问题上，合作参与者需要能够找出哪些参与者违规；当找出违规者以后，它们还要有能力报复和惩罚违规者；不仅如此，它们还要有足够的激励机制去惩罚违规者，而不是放任自流。④ 因此，执行问题既涉及到参与国家的能力，也涉及这些国家的意愿。如果国家间势均力敌，彼此就没有足够的能力去监督执行。同时，势均力敌的国家如果不能克服搭便车难题，它们也没有足够的意愿去督促执行。在这种条件下，国际经济合作则难以顺利实现，而国际安全合作则更难实现。⑤ 一个霸权国家或领导国的存在为解决

---

① 黄琪轩：《国家权力变化与技术进步动力的变迁》，载《中共浙江省委党校学报》，2009年第4期，第38页。

② 对霸权稳定论的细致梳理，参见钟飞腾：《霸权稳定论与国际政治经济学研究》，载《世界经济与政治》，2010年第4期。

③ Joseph Grieco, Robert Powell and Duncan Snidal, "The Relative-Gains Problem for International Cooperation", *American Political Science Review*, Vol. 87, No. 3, 1993, p. 729.

④ Robert Axelrod and Robert Keohane, "Achieving Cooperation Under Anarchy: Strategies and Institutions", *World Politics*, Vol. 38, No. 1, 1985, pp. 226 - 254.

⑤ Charles Lipson, "International Cooperation in Economic and Security Affairs", *World Politics*, Vol. 37, No. 1, 1984, pp. 1 - 23. 该研究指出，国际经济合作之所以比国际安全合作容易是因为国际经济合作可以通过重复博弈来实现，但是军事合作却不能。国际安全合作一旦有违规者，会在顷刻间让守约国处于绝对劣势。

"囚徒困境"提供了一个出路。"在霸权体系下容易有开放的世界经济，因为单一领导国家（single advanced country）的存在，使其它成员认识到与领导者角逐政治权力不会带来好结果。它们就会屈从于霸权的诱导。"[1] 霸权国家在权力结构上的绝对优势使得它有能力克服强制执行问题。而同时，"如果一个国家的规模越大，那么它在界定自身利益时，就会更多地考虑体系利益。"[2] 霸权或领导国在世界政治中所占的利益份额最大，领导国的利益和国际体系的利益息息相关。在很多时候，领导国会有意愿进行监督，以增进自身利益。领导国或霸权享有的地位使得其有"萝卜"和"大棒"，对遵守规范者进行奖励，对违规者进行惩戒。[3] 作为体系的最大受益者，霸权国也有动力来实施监督和惩戒。这就解决了国际安全与经济合作中的执行问题。

关于领导国的存在有利于克服合作者之间对相对收益关注的问题，下面会详细论及。大致情况是，当霸权国家优势明显时，大国之间更多关注绝对收益，市场会扮演更多的角色，世界政治经济的自由主义色彩更浓；而当霸权国家衰落时，大国会更多关注相对收

---

① Joanne Gowa and Edward Mansfield, "Power Politics and International Trade", *American Political Science Review*, Vol. 87, No. 2, 1993, p. 408. 对霸权结构的研究, 参见：Stephen Krasner, "State Power and the Structure of International Trade", *World Politics*, Vol. 28, No. 3, 1976。

② Kenneth Waltz, *Theory of International Politics*, p. 198. 这和奥尔森所讲的集体行动逻辑吻合, 如果一个行为体在群里中占的份额越大, 整体利益与其自身利益越息息相关, 那它会更多考虑整个群体利益。关于奥尔森的研究, 参见 Mancur Olson, *The Logic of Collective Action: Public Goods and the Theory of Groups*, Cambridge: Harvard University Press, 1971; Mancur Olson, *The Rise and Decline of Nations: Economic Growth, Stagflation and Social Rigidities*, New Haven: Yale University Press, 1982。

③ Beth Yarbrough and Robert Yarbrough, "Cooperation in the Liberalization of International Trade: After Hegemony, What?", *International Organization*, Vol. 41, No. 1, 1987, pp. 1 - 26.

益，安全问题开始凸显，现实主义的考虑日益走向前台。简言之，在国际政治经济中，容易出现"盛世自由主义，乱世现实主义"的局面。

因此，霸权国家的存在使得开放的国际秩序和稳定的国际安全环境成为可能。除了对自身"现有"地位的考虑会影响霸权国家的意愿和能力，对以后权力分布的"预期"也会影响到霸权国家的行为和意愿。当大国间权力增长不平衡程度小的时候，这意味着诸大国及国际社会预期：在现在与将来一段时间，国际社会仍有霸权维系秩序。霸权权力的绝对优势使得它对违规者能够实施有效监督及执行，也能减少大国成员对相对收益的过度考虑。因此，不仅现实的权力差距会影响霸权行为，大国权力增长不平衡性导致的国际社会对今后权力分布的预期也会影响霸权的行为。当霸权国家产生被取代预期的时候，霸权国家提供国际公共品的意愿会下降。

霸权的衰落与衰落预期均会影响国际政治经济公共品的提供。其一，由于霸权衰落，会降低霸权提供和维持国际公共品的能力；其二是，衰落的霸权国家，对相互依存比较敏感，对相对收益更为关注，提供公共品的意愿下降；其三，崛起国可能冲击现有分配秩序，实施自己主导的分配秩序。在其崛起成为新的霸权之前，崛起国有能力摧毁旧的秩序，却又没有提供新的。罗伯特·基欧汉等宣称：像国际制度这样的国际公共品不容易创建但容易维持。尽管霸权衰落，自由贸易的国际机制仍能继续维持下去。[1] 这一乐观估计的问题在于，他们以为大国维持合作的意愿不会改变。但是如果在霸权衰落时，大国出于对相对收益和相互依存敏感性考虑，往往会在

---

[1] Robert Keohane, *After Hegemony: Cooperation and Discord in the World Political Economy*, Princeton: Princeton University Press, 1984, pp. 5 - 48.

自由贸易的道路上退步。在领导国和崛起国之间，发生这种倒退的张力则更为明显。因此，在霸权国衰落之际，国际机制并非如此容易维持。技术贸易也是如此，当霸权相对衰落，霸权往往会加强技术出口控制。此时，技术将难以作为普通商品进出口，而是和国家安全更加紧密地绑定在一起。

第二个问题是关于霸权性质的争论。以往研究的争论大体分歧即霸权是良性的（benign）还是恶性的（malign）？吉尔平等强调霸权的自利性，霸权带来了具有强制力的领导权，它通过"萝卜"和"大棒"来维持国际秩序。同时，在有利可图的情况下，霸权会采取扩张性的政策，会尝试控制国际体系内的其他国家，也会利用其强制力盘剥其他弱小国家。[1] 在贸易领域，霸权国家会通过实施最优关税（optimum tariff）盘剥小国，从小国那里抽取收入。在货币领域，霸权国家会利用他国对自身的货币依附，影响他国的经济政策与政治决策。[2] 而霸权是"良性"的观点则认为，由于霸权从良好的国际秩序中获益，因此霸权国家愿意提供国际公共品。同时由于国际社会搭便车行为的存在，其它国家在免费使用霸权提供的国际公共品。金德尔伯格就指出：霸权国家作为国际经济运行的稳定器，承担了三项重要功能：首先，它为世界的商品提供开放的市场；其次，它担当了"最后贷款人"（lender of last resort）的角色，当世界其他国家遇到经济危机的时候，霸权国家需要为其提供长期贷款；又次，它发行国际货币，为世界经济的运转提供流动性。[3] 约翰·伊

---

[1] Robert Gilpin, *War and Change in World Politics*, pp. 106 – 155.

[2] Jonathan Kirshner, *Currency and Coercion: The Political Economy of International Monetary Power*, Princeton: Princeton University Press, 1997, pp. 115 – 169.

[3] Charles Kindleberger, *The World in Depression, 1929 – 1939*, p. 292.

肯伯里（John Ikenberry）以美国霸权为例进一步指出，美国为了让世界各国服从其领导的世界秩序，进行战略性克制（strategic restraint）。美国建立了包括国际货币制度在内的一系列国际制度，这套国际制度建设不仅减少了国际合作的交易成本，解决了集体行动的问题，还产生了路径依赖。这套国际制度限制了美国滥用其权力，把美国的行为锁定在可预测的轨道上。此外，伊肯伯里还指出：美国的霸权是自由主义的霸权，它是透明的、开放的。[①] 因此，大部分自由主义者看来，不是强者剥夺弱者，而是弱者剥夺了强者。

本书避开了上述的争论，不去探讨霸权是良性还是恶性。因为不管霸权是良性还是恶性，理性的霸权会带来国际政治秩序和开放的国际经济秩序。而稳定的国际环境有利于减小国家之间的威胁感知。这对减少军事科研投入和政府采购相当重要。因此，霸权有稳固地位的时期是本书中没有发生大国权力转移的时期。当各国都预期霸权仍能维持其主导的政治经济秩序时，大国的技术进步很大程度上属于在已有"大发明"的基础上进行边际改进的时期，市场力量起更明显的作用。而当世界政治出现权力转移的时候，则出现相反的情况。大国间，尤其是领导国与崛起国间技术进步的走向开始转变，政府开始大规模介入技术进步以增强自身在国际竞争中的筹码。

第三个问题是安全问题如何影响霸权对外经济政策？乔安娜·高瓦（Joanne Gowa）指出，自由贸易离不开国家权力，因为自由贸易协定不可避免地会带来安全外部性（security externalities）。[②]

---

① John Ikenberry, "Institutions, Strategic Restraint, and the Persistence of American Postwar Order", *International Security*, Vol. 23, No. 3, 1998 - 1999, pp. 43 - 78.

② Joanne Gowa, "Rational Hegemons, Excludable Goods, and Small Groups: An Epitaph for Hegemonic Stability Theory?" *World Politics*, Vol. 41, No. 3, 1989, pp. 307 - 324.

贸易会改进国内资源配置，提升生产效率。生产效率的提高又会释放出一部分资源到军事用途。因此，霸权稳定论需要考虑到安全因素。只有当两国之间存在长期的安全关系，以使得贸易的联合收益（joint gains）能够内部化（internalized）时，两国更容易展开自由贸易。[1] 尽管霸权会倾向于与盟友贸易，但由于今天的盟友可能是明天的对手，因此对大国而言，合纵连横也是缺乏长期保障的。贸易的伙伴是随着国际环境的变化而变动。

具体到技术贸易，领导国可以利用其领先的技术，通过对技术出口控制（export control）来实现其全球政治经济战略。一旦技术涉及国家安全和相对收益，那么技术贸易就远不是普通的商品贸易，难以根据比较优势原则进行经济交换了。概言之，自由贸易远不是经济问题，包括技术贸易在内的国际贸易，背后的安全问题一直在使得市场问题政治化，使得国际市场显著受到国际安全的影响。在国际社会的无政府状态下，国家有安全考虑（security concern）。当安全因素成为国家的优先考虑时，往往会牺牲开放的市场。

以往研究大都称开放的国际经济秩序是国际公共品。但我们需要注意到自由贸易不具备公共品属性，它既不具备非排他性，也不具备非竞争性。约翰·科尼比尔（John Conybeare）就指出：自由贸易并不是公共品，因为自由贸易是排他的，它不满足非排他性（non-excludability）；而各国对自由贸易的"消费"也具有竞争性。[2] 开放的世界经济需要开放的国别经济做支撑，而各个国家的国内市

---

① David Lake, "Leadership, Hegemony, and the International Economy: Naked Emperor or Tattered Monarch with Potential?" *International Studies Quarterly*, Vol. 37, No. 4, 1993, p. 471.

② John Conybeare, "Public Goods, Prisoners' Dilemmas and the International Political Economy", *International Studies Quarterly*, Vol. 28, No. 1, 1984, pp. 5 - 22.

场规模有很大差别。霸权国家往往具有相当庞大的国内市场，其国内市场占的国际市场份额相当大。因此，很多国家会相当依赖领导国国内市场的开放程度。正是利用这种优势，领导国庞大的国内市场是其一项重要的对外战略工具。[1] 领导国可以通过调整国内市场的开放程度、国别准入标准，来实现其政治经济目的。领导国不仅可以左右国内市场的开放程度，它还可以影响到其他国家的市场开放度。如此一来，一国要进入开放的世界市场，很大程度上也离不开领导国首肯。因此，我们可以说，领导国的国内市场和其建立的世界市场并不是纯公共品（pure public goods）。这两个市场都相当程度上受到领导国影响，具有排他性（exclusive）。在领导国对相对收益比较敏感时，它可以通过向一些国家开放本土市场以及全球市场来争取盟友国家，同时向另外一些国家关闭本土市场和全球市场来遏制竞争对手。因此，霸权国家会牺牲一部分绝对收益，为其竞争者设置贸易障碍，霸权国家往往倾向于更多地与其盟友展开贸易。[2] 在二战结束以后美国主导着欧洲和东北亚，而这两个地区则由此享有更高度开放的经济。[3] 美国对欧洲和日本长期贸易顺差的容忍就是利用其国内市场来团结日本和欧洲盟友，共同对抗苏联。领导国主导下的开放的国际经济秩序很难说是纯粹的国际公共品。当崛起国迅速崛起时，领导国可能对其封锁国际与国内市场，包括技术市场。

---

① 黄琪轩、李晨阳：《大国市场开拓的国际政治经济学——模式比较及对"一带一路"的启示》，载《世界经济与政治》，2016 年第 5 期。

② Joanne Gowa, "Bipolarity, Multipolarity, and Free Trade", *American Political Science Review*, Vol. 83, No. 4, 1989, pp. 1251 – 1253.

③ 戴维·莱克著，高婉妮译：《国际关系中的等级制》，上海：上海世纪出版集团 2013 年版，第 153 页。

在霸权衰落时期，常常会伴随世界政治的不稳定，乃至爆发战争。霸权衰落的原因多样，可能是因为内部的原因，也可能是源于外部的原因，如一个大国在世界政治中迅速崛起。此时，世界政治力量的平衡被打破了，对世界政治主导权将易手。此时，我们需要把关注点转向权力转移理论，看看大国间的权力转移会引发怎样的后果。

(二) 权力转移理论与预防性战争

修昔底德（Thucydides）在《伯罗奔尼撒战争史》（The Peloponnesian War）一书中写到：我的这部著作，不是应景之作，而将成为长久流传的财富。他之所以如此说，其中一个原因是因为他认为他从雅典和斯巴达的战争中找到了人类战争中规律性的认识。他指出战争的原因在于"雅典权力的增长，以及这个变化给斯巴达带来的警戒，使得雅典和斯巴达之间的战争不可避免"。[①] 修昔底德指出国家之间权力增长的不平衡是改变国际关系的动力。国际体系的权力分布有稳定形态与不稳定形态的不同。"一个稳定的国际体系是在不影响主导国家的根本利益的情况下，在不发生战争的情况下，国际体系有所变动。在修昔底德看来，在这个稳定的体系下，有着明确的等级格局，有一个霸权国家或主导国家。而一个不稳定的体系则是：国际体系中出现了经济的、技术的及其他变化。这些变化在消

---

① Thucydides, *The Peloponnesian War*, New York: Penguin, 1954, pp. 14 - 15. 吉尔平将此变化称为体系变化（systemic change）这个变化影响到国际等级结构以及对国际政治的权力控制，参见 Robert Gilpin, *War and Change in World Politics*, Cambridge: Cambridge University Press, 1981, p. 16.

解国际等级体系以及霸权国家的主导地位。"① 修昔底德认识到国家之间权力增长的不平衡性会打破现状（status quo）并导致崛起国与领导国之间的战争。这就是他对权力转移的早期观察。

后继研究更清晰地呈现了权力转移理论（power transition theory）。该理论主要关注国际关系中领导权变迁及其国际政治后果。该理论认为：大国权力转移时期，是崛起国迅速崛起、挑战领导国地位的时期。这是国际政治最危险、最不稳定的时期，领导国与崛起国双方容易爆发战争。② 后来的学者称之为"修昔底德陷阱"（Thucydides's Trap），并运用其思路来分析当代世界政治。③ 而对于谁先挑起战争，各方学者却有着不同解释。一种说法是领导国会在崛起国尚未崛起、羽翼未丰时，通过先发制人（preemptive war）的战争，打击崛起国，维持自己在世界政治经济中的领导权。而另外的解释是崛起国会率先发起战争，攻击领导国，以实现自己的战略意图。因此，国际关系文献对于战争的挑起者有两种说法：崛起国挑起，抑或领导国挑起。

首先，是领导国先挑起战争还是崛起国先挑起战争呢？吉尔平认为领导国是战争的发起者。主导国（dominant power）为了削弱

① Robert Gilpin, "The Theory of Hegemonic War", in Robert Rotberg and Theodore Rabb, eds., *The Origin and Prevention of Major Wars*, New York: Cambridge University Press, 1988, p. 592.
② 权力转移理论的主要研究文献有 Jacek Kugler and Douglas Lemke, eds., *Parity and War: Evaluations and Extensions of The War Ledger*, Ann Arbor: University of Michigan Press, 1996; 以及 A. F. K. Organski and Jacek Kugler, *The War Ledger*, Chicago: University of Chicago Press, 1980。
③ Steve Chan, *Thucydides's Trap: Historical Interpretation, Logic of Inquiry, and the Future of Sino-American Relations*, Ann Arbor: University of Michigan Press, 2020; 格雷厄姆·艾利森：《注定一战：中美能避免修昔底德陷阱吗?》，第5页。

一个正在崛起的挑战者，发动防御性战争（preventive War）。[1] 领导国挑起战争是由于它需要在竞争对手羽翼未丰时，摧毁竞争对手。领导国为什么要这么做呢？有研究从心理学角度来解读："人们对自己已拥有的东西估价过高，其估价往往高于该物品的市场价值。因此，国家往往会为了维持自身已有利益去发动战争。"领导国为了维持已有的利益格局，不惜发动战争，乃至会采取冒险行为。崛起国则相反，一个正在崛起的国家，在今后一段时间里收益和成长性更好。崛起国的理性选择应该更倾向于风险规避（risk-averse）而不是风险偏好（risk-love），它会避免在战争上冒险。[2] 这种说法认为，领导国往往会是战争的挑起者。

这一判断在国际关系研究中有着广泛的论述。汉斯·摩根索（Hans Morgenthau）指出，预防性战争实质上是权力发展不平衡的产物。他还进一步指出，预防性战争是维持体系平衡的必要手段。华尔兹也认为："尽管国家想要维持和平，但国家也有可能考虑发动预防性战争。因为如果在有利条件下，它不发动战争，那么当优势转移到对手手中时，它可能被动挨打。"对此，雷蒙·阿隆（Raymond Aron）也持有类似看法，阿隆认为："就国家而言，预防性行为被认为是自然防御权利（the right of natural defense），其中包括袭击它国的必要性。当一国看到维持现有和平会导致它将来被他国毁灭，此时，攻击他国是防止其灭亡的惟一出路。"迈克尔·霍华德（Michael Howard）也指出，大多数战争的起因源于一国政治家对敌方权力增长的感知，担心对手权力增长，即便不是摧毁，也

---

[1] Robert Gilpin, *War and Change in World Politics*, pp. 191 - 201.
[2] Jack Levy, "Declining Power and the Preventive Motivation for War", *World Politics*, Vol. 39, No. 1, 1987, pp. 88 - 103.

会限制自己国家的权力。吉尔平则指出:"一个社会如果面临自身权力的衰落,它的优先的、最具吸引力的选择就是消除这个问题的根源。通过发动预防性战争,正在衰落的国家摧毁或者削弱了正在崛起的挑战者。"理查德·勒博(Richard Lebow)则指出:"由于领导国军事优势逐渐消失,同时伴随对手与之战略差距缩小。在此过程中,对手逐渐展示出攻击性实力,领导国深感焦虑。此时,对领导国的领导人而言,预防性战争是一个具有吸引力的选择。"巴里·波森(Barry Posen)写道:当权力转移对其不利的时候,国家会支持进攻性的主义。国家持有进攻性的主义是发动预防性战争的必要条件。而斯蒂芬·范·埃弗拉(Stephen Van Evera)则认为,由防御性动机所打开的机会窗口(windows of opportunity)及其脆弱性是引发战争的潜在原因。戴尔·卡普兰(Dale Copeland)则指出,大的战争主要是由于主导的军事国家由于害怕自身的显著衰落而发动的。[①]

我们看到,上述认识大都是基于领导国对崛起国的戒备而引发的战争,是领导国挑起。而近代国际关系史上,往往是崛起国而不是领导国:如德国、意大利、日本挑起战争。因此奥根斯基

---

① Hans Morgenthau, *Politics among Nations*, New York: Alfred A. Knopf, 1948, p. 155; pp. 202 - 203; Kenneth Waltz, *Man, the State, and War*, New York: Columbia University Press, 1959, p. 7; Raymond Aron, *Peace and War*, New York: Doubleday and Company, 1966, pp. 83 - 84; Michael Howard, *The Causes of Wars*, Cambridge: Harvard University Press, 1983, p. 18; Robert Gilpin, *War and Change in World Politics*, Cambridge: Cambridge University Press, 1981, p. 191; Richard Ned Lebow, *Between Peace and War*, Baltimore: The Johns Hopkins University Press, 1981, p. 262; Barry Posen, *The Sources of Military Doctrine*, Ithaca: Cornell University Press, 1984, p. 69; Stephen Evera, *Causes of War*, Ithaca: Cornell University Press, 1999, p. 74; Dale Copeland, *The Origins of Major War*, Ithaca: Cornell University Press, 2000, p. 3.

（A. F. K. Organski）认为，崛起国崛起时，通常的模式是崛起国挑起战争。[1] 奥根斯基强调，当一个正在崛起的，不满足于现状安排的崛起国的国家实力开始接近领导国（leading state）时，战争最可能爆发。[2] 尽管学者们在谁先挑起战争这一问题上存在分歧。但他们都倾向于认为：霸权的衰落或者国际领导权的变迁会导致战争几率加大。

其次，谁有资格成为崛起国？本书集中关注的权力转移时期，放在霸权稳定论的视角就是霸权相对衰落的时期，或者霸权更迭正在出现的时期。而放在权力转移理论的框架下，就是权力转移在快速发生，崛起国在迅速崛起，不管是否具有主观故意，事实上是在挑战领导国世界政治领导权的时期。在此动态视野下，我们可以界定国际社会的崛起国（challenger）。我们需要注意的是，尽管权力转移理论往往认为国际体系的战争是最强国家之间争夺主导权（struggle for primacy）的战争，即是第一号大国和第二号大国之间的竞争。但是，类似纷争也可源于在大国名单中的第三号大国，第四号大国以及第五号大国。竞争的逻辑并非限于身处国际体系顶层的两强之间。[3] 那么成为崛起国需要具备怎样的能力？就能力而言，有研究者指出一个大国的经济体量达到领导国体量的 70%，就有资

---

[1] A. F. K. Organski and Jacek Kugler, *The War Ledger*, Chicago: University of Chicago Press, 1980, pp. 13 – 63; Jack Levy, "Theories of General War", *World Politics*, Vol. 37, No. 3, 1985, pp. 344 – 374.

[2] A. F. K. Organski, *World Politics*, New York: Knopf, 1968, pp. 272 – 299. 其它霸权转移的研究, 比如世界政治的长周期理论, 参见 George Modelski, "The Long Cycle of Global Politics and the Nation-State", *Comparative Studies of Society and History*, Vol. 20, No. 2, 1978, pp. 214 – 35; William Thompson, *Power Concentration in World Politics: The Political Economy of Systemic Leadership, Growth, And Conflict*, Bloomington: Springer, 2020.

[3] Steve Chan, "Exploring Puzzles in Power-Transition Theory: Implications for Sino-American", *Security Studies*, Vol. 13, No. 3, 2004, p. 141.

格作为挑战者。① 事实上，即便经济体量没有超过这一门槛，二战以后的苏联仍然构成了对美国霸权的有力挑战。因此，本书在体量的基础上，把崛起大国的增长速度也纳入考虑。

在二十世纪，由于领导国具备巨大的经济存量，实现高速度的经济增长已不现实。加之战后技术扩散、技术模仿以及经济增长方式的转变，在一个大国崛起阶段，它往往能在短时间内、以相当快的速度实现经济增长与赶超。因此，发展缓慢的第二号大国并不会对第一号大国构成挑战，因为现行的国际政治经济体系就容纳了第二号大国的利益诉求。但是，在大国队伍名单中的靠后者，如果其权力增长速度过快，或者说崛起速度太快，会给各方带来权力转移的预期。在这种迅速变动的情况下，现有的国际体系就难以很快做出调整来满足迅速变化的大国权力变化。此时，权力转移开始发生，崛起国在世界政治中日益显现。

因此，本书所关注的崛起国与领导国并不必然是世界政治中的第一号大国和第二号大国。崛起国可能是迅速崛起的、在大国队伍中比较靠后者，而不是第二号强国。在 2010 年，中国成为世界上第二大经济体。事实上，在此之前，世界第二大经济体——日本进入20 世纪 90 年代以后，经济增长乏力。因此，世界各国对日本的未来预期悲观，而更加看好迅速崛起的中国。在成为世界第二大经济体之前，就有美国学者开始把中国视为重要的竞争对手。概言之，本书关于二战后的崛起国主要指崛起最快，最有可能改变未来世界政治权力分布的大国。同样的逻辑也适用于二战以前的权力转移。

---

① Douglas Lemke and Suzanne Werner, "Power Parity, Commitment to Change, and War", *International Studies Quarterly*, Vol. 40, No. 2, 1996, p. 246.

那么成为崛起国需要具备怎样的意愿？国际关系中有一派称为新古典现实主义（Neoclassical Realism）。他们聚焦国家的意愿、动机抑或属性，强调贪婪国家（greedy states）容易引发大国冲突。[1]贪婪国家也好，倾向于改变现状的国家也罢，在他们眼中，一个迅速崛起的国家，要有挑战领导权的动力与意愿，才能成为崛起国。本书对此有不同的分析，即意愿如何不重要，只要能力具备，均可能被视为"崛起国"。这是因为在大国权力转移时期，意图的重要性在下降。约翰·米尔斯海默（John Mearsheimer）就强调"国家永远无法把握其它国家的意图"。[2]塞巴斯提安·罗萨托（Sebastian Rosato）就米尔斯海默"意图"的不确定性展开论述，他认为，由于大国难以把握彼此"意图"，这注定让大国关系前景黯淡。"如果大国对其他国家的意图难以确定，那么自助（self-help）是持久的，制衡（balancing）是永无止境的，安全困境是难以化解的，相对收益是挥之不去的。"[3]因此，谁可以作为"崛起国"呢？具备相应的能力，而不具备意愿，仍可以作为崛起国。

(三) 动态的现实主义

在权力转移的过程中，大国政治的主导逻辑是现实主义的。而

---

[1] 参见 Randall Schweller, "Neorealism's Status Quo Bias: What Security Dilemma?" *Security Studies*, Vol. 5, No. 3, 1996, pp. 90 – 121; Randall Schweller, "Bandwagoning for Profit: Bringing the Revisionist State Back In", *International Security*, Vol. 19, No. 1, 1994, pp. 72 – 107。

[2] John Mearsheimer, *The Tragedy of Great Power Politics*, New York: W. W. Norton & Company, 2001, pp. 30 – 32.

[3] Sebastian Rosato, "The Inscrutable Intentions of Great Powers", *International Security*, Vol. 39, No. 3, 2014/2015, p. 88.

现实主义内部也有诸多不同，比如霸权现实主义就不同于均势现实主义。[①] 华尔兹在《国际政治理论》一书中，展示了结构现实主义鲜明的理论导向。他认为需要解释国际政治中持久的、重大的现象。在他看来，国际体系是无政府状态；国家是国际政治的最重要的行为体；国家是理性的；国家追求安全并根据在体系中的相对位置界定国家利益；国际结构是由国家实力分布决定的。[②] 约翰·米尔斯海默也是现实主义的重要代表。他沿着华尔兹体系层次的分析框架去解释国际关系史上的重大事件。他甚至运用体系分析去预测中美两国未来可能的敌对行为。米尔斯海默修订了华尔兹结构现实主义的一些基本假定。他指出国家会最大化它们所分享的世界权力，而不仅仅满足于均势（balance of power）。国家很快就会认识到，确保国家生存的最好办法就是变成体系内最强有力的国家。他的进攻性现实主义在《大国政治的悲剧》一书中得到明显体现。米尔斯海默列出的现实主义五个基本命题：一、国际体系处于无政府状态，在国家之上没有中央政府；二、大国具有某些用于进攻的军事力量，这些军事力量为它们间的彼此伤害提供了资本；三、国家永远无法把握其它国家的意图，即便对方今天没有侵略意愿，明天也可能有；四、生存是大国的首要目标；五、大国是理性的行为体。因此，他指出，大国之间的行为模式是：它们之间相互畏惧，国际政治是自助体系；国家需要权力最大化。具体说来，由于大国都具备进攻力

---

① Jack Levy, "The Theoretical Foundations of Paul W. Schroeder's International System", *International History Review*, Vol. 16, No. 4, 1994, pp. 725 - 726; Jack Levy, "The Causes of War and the Conditions of Peace", *Annual Review of Political Science*, Vol. 1, 1998, pp. 146 - 149.

② Kenneth Waltz, *Theory of International Politics*, pp. 102 - 128; Colin Elman and Miriam Fendius Elman, "Lakatos and Neorealism: A Reply to Vasquez," *American Political Science Review*, Vol. 91, No. 4, 1997, pp. 923 - 926.

量，在"无政府"的世界政治中，国家之间没有信任余地。任何大国都认为其它大国是潜在的敌人。一国永远无法确保他国不会伤害自己。尽管大国之间也会结盟，也会成立国际组织。但在大部分现实主义者看来，结盟也好，国际组织也罢，只是图一时便利的权宜之计（marriage of convenience）。今天的盟友可能是明天的头号敌人，而今天的敌人也可能是明天的联盟伙伴。由于政治斗争相当惨烈，如果输掉竞争，大国会付出重大代价。因此，米尔斯海默认为国际体系的无政府状态造就了安全稀缺，生存成为国家首要目标。同时，由于意图的不确定性导致了国家间相互畏惧，只有实现权力最大化才能满足国家的绝对安全。国家只有实现霸权才能最大限度获得安全。"各国意识到，相对于对手，国家越强大，存活概率越大。生存的最好保障就是成为霸主，因为没有其他国家能够威胁一个如此强大的国家。"① 根据这一逻辑，他指出大国之间的冲突与战争不可避免，进攻性战略行为成为大国应对安全竞争的必然选择。华尔兹与米尔斯海默对国际结构的关注，其分析是相对静态的。不少学者对结构层次相对静态的特征表示不满。约瑟夫·奈（Joseph Nye）就指出："对于华尔兹来说，结构层次的变化三百年才发生一次。"② 而在现实主义内部，有研究者也开始关注国际政治的动态过程。

罗伯特·吉尔平的《世界政治的战争与变革》一书就是关注国际政治变化的代表作。吉尔平指出，国家谋求与其权力位置相称的利益，只有当体系的利益分配与权力分布大致平衡时，这个国际体

① John Mearsheimer, *The Tragedy of Great Power Politics*, pp. 30 - 32; p. 3.
② 奈指出新现实主义的"结构"（structure），大体指的是国家间的权力分布；而"过程"（process）是国家间相互联系的方式。他认为，在结构分析的基础上加入"过程"对发展现实主义很重要。参见 Joseph Nye, "Neorealism and Neoliberalism", *World Politics*, Vol. 40, No. 3, 1988, pp. 245 - 249。

系才是稳定的。当体系的利益分配与权力分布不匹配时，将引发结构变革，带来新的"均衡"（equilibrium）。① 国际体系就从均衡变为不均衡，再重新形成新的均衡。吉尔平所谓"均衡"指的是权力分布与利益分配之间大致对称。当权力与利益相当时，这一体系就不存在足够的变革动力，世界政治也就处于相对稳定状态。但是世界政治的稳定只是暂时的。随着大国之间权力增长的不平衡，大国间利益的安排就可能滞后于权力变更。因此，在有利可图的情况下，有的国家就会采取各种变革措施，如战争，来满足自己的利益诉求。当变革的边际成本大于或等于边际效益时，国际体系又趋于稳定，达到新的均衡。与此相同的是，奥根斯基也试图将动态因素加入到静态模型，即速度问题。不少霸权在面临衰落的时候会采取"收缩"的战略，但衰落"速度"会影响霸权国家的战略选择。当挑战者迅速崛起，霸权国家迅速衰落时，大国卷入冲突与战争的概率就显著增强。② 一个国家工业化的速度会影响权力分布，进而给国际社会带来重要影响。美国人会担心：苏联的增长速度会持续多长时间，以致最终超过西方。③ 这个流派的学者普遍认为，战争爆发的原因是由于主导国和崛起国（dominant state and the challenging power）之间不同的增长速度导致的。而这种权力增长的不平衡会改变未来的权力分布。

无论是霸权稳定论还是权力转移理论，都是现实主义宏大理论系谱下面的重要中层理论。④ 但这些研究和主流现实主义——结构现

① Robert Gilpin, *War and Change in World Politics*, pp. 10 - 11.
② 保罗·麦克唐纳、约瑟夫·培伦特著，武雅斌等译：《霸权的黄昏：大国的衰退和收缩》，北京：法律出版社 2020 年版，第 57 页。
③ A. F. K. Organski, *World Politics*, New York: Alfred A. Knopf, 1968, p. 342, p. 360.
④ 黄琪轩：《探索国际关系历史规律的社会科学尝试——问题、理论视角与方法》，载《国际论坛》，2019 年第 3 期。

实主义有所不同。结构现实主义往往认为：国际政治倾向于维持均势。结构现实主义和权力转移理论有很大的不同。[①] 他们的区别在几个方面：国际关系的组织原则；对均势是否带来和平的认识以及动态与静态的区分。结构现实主义的假定认为无政府状态是国际关系最重要的组织原则。而权力转移理论则认为，尽管存在无政府状态，但当世界政治存在主导国家（dominant state）时，会带来有等级的国际秩序。对华尔兹而言，秩序是体系带来的效果，国际政治体系就像市场，是自发形成而不以单个国家的意志为转移。而权力转移理论则相反，认为国际秩序是主导国家有意识塑造的结果。

均势理论认为均势会相对和平，而权力转移理论则指出权力在实现平衡（均势）的过程中会导致战争，而权力的差距（领导权的出现）会带来和平。均势理论认为国家对威胁感知的反应会导致联盟的形成。国家倾向于结盟，以在竞争的大国联盟之间维持权力平衡。他们认为，联盟间权力平衡的出现有助于防止战争爆发。而权力转移理论和霸权稳定论认为国际社会的稳定来自于不同的原因，存在一个明显的权力等级，会给国际社会带来了秩序。他们把世界和平归功于主导国家（dominant nation）或者霸权国家（hegemon or world power）的权力优势。因此，不是国家间的权力平衡，而是权力差距带来了和平。

另外，结构现实主义倾向于质疑单极世界的持久性。在二十世纪九十年代早期，面对苏联的解体，很多学者认为将有大国会崛起而对美国优势予以制衡。他们认为：美国单极世界仅仅是一个幻象

---

① Jonathan DiCicco and Jack Levy, "Power Shifts and Problem Shifts: The Evolution of the Power Transition Research Program", *The Journal of Conflict Resolution*, Vol. 43, No. 6, 1999, pp. 684 – 685.

(illusion），是难以持久的。① 尽管存在上述分歧，这却与本书的主要内容相吻合。均势理论对单极世界持续性持怀疑态度，但是他们却并没有宣称单极世界导致冲突。他们宣称单极导致多极或者两极，但是他们并非质疑单极下的和平，而是质疑单极世界的持久性。② 本书聚焦的大国权力转移正是强调其动态的特征。在霸权相对衰落，新的崛起国迅速崛起的时期，无论在国际贸易、国际金融、国际货币抑或国际投资等方面，世界政治会呈现较大变动。那么，在权力转移时期，领导国与崛起国的技术进步又会有怎样的变化呢？本书的案例将聚焦二战以后的领导国与崛起国。

第三节　二战后的领导国与崛起国

米尔斯海默认为罕有真正的"世界霸权"，因为大国的权力很难穿越"大洋"的阻隔。③ 第二次世界大战以后，由于技术发展增加了国家的机动性（mobility），大国不仅仅是区域性大国，而且是全球性力量。当代技术发展让国家权力更容易穿越大洋阻隔，国家

---

① 参见 Christopher Layne,"The Unipolar Illusion: Why New Great Powers Will Rise", *International Security*, Vol. 17, No. 4, 1993, pp. 5 - 51; Kenneth Waltz, "Evaluating Theories", *American Political Science Review*, Vol. 91, No. 4, 1997, pp. 915 - 916。也有研究倾向认为，单极也会持续存在，尤其是当美国霸权迈过了一定门槛，想要对其制衡的国家会付出巨大成本，面临难以置信的代价，参见 Stephen Brooks and William Wohlforth, W*orld Out of Balance: International Relations Theory and the Challenge of American Primacy*, pp. 1 - 21。

② William Wohlforth, "The Stability of a Unipolar World", *International Security*, Vol. 24, No. 1, 1999, pp. 24 - 25.

③ John Mearsheimer, *The Tragedy of Great Power Politics*, p. 41.

对外能力投射强大到无需地面部队支撑。此外,二战以前,除了明确的领土扩张,国家之间很难找到明确的指标来衡量国家间实力消长。当英国崛起时,处于东亚朝贡体系时代的中国对此缺乏充足认识。而这种情况随着新技术与统计方法的改变而改变。二战以后,技术发展导致对崛起国家实力增长的估算更为容易,各方都有着更加明确的统计手段和方法来估算对手实力。因此,第二次世界大战以后,对迅速崛起国家的发展速度,诸多大国往往能对此有更迅速、更便捷的认识。权力增长不平衡牵动诸大国对此做出更为迅速的反应,尤其是领导国与崛起国将对此做出反应。领导国与崛起国各自有一些基本的特点,使得它们对此的反应有所异同。

(一) 世界政治中的领导国

领导国(leadership)有很多相关称谓,如霸权(hegemony)、主导大国(dominant power)、统治大国(ruling power)、守成大国(reigning power 或 established power)。她是居于世界政治经济中的执牛耳者,在经济、军事、科技等领域较其他大国有显著优势。就经济结构来看,领导国往往在国际产业分工中处于较高位置。英国和美国治下的霸权都体现了领导国在经济结构上的领先地位。整体而言,领导国科学技术水平较其它国家更为领先。英国率先完成了第一次产业革命,而美国在 19 世纪末引领了第二次工业革命,且在二战后的电子技术革命以及互联网技术革命中遥遥领先。领导国技术出口是不少国家技术进口的重要来源。从 1950 年到 1966 年,在日本进口的 4135 项专利技术中，美国就卖给了日本 2471 项。[1] 此外，由于经济优势，领导国往往拥有庞大的国内市场，国内购买能力较强。因此，领导国国内市场往往是全球市场的重要组成部分。在开放的世界经济下，作为"最后进口者"（importer of last resort），领导国的消费和购买力会构成它国经济增长的重要动力，成为领导国对外经济战略的重要构成。[2] 很多国家会相当依赖领导国国内市场的开放程度。领导国可以通过调整国内市场的整体开放程度，选择性调整国内市场的国别准入标准等方式来实现其政治经济目的。由于开放的世界市场也需要领导国来维系，因此要进入开放的世界市场，也离不开领导国首肯。例如，日本于 1952 年申请加入关贸总协定，但遭到英国、法国等十几个国家反对。[3] 1955 年，美国政府积极支持日本，乃至许诺在关税上对其他国家做出让步，换取它们接纳日本，日本才得以加入关贸总协定。[4] 由此，领导国的国内市场和其建立的世界市场并不是纯公共品。这两个市场都受领导国相当程度的影响，具有排他性。在领导国对"相对收益"比较敏感时，它可以通过开放本土市场以及全球市场来争取盟友国家；同时关闭本土市场和全球市场来打压对手。

---

[1] 高柏著，安佳译：《经济意识形态与日本产业政策：1931—1965 年的发展主义》，上海：上海人民出版社 2008 年版，第 144 页。

[2] 黄琪轩：《国际货币制度竞争的权力基础——二战后改革国际货币制度努力的成败》，载《上海交通大学学报》（哲学社会科学版），2017 年第 4 期，第 12 页。

[3] Shujiro Urata, "Postwar Japanese Trade Policy: A Shift from Multilateral GATT/WTO to Bilateral/Regional FTA Regimes", in Aurelia George Mulgan and Masayoshi Honma, eds., *The Political Economy of Japanese Trade Policy*, London: Palgrave Macmillan, 2015, pp. 45 - 46.

[4] William Borden, *The Pacific Alliance: United States Foreign Economic Policy And Japanese Trade Recovery, 1947 - 1955*, Madison: University of Wisconsin Press, 1984, p. 187.

具体到技术市场，领导国则可以通过技术进口限制与技术出口控制（export control）来实现其全球政治经济战略。[1] 领导国通过实施技术进口限制，限制竞争对手的高技术产品进入本国市场。此举不仅缓解了领导国高技术产业承受的国际压力，还限制了竞争对手通过出口获得发展资金、积累技术经验、提升制造能力、实现规模经济。同时，技术出口控制有助于防止关键军用与民用技术外溢，阻止竞争者的技术模仿与赶超。

因此，我们在考虑大国政治时，不仅要看到领导国的军事优势，需要考虑到领导国经济和科技的领先地位。具体到二战以后的美苏争霸，当时美国控制的国际市场要比苏联控制的市场广阔。美国和苏联的军备竞赛，双方为此投入了耗资不菲的大批军事技术项目。尽管这些项目消耗了巨额资源，但美国的财富让它有足够的回旋余地去耗资源、犯错误。[2] 在世界政治中，领导国常常需要面临的问题就是如何应对新兴大国崛起。

（二）世界政治中的崛起国

世界政治中的挑战国（challenger）也有其他称谓，如崛起大国（rising power）。但是崛起大国并不必然被视为挑战者。按乔治·莫德尔斯基（George Modelski）的划分，我们把西班牙对葡萄牙的挑战视为一次崛起国崛起；英国与法国对荷兰的挑战视为又一次崛起国崛起。此后英国治下的霸权又经历了两次挑战，即法国的挑战与

---

① 黄琪轩：《大国战略竞争与美国对华技术政策变迁》，载《外交评论》，2020 年第 3 期。
② Robert Gilpin, "Technological Strategies and National Purpose", p. 443.

随后德国与美国的挑战。[1] 世界政治中的利益分配结构更多体现了已有权力分布，具有一定的稳定性。即便是当前实力最靠近领导国的二号强国，如果其实力没有迅速变化，现有国际分配格局仍能满足于其利益诉求。但一旦权力分布发生重大变化，已有利益格局却难以做出相应调整来满足迅速崛起国家的利益诉求。因此，增长缓慢的大国更可能是体系的维护者，愿意维持现状（status quo）；而当前增长最迅速的大国往往被视为崛起国。本书将大国队伍中权力增长最迅速且有望在经济、军事上超越领导国的大国视为崛起国。她不仅要是大国队伍中的一员，还需要具备较快的发展速度，国际社会对其在一段时间内超越领导国还有预期，而崛起国自身的意愿则不那么重要。

第二次世界大战以后，在相当长的一段时期内，美国维持了它在世界政治经济中的领导权。就国家崛起速度来看，二战以后世界政治经历了三次大国的迅速崛起，即苏联、日本与中国。除了考虑崛起速度以外，崛起国还需要具备一定的经济规模。有研究者指出一个大国的经济体量达到领导国体量的 70%，就有资格作为挑战者。[2] 这一界定比较机械，因为尽管苏联的经济规模在高峰时期（大致在 20 世纪 70 年代中期）仅占美国 GDP 的 45% 左右。[3] 但是二战后的苏联崛起迅速，且有望成为取代美国领导地位的世界大国。例如，1964 年保罗·萨缪尔森的经济学教科书就预测到 1980 年中期，

---

① George Modelski, *Long Cycles in World Politics*, Basingstoke: Macmillan, 1987, p. 40.
② Douglas Lemke and Suzanne Werner, "Power Parity, Commitment to Change, and War", *International Studies Quarterly*, Vol. 40, No. 2, 1996, p. 246.
③ 安格斯·麦迪森著，伍晓英等译：《世界经济千年史》，北京：北京大学出版社 2003 年，第 272—273 页；第 296 页。

苏联的国民生产总值将超过美国。① 因此，本书对二战后崛起国的界定是兼具崛起速度和超越预期的大国。

在二战结束后的一段时期，苏联构成对美国霸权地位的第一次挑战。尽管在 20 世纪 70 年代，苏联占美国的 GDP 比重才略超 45%，但是苏联的崛起速度，包括经济成长与工业化发展的推进速度太快，让苏联成为一个挑战者。在 20 世纪 70 年代末以及 80 年代，日本迅速崛起对美国霸权又构成了新的挑战。同时由于日本并非典型意义的大国，因此美日双方对此的应对也和美苏之间的互动有异。步入 21 世纪以后，中国经济发展保持良好态势，其经济增长速度开始令领导国美国担忧。1993 年国际货币基金组织（IMF）修改计算世界各国财富的方法，基于购买力平价（purchasing power parity，简写为 PPP）来评估各国 GDP。这一改变使得中国的 GDP 一跃而为以往的四倍之多，中国 GDP 从世界第十上升为世界第三，略微落后于第二大经济体日本。在 2010 年，中国的 GDP 超过日本，成为世界第二大经济体。这一巨大变迁让包括领导国美国在内的世界各国开始感知到中国的迅速崛起。中国的迅速成长使得美国更多地关注中国而不是来自发展相对缓慢的日本与欧洲的挑战。因此，二战以后的领导国是美国，而二战后的崛起国，按时间出现的先后分别是苏联、日本和正在崛起的中国。崛起国与领导国相比，具有一些特点。

一般而言，相对于领导国，崛起国国内产业结构所处的水平更低。这就决定了领导国和崛起国之间的技术水平存在差距。同时，崛起国国内市场体量和居民消费购买力也相对较低。因此，崛起国

---

① 格雷厄姆·艾利森：《注定一战：中美能避免修昔底德陷阱吗?》，第 270 页。

往往可能会相对依赖领导国的技术出口以及领导国的国内市场及其购买力。在开放经济的条件下，崛起国也依赖领导国建立起来的世界市场。领导国会根据国际权力的变化来权衡与崛起国的相对收益与相互依赖，进而决定技术出口政策以及市场开放程度。我们会看到，崛起国需要通过技术引进来实现技术赶超，但是否能够顺利引进领导国的先进技术，往往会受到领导国对相对收益盘算、相互依存敏感性考虑等因素的影响。崛起国也需要依赖领导国的国内市场和领导国主导的国际市场，而是否能够利用这些市场，也往往受制于领导国对相对收益盘算、相互依存敏感性考虑等因素的影响。领导国的政策会刺激崛起国做出相应反应，领导国的技术封锁会导致崛起国技术民族主义（technonationalism）的兴起，更加强调技术自主性。领导国和崛起国的交互作用会带来双方技术进步往相同的方向演进，即更加强调技术的自主性，强调技术的全面性。

值得一提的是，崛起国往往都是后发展国家。学界对后发展国家的研究认识是：往往越是后发展国家，越有强组织力。[1] 当崛起国开始急剧地改变世界政治权力分布的时候，其自身的安全考虑和外部压力会加强其原本较强的组织力。崛起国与领导国相比，国内权力集中程度会更高。[2] 而体现在技术政策上，就是崛起国政府对技术的介入会更集中、更直接。

在本章，我们介绍了国际关系中的大国，也展示了大国技术进

---

[1] Alexander Gerschenkron, *Economic Backwardness in Historical Perspective: A Book of Essays*, Cambridge: The Belknap Press of Harvard University Press, 1966, pp. 5 - 30.
[2] 有研究就指出，崛起国与领导国相比，国内一般都缺乏竞争的政党系统。参见：George Modelski, *Long Cycles in World Politics*, pp. 180 - 183。

步模式与小国很不相同；而最基本的不同就是：出于国家安全的考虑，大国往往违反比较优势来保证自己技术宽度。在世界政治霸权的衰落时期，抑或崛起国在迅速崛起、世界政治出现权力转移的时期，领导国与崛起国会更多考虑相对收益；它们也倾向减少对对方的相互依存。此时，领导国与崛起国双方的技术进步更加符合经济现实主义的假定，而不是经济自由主义的假定。此时领导国与崛起国双方政府往往会更多介入技术进步，推动技术进步，倡导技术自主，以保障自身安全。二战以前，当世界政治出现权力转移的时候，大国政府依靠资助与采购来推动技术进步就已成为一项重要的政策选择；二战以后，这种政策选择就更加明显地显现。

第四节　相对收益、相互依赖与技术

　　大国权力转移过程伴随着认知变化。领导国与崛起国对国际政治中的相对收益和相互依赖的认识都会相应转变。经济学强调分工，而亚当·斯密强调分工取决于市场规模。我们可以看到，大量技术进步也取决于市场规模。二战以后，大国技术进步也有很大一部分是由全球市场规模的扩展来拉动。全球市场的整合与扩大为技术进步提供了一个全球的市场。在自由贸易制度下，国家根据比较优势，进行技术分工与交换。然而，这种遵循国际分工来推动技术发展的图景并非技术进步的完整故事。

　　我们需要问这样一个问题：大国技术进步是按国际分工展开的吗？大国考虑的技术进步，有时候会更多体现为经济的考虑：如国家根据比较优势，发展自身具有优势的技术，再通过技术贸易进行交换，实现国家经济福利最大化。与此同时，我们也不难找到大国技术进步的政治考虑。因为技术是国家权力的重要组成部分，大国技术进步会显著改变国际关系的权力结构。如此一来，大国不会仅从经济视角，如比较优势来考虑问题。大国甚至也不会从所谓的"竞争优势"抑或"战略贸易"的角度考虑问题，而是重点关注技术与国家安全的相关性。基于国家安全的考虑，大国的技术进步往往会体现出覆盖面很宽、研发密度大、技术自主性强等特征。

大国对技术进步的经济考虑更多体现经济自由主义；而大国对技术进步的政治考虑则更多体现经济现实主义。大国技术变迁更多的是印证了经济现实主义还是自由主义的判断？看待技术贸易需要用经济现实主义（economic realism）抑或新重商主义（neo-mercantilism）的视角，还是要用自由主义的视角？① 在世界政治的不同时期，这两种视角有着不同的解释力。

（一）经济现实主义与相对收益

国际关系学者乔纳森·科什纳（Jonathan Kirshner）指出：现实主义政治经济学奠基于三大要素：第一，国际政治经济的基本行为体是国家；第二，国家参与国际政治经济活动的主要目标是为国家利益服务，尤其是保障国家安全；第三，国际政治经济运行的环

---

① 关于经济现实主义与自由主义，参见 R. J. Barry Jones, "Economic Realism, Neo-Recardian Structuralism and the Political economy of Contempory Neo-Mercantilism", in R. J. Barry Jones, ed., *The Worlds of Political Economy*, London: Printer, 1988, pp. 142 – 168; M. W Zacher and R. A. Mattew, "Liberal International Theory: Common Threads, Divergent Strands", in C. W. Kegley, ed., *Controversies in International Relations: Realism and Neoliberal Challenge*, New York: St. Martin's Press: 1995, pp. 107 – 150。

境是国际社会的无政府状态。[①] 弗里德里希·李斯特（Friedrich List）的《政治经济学的国民体系》 （The National System of Political economy）可视为经济现实主义的早期代表。[②] 经济现实主义者看到的世界政治主要行为体是享有独立主权的民族国家。这些民族国家追求权力最大化。只有如此，它们才能确保在弱肉强食的世界政治中获得生存之地。在国际社会的无政府状态下，国家间为追求国家生存的斗争永不停歇。国家之间的冲突尽管可能通过各种办法加以缓和，如权力均势，但是长期来看：民族国家之间的竞争与冲突在所难免。因此在经济现实主义的视角下，即便是国家间的市场交易，也与国家安全息息相关。国家财富是其国家政治军事权力的重要支柱。一国治国方略（statecraft）可以促使他国行为改变。对外贸易、经济制裁、经济封锁以及对外援助等成为越来越普遍的外交工具和对外战略工具。[③]

这些行为背后的逻辑是：大国之间的贸易是零和博弈（zero-sum game）。如果在贸易中，竞争对手取得了更多收益，或者一国过于依赖对手，那么就会对国家安全带来负面影响。首先，由于世界

① Jonathan Kirshner, "Realist Political Economy: Traditional Themes and Contemporary Challenges", in Mark Blyth, ed., *Routledge Handbook of International Political Economy*, London and New York: Routledge, 2009, pp. 39 - 46.

② 弗里德里希·李斯特著，陈万煦译：《政治经济学的国民体系》，北京：商务印书馆1961年版。此前有各个阶段的重商主义，重商主义的代表作，如托马斯·孟著，袁南宇译：《英国得自对外贸易的财富》，北京：商务印书馆1997年版；概述参见：拉斯·马格努松著，梅俊杰译：《重商主义政治经济学》，北京：商务印书馆2021年版。

③ 参见 David Badwin, *Economic Statecraft*, Princeton: Princeton University Press, 1985; R. J. Barry Jones, *Conflict and Control in the World Economy: Contemporary Economic Realism and Neo-Mercantilism*, Brighton: Wheatsheaf, 1986; R. W. McGee, "Trade Embargoes, Sanctions and Blockades: Some Overlooked Human Rights Issues", *Journal of World Trade*, Vol. 32, No. 4:1998, pp. 139 - 144.

政治的无政府状态，国家之间的冲突从未完全消失，今天的盟友可能会是明天的对手。即便是盟友获得过多的、不对等的绝对收益时，也会影响国家间权力分布的改变，撼动霸权优势地位。因此，在世界政治中，即便是盟友之间也会考虑相对收益。其次，国家还关心对外经济交流会影响其政治自主性（political autonomy），不对等的相互依赖会带来政治的脆弱性，相互依赖也可能被竞争对手以"断供"相威胁，当作大国竞争的"武器"。[1] 因此，经济现实主义者自然会更多考虑相对收益，更加关注摆脱经济上对对手的依赖。

经济自由主义则持完全不同的看法。经济自由主义的视角起源于对当时重商主义的批评。亚当·斯密的《国富论》和大卫·李嘉图《政治经济学及赋税原理》都是政治经济学中自由主义的早期代表著作。自由主义认为，在一个共同的法律框架下，理性的个人会展开行之有效的分工，再互通有无，进行经济交互。根据要素禀赋，有的国家集中生产高技术产品而有的国家则集中生产劳动密集型产品。美国老布什政府的经济顾问委员会主席迈克尔·波斯金（Michael Boskin）的话表达了这样的看法，"芯片就是芯片，薯片就是薯片，一国生产芯片还是薯片不重要。如果一国在薯片而不是芯片的生产上具有比较优势，那么它就应该出口薯片，进口芯片"。[2]国家通过国际交换，双方都实现了经济福利最大化。在自由主义的各个流派中，商业自由主义尤其关注贸易以及商业对和平的促进作

---

[1] Robert Keohane and Joseph Nye, *Power and Interdependence: World Politics in Transition*, Boston: Little Brown, 1977, pp. 1 – 19; Henry Farrell and Abraham L. Newman, "Weaponized Interdependence: How Global Economic Networks Shape State Coercion", *International Security*, Vol. 44, No. 1, 2019.

[2] Robert Giplin, *Global Political Economy: Understanding the International Economic Order*, Princeton: Princeton University Press p. 127.

用。正是通过国际贸易，促进了国家之间的和平与安全。①

国家看待技术进步究竟更吻合哪个视角？在现实生活中，现实主义与自由主义的视角，都在影响技术进步。而二者影响的强弱程度，受本书所关注的大国政治影响。在权力转移时期，是领导国和崛起国彼此竞争最激烈的时期，双方看待技术变迁更多会出于经济现实主义的考虑；在领导国处于绝对优势的国际等级结构下，领导国能维持较为稳定的国际秩序。此时，各国会更多用经济自由主义的视角看待技术进步，制定相关政策。权力增长的不平衡，影响到大国对相对收益与绝对收益、相互依赖的判断，进而影响到其不同的技术考虑。

（二）相对收益与大国技术

国际关系学长期关注绝对收益（absolute gains）与相对收益（relative gains）问题。如何才能更好地实现国家利益？现实主义者往往强调相对收益。② 约瑟夫·格里克（Joseph Grieco）等人认为：国家担心现在收益的差距会削弱他们将来的独立性以及自主性（independence and autonomy）。③ 在什么时候相对收益的差距会明显改变国家的独立性与自主性呢？

---

① John Oneal and Bruce Russett, *Triangulating Peace: Democracy, Interdependence, and International Organizations*, New York: W. W. Norton & Company, 2000.

② Joseph Grieco, *Cooperation Among Nations: Europe, America, and Non-Tariff Barriers to Trade*, Ithaca: Cornell University Press, 1990, pp. 1 - 26.

③ Joseph Grieco, Robert Powell and Duncan Snidal, "The Relative-Gains Problem for International Cooperation", *The American Political Science Review*, Vol. 87, No. 3, 1993, pp. 727 - 743.

大国权力增长会显著影响相对收益与绝对收益二者的重要性。以往大国更多在军事领域，即在"高级政治"领域中考虑相对收益。事实上，各国不仅在跟军事相关的领域考虑相对收益，即便是在经济领域，也考虑相对收益。但是，对相对收益的考虑并非恒久如一。世界政治的领导国在其权力巅峰时期，对相对收益的关注是不足的。由于领导国在权力等级中享有着绝对优势，"霸权国家和主导国家可能对相对收益的敏感程度最低"。[1] 但当霸权国家走向衰落或者有衰落预期时，它会相应地增加对相对收益的考虑。

　　因此，国家之间合作的可能性，国家之间对绝对收益与相对收益的关注，不是由于新现实主义和新自由主义对国家偏好（preference）持有不同假说，而是国家所面临的约束不同所致。[2] 大国对未来合作的前景会影响到相对收益的考虑，而合作的前景来源于战争成本的敏感度，或者说取决于其战略环境（strategic environment），比如进攻-防御平衡的状况以及安全困境的严重程度。[3] 而对战争的敏感度，在很大程度上来源于对未来权力分布的预期。当各方预期领导国能维持世界秩序时，对战争预期低；相反，在权力转移时期，伴随着权力分布的改变，领导国与崛起国对安全议题更加敏感。在权力转移时期，对领导国而言，现在的绝对收益伴随的相对损失（relative loss）可能的后果是未来的绝对损失（absolute loss）。随着崛起国不断发展，其国家实力增长，挑战领导

① Michael Mastanduno, "Do Relative Gains Matter? America's Response to Japanese Industrial Policy", *International Security*, Vol. 16, No. 1, 1991, pp. 80 - 81.
② Robert Powell, "Absolute and Relative Gains in International Relations Theory", *The American Political Science Review*, Vol. 85, No. 4, 1991, pp. 1303 - 1320, p. 1304.
③ Robert Powell, "Review: Anarchy in International Relations Theory: The Neorealist-Neoliberal Debate", *International Organization*, Vol. 48, No. 2, 1994, pp. 313 - 344.

国的成本会相应下降，世界政治"无政府状态"的特征日益显现。大国对未来预期的悲观情绪也会相应增长。当一个大国以一定的速度，迈过一定门槛，被视为"崛起国"，被世界各国以及领导国视为"挑战者"时，大国间对相对收益的关注也会相应改变。

邓肯·斯尼达尔（Duncan Snidal）就发现，"在二十世纪五十年代和六十年代的时候，欧洲加拿大以及第三世界埋怨美国在国际投资与贸易上的主导地位，而到了二十世纪七十年代和八十年代，轮到美国开始担心海外势力，尤其是日本所获得的相对收益了"，"在二战结束的时候，美国还对欧洲和不发达国家实施一些贸易的特殊优惠条款。时过境迁，美国又按自身利益修改这些规则"。[①] 这就是"最不可能案例"，即便面对盟友的迅速崛起，领导国也会改变对相对收益的关注。迈克尔·马斯坦杜农（Michael Mastanduno）的研究也展示了，由于日本崛起，美国开始关注美日合作中收益的不均等性。美国对日本技术政策（从飞机到卫星等领域）开始转变。[②]

值得一提的是，小国较大国而言更关注绝对收益。大国为获得自身绝对收益，也可以允许小国获得更多的、不对称的相对收益。但是大国对其它大国则没有这么慷慨。尤其是在领导国相对衰落时，领导国更加关注相对收益，尤其是更加关注正在兴起的崛起国所获得的相对收益。这也引发了领导国与崛起国贸易政策、技术政策的相应改变。领导国会相应加强技术出口控制，减少高技术产品出口。同时，崛起国也会制定一些违反其比较优势的技术政策，开发"卡

---

① Duncan Snidal, "Relative Gains and the Pattern of International Cooperation", *American Political Science Review*, Vol. 85, No. 3, 1991, p. 720.

② Michael Mastanduno, "Do Relative Gains Matter? America's Response to Japanese Industrial Policy", pp. 73 – 113.

脖子"技术，以克服领导国的技术封锁、保障国家安全。

(三) 相互依赖与技术变迁

在权力转移时期，大国对相对收益的考虑有所变化。同时，大国对相互依赖的考虑也会有所改变。华尔兹指出大国之间相互依赖增加了冲突和战争的可能性。他认为国家对国际合作的担心来源于他们怕变得日益依赖于他们的合作伙伴。[①]

对技术市场而言，如果一国在不对称的技术贸易中享有优势，它就能够限制对方的自主性。因此，对技术的过度依赖容易促发大国对国际安全的顾虑。但这种顾虑并非一直主导世界政治中的大国。戴尔·科普兰（Dale Copeland）的研究就指出，高度相互依赖既不必然导致战争，也不必然带来和平。战争抑或和平取决于双方对未来贸易的预期。只有当国家对未来贸易预期是积极的时候，较高相互依赖程度才会是和平导向的。[②] 同时，罗伯特·基欧汉以及约瑟夫·奈等人对华尔兹的相互依赖容易引发战争的论断做了修订。他们认为：当两国实力相当时，相互依赖引发战争的可能性会比较大。但当两国实力悬殊时，即一个国家实力明显较弱时，这一判断就值得怀疑了。[③]

因此，无论是对贸易预期的强调，还是对国家实力差距的强调，都可以纳入我们对大国间权力转移的分析框架。在崛起国迅速兴起

---

① Kenneth Waltz, *Theory of International Politic*, pp. 106 - 107.

② Dale Copeland, "Economic Interdependence and War: A Theory of Trade Expectations International Security", Vol. 20, No. 4, 1996, pp. 5 - 41.

③ Robert Keohane and Joseph Nye, *Power and Interdependence: World Politics in Transition*, pp. 22 - 37.

的时期，是大国权力竞争最激烈的时期。领导国与崛起国对前景的悲观预期会导致双方减少相互依赖。此时，双方对今后的贸易预期期望值比较低。具体到技术贸易领域，当崛起国开始赶超领导国时，双方会日益避免过度的市场依赖，也避免过度的技术贸易。对崛起国来讲，大规模的技术进口会带来技术依赖，因此是危险的；而对领导国来讲，技术贸易会加速崛起国技术上的赶超，因而也是危险的。因此，在权力转移时期，大国间的相互依赖会更符合现实主义的视角；而在领导国能长期维持其领导地位的时期，各国的相互依赖会更符合自由主义的视角。

值得注意的是，世界政治的领导国往往会在相互依赖中享有更大优势，"相比较而言，美国更少地依赖其它国家。因此，美国有着相当广泛的政策选择与能力去给他国施加压力，或者为他国提供援助"。国际政治的不平等性提升了领导国在国际社会中的地位。[1] 因此，当崛起国兴起时，主要考虑是摆脱对领导国的过度依赖，包括技术依赖。

概言之，在大国权力转移时期，领导国与崛起国双方对相对收益问题，对相互依赖程度会予以重新考虑。双方会更加重视相对收益；同时，双方也倾向于减少对对方的相互依赖。这些考虑给双方的技术政策带来了显著影响。

---

[1] Kenneth Waltz, "Globalization and American Power", *The National Interest*, No. 59, 2000. p. 53.

第三章

技术变迁的国际政治动力

不少政治经济学家注意到政治因素对经济周期具有重要的影响。[①] 技术变迁也不例外,它同样受政治因素的驱动。大国技术变迁是如何受到国际政治影响的呢?这正是本书所要回答的问题。国际政治因素对大国技术变迁具有多大的解释力?以往经济学、社会学、管理学以及政治学等对技术变迁的研究可以为我们提供参照。

第一节　技术进步的社会经济来源

以往对技术进步的研究集中在经济学与管理学。经济学家的研究往往强调技术是经济绩效的关键因素。[②] 经济学家、管理学家以及社会学家的研究往往围绕人口地理因素、制度安排、市场结构以及供给与需求等因素来解释技术变迁。

(一) 人口地理因素和技术进步

关于人口因素对技术进步影响的研究主要关注人口数量、人口

---

① 关于政治经济周期的研究,参见 William Nordhaus, "The Political Business Cycle", *Review of Economic Studies*, Vol. 42, No. 2, 1975; Edward Tufte, *Political Control of the Economy*, Princeton: Princeton University Press, 1978; Kenneth Rogoff and Anne Sibert, "Elections and Macroeconomic Policy Cycles", *Review of Economic Studies*, Vol. 55, No. 1, 1988。

② 参见 Robert Solow, "A Contribution to the Theory of Economic Growth", *Quarterly Journal of Economics*, Vol. 70, No. 1, 1956, pp. 65 - 94; Paul Romer, "Endogenous Technological Change", *Journal of Political Economy*, Vol. 98, No. 5, 1990, pp. 71 - 102; Philippe Aghion and Peter Howitt, "A Model of Growth through Creative Destruction", *Econometrica*, Vol. 60, No. 2, 1992, pp. 323 - 351。

营养状况、人均寿命、人口质量等因素如何作用于技术变迁。而关于地理因素对技术变迁影响的研究则主要关注行业聚集度、地区资源等因素对技术进步的作用。

埃斯特·博塞拉普（Ester Boserup）关于人口数量与技术变迁的研究比较有代表性。她指出人口密度影响城市化规模，技术进步往往是在城市周边出现的。而朱利安·西蒙（Julian Simon）的研究则展示，人口规模影响了潜在发明者的供给量。有学者则断言，民众的平均寿命是影响技术进步水平的重要因素。如果平均寿命太短，那么民众既没有时间又缺乏动力去创造新的知识。还有研究展示，人口的饮食会影响智力水平，进而影响技术发展。这类研究指出：如果能量摄入不足，人就容易昏昏欲睡，在饮食匮乏的条件下，个人很难有技术进步的主动性与进取精神。[①] 还有研究者展示人口质量，如人力资本是技术进步的关键。[②]

人口因素对技术进步的解释为我们提供了一个有趣的视角。的确人口数量、质量等因素对技术进步意义重大，但这些研究同时面

[①] 相关研究参见 Ester Boserup, *Population and Technological Change*, Chicago: University of Chicago Press, 1981; Julian Simon, "The Effect of Population on Nutrition and Economic Well-Being", in Robert Rotberg and Theodore Rabb, eds., *Hunger and History: The Impact of Changing Food Production and Consumption Patterns on Society*, Cambridge: Cambridge University Press, 1983, pp. 215 – 240。人均寿命与人口营养状况对技术进步影响的研究，参见 Kenneth Boulding, "Technology in the Evolutionary Process", in Stuart McDonald, D. McL Lamberton and Thomas Mandeville, eds., *The Trouble with Technology: Explorations in the Process of Technological Change*, New York: St. Martin's Press, 1983, pp. 4 – 10; Martha Willams, *Infant Nutrition and Economic Growth in Western Europe from the Middle Ages to the Modern Period*, Unpublished Ph. D. Dissertation at Northwestern University, 1988。

[②] 参见 Robert Lucas, "On the Mechanics of Economic Development", *Journal of Monetary Economics*, Vol. 22, No. 1, 1988, pp. 3 – 42; Daron Acemoglu and Fabrizio Zilibotti, "Productivity Differences", *Quarterly Journal of Economics*, Vol. 116, No. 2, 2001, pp. 563 – 606。

临的问题是，当技术进步进入现代科学为主导的时期，如果没有对现代科学和控制试验的投入，人口数量和规模可能带来的是技术长期的低水平徘徊。而人均寿命、人的营养状况等要素，往往是技术进步的结果而非原因。正是由于技术进步带来了人均寿命的提高和人口营养状况，乃至人力资本的改善。本书还能在一定程度上回答，在国际政治的特定时期，即以"权力转移"为代表的大国竞争程度较激烈的时期，个人或者集团会加大对人力资本的投资，进而推动技术变迁。

关于地理因素对技术进步的作用，已有研究主要关注特定地域的资源对技术进步的影响，或关注特定行业的地域聚集对技术进步的影响。莱格里（A. E. Wrigley）的研究就指出：英国之所以能有工业革命，是因为英国拥有得天独厚的煤炭，而英国特定的地理位置带来了技术革命。[①] 的确，煤炭等资源让工业革命有了得天独厚的能源优势，为英国技术变迁准备了重要条件。同时，这类研究可能面临的问题在于：即便我们承认特定地区的自然资源、要素禀赋对技术进步有显著影响，但煤炭等自然资源对技术进步周期性变迁的解释是比较乏力的。在自然资源比较固定的情况下，英国的工业革命为何发生在特定的历史时期，而不是此前或者此后呢？不具备此类资源的国家和地区，如日本，为何能克服资源劣势实现重大技术变迁？同时，不少"资源诅咒"类的政治经济学研究指出，具备丰裕的自然资源可能不是优势而是劣势，丰裕的资源可能会延缓技术进步。[②]

从地理因素看技术进步的另外一条路线是特定行业在某一地域

---

① E. A. Wrigley, *Energy and the English Industrial Revolution*, New York: Cambridge University Press, 2010, pp. 1 - 52.

② Jeffrey Sachs and Andrew Warner, "The Curse of Natural Resources", *European Economic Review*, Vol. 45, No. 4, 2001, p. 12; Michael Ross, "Does Oil Hinder Democracy?" *World Politics*, Vol. 53, No. 3, 2001, pp. 325 - 361.

聚集。不少研究者展示：行业在地理上的积聚（geographical agglomeration of industries）对知识和技术的进步具有正的外部性。同一行业在特定地域的聚集有利于该地区企业的创新。由于知识和技术具有地域性或者缄默性。因此，知识和技术的溢出效应就受到地域限制。正是如此，艾瑞克·冯·黑普（Eric Von Hipple）才指出：经济行为体之间面对面的交流与互动是最有效的技术传播方式。瑞·巴普蒂斯塔（Rui Baptista）的研究也强调地理上的相近性对技术进步的重要作用。一个产业在一个地区间的积聚无疑促进了地方性知识和缄默知识的传播。一个产业积聚于一个地区，抑或一个地区里面有很多产业。这两种情况相比较而言，前者技术交流更容易，知识和技术传播的成本也更低。^① 有研究者如迈克尔·波特（Michael Porter）强调同一产业在一个地区的集中加强了竞争，进而促进了技术进步。此外，地区的行业积聚有利于厂商与消费者之间建立长期的、稳定的联系。消费者的反馈为创新带来新的思想。当产业集中于一个地区的时候，企业招募新员工、高技能员工的成本也相对较低。创新者的地方性网络有助于研究者之间相互交流，有助于减少技术不确定性带来的高成本，使得新问题的解决变得更为容易。^② 菲利普·库克（Philip Cooke）等人提出的地区性创新体

---

① 上述研究，参见 Cristiano Antonelli, *The Microdynamics of Technological Change*, London: Routledge, 1999; Eric Von Hipple, "Sticky Information and the Locus of Problem Solving: Implications for Innovation", *Management Science*, Vol. 40, No. 4, 1994, pp. 429 - 439; Rui Baptista, "Geographical Clusters and Innovation Diffusion", *Technological Forecasting and Social Change*, Vol. 66, No. 1, 2001, pp. 31 - 46。
② 参见 Michael Porter "Clusters and the New Economics of Competition", *Harvard Business Review*, Nov 1, 1998, pp. 77 - 90; Maryann Feldman, "An Examination of the Geography of the Innovation", *Industrial and Corporate Change*, Vol. 2, No. 3, 1993, pp. 451 - 470。

系（regional innovation system）强调地方性组织的惯例（routines）、社会规范等促进使用新技术以及产生新的思想。[①] 从产业在特定地区的聚集看技术进步也为分析技术进步提供了有益的视角。而对这一研究的检验却存在很大分歧。有研究就指出，在同一地区，不同产业之间的互动带来的正外部性更显著。一个地区具有多样性的技术与产业对技术进步更为重要。[②]

即便我们认可特定技术在一定区域的聚集有利于技术的外溢，问题在于：是什么原因，促使了特定时期，特定技术在某些区域聚集呢？某些技术产业在特定时期涌现，在特定地区聚集本身就是需要解释的。本书会展示，在国际政治的权力转移时期，新的技术集群往往会在领导国与崛起国聚集，而不是在其它国家出现。

（二）国家创新体系、制度安排与技术进步

有学者从国家的政策制定、制度安排来探寻技术进步的来源。

[①] 参见 Philip Cooke, Mikel Gomez Uranga and Goio Etxebarria, "Regional Innovation Systems: Institutional and Organisational Dimensions", *Research Policy*, Vol. 26, No. 4 - 5, 1997, pp. 475 - 491；Philip Cooke, Mikel Gomez Uranga and Goio Etxebarria, "Regional Systems of Innovation: An Evolutionary Perspective", *Environment and Planning*, Vol. 30, No. 9, 1998, pp. 1563 - 1584。

[②] 如 Baptista and Swann 的研究发现，公司的聚集与创新活动呈现正相关。Glaeser 对美国 1956 - 1987 年间 170 个行业的研究也得出同样的结论。Feldman 与 Audretsch 指出了地方多样性的产业比单一的产业聚集活动有利于创新。参见 Rui Baptista and Peter Swann, "Do Firms in Clusters Innovate More?", *Research Policy*, Vol. 27, No. 5, 1998, pp. 525 - 540；Edward Glaeser, Hedi Kallal, Jose Scheinkman and Andrei Shleifer, "Growth in Cities", *Journal of Political Economy*, Vol. 100, No. 6, 1992, pp. 1127 - 1152；Maryann Feldman and David Audretsch, "Innovation and Cities: Science-Based Diversity, Specialization and Localized Competition", *European Economic Review*, Vol. 43, No. 2, 1999, pp. 409 - 429。

他们关注国家创新体系、产权制度、专利制度等对技术进步的影响。

其中比较有影响的前期研究是国家创新体系与技术进步。早在十八世纪末，美国财政部长亚历山大·汉密尔顿（Alexander Hamilton）《关于美国制造业的报告》以及德国的学者弗里德里希·李斯特（Friedrich List）的《政治经济学的国民体系》就将眼光放在企业与产业之外，关注国家层面的因素与技术进步的关联。国家创新体系的研究跨越了企业层次与产业层次，而从国家这一层次的制度差异、经济差异以及政策差异来寻找不同国家在技术进步上有不同绩效的原因。

这类研究强调国家对提高技术创新能力的有效推动。在国家的作用下，一国可以在技术上取得竞争优势。克里斯托弗·弗里曼（Christopher Freeman）的《技术与经济绩效》一书明确提出"国家创新体系"（Naitoanl Inovation System）。他在研究日本经济赶超经验时发现，日本经济和技术迅速提升的背后是日本形成了一整套能够有效推进技术发展的制度安排。他提出了"国家创新体系"的概念，并将其定义为：公共部门与私人部门组成的一个能够在互动中激发、引入、改进以及扩散新技术的网络。相关研究展示：国家的教育政策、科学政策、贸易政策、金融制度、法律框架等对技术进步具有重要作用。①

例如，理查德·纳尔森（Richard Nelson）通过对美国创新体系的分析指出，现代国家创新体系从制度上讲是非常复杂的。它们

① 关于国家创新体系的文献，参见 Christopher Freeman, *Technology Policy and Economic Performance*, London: Pinter Publisher, 1987; Charles Edquist, *Systems of Innovation: Technologies, Institutions and Organization*, London: Pinter Publisher, 1997; Richard Nelson, *National Innovation Systems: A Comparative Analysis*, New York: Oxford University Press, 1993。

既包括致力于公共知识的大学，也包括政府基金与政府计划。而国家创新体系可以定义为"相互作用决定着一国企业创新绩效的一整套制度安排。一国的技术进步需要依靠国家层面的制度安排，在产业方面保留了创新利益动机的同时，通过大学等研究机构与政府提供的公共资助，使大部分技术能够被公众所享用。这样的公私安排可以有效地解决创新过程中知识的创造和扩散问题。此外，纳尔森的研究还区分了几类国家，既包括那些处于技术边界前沿的、经济规模庞大的富裕国家，如德国、日本；还有一些小的富裕国家，如丹麦、加拿大和瑞士；也有发达程度略低的国家和地区，如以色列；以及发展程度更低的国家如巴西和阿根廷。他指出，不同类别的国家政策安排对技术进步有着相当不同的影响。[①]

国家创新体系的研究超越了以往视角，强调一个经济体的制度安排对技术进步所起到的重要作用。这套制度包括了很多内容，如管制、法律、市场交易规则、合约、教育体系以及社会价值观等。这套制度设计促进了私人企业、公共研发机构等公共与私人机构的交流互动。这一系列的研究为我们提供了很大的借鉴。同时由于"国家创新体系"所囊括的内容过多，因而相关理论既难以清晰地验证，又难以为后来者追随模仿。与这类研究有关联的是另一类研究者，这类研究者强调私有产权等制度安排是技术进步的驱动力。

强调制度安排对技术进步起到重要作用的研究者，尤其强调良好的产权保护对技术进步的重要性。不少学者认为，知识具有非竞

---

① Richad Nelson, "Institutions Supporting Technical Change in the United States", in Giovanni Dosi, ed., *Technical Change and Economic Theory*, London: Pinter Publishers, 1988.

争性以及非排他性，因此知识具有公共产品的性质。[①] 知识的这一特性给社会带来正的外部效应。作为创新者，他的研发活动给社会带来的收益多，而个人所获得的收益少。如此一来，如果缺乏足够的激励，创新活动会非常匮乏。[②] 道格拉斯·诺斯（Douglass North）指出：有效率的组织需要在制度上做出安排和确立所有权以便造成一种刺激，将个人的经济努力变成私人收益率接近社会收益率的活动。[③] 专利制度正好为此提供保护，使得技术进步的收益能够内部化，促成更多创新的出现。

但是，对这一假说的检验结果却存在分歧。不同产业呈现的结果很不一样。有一些研究发现：不同的产业，对专利的诉求存在差异。很多企业认为专利制度并不能给他们的创新带来很好的保护。[④] 不同产业对知识产权保护具有不同偏好。[⑤] 有学者对制药产业的研究发现：知识产权的保护促进了这个产业的创新。但是，在另一些产

---

① 参见 Richard Nelson, "The Simple Economics of Basic Scientific Research", *Journal of Political Economy*, Vol. 67, No. 3, 1959。而吉奥瓦尼·多西（Giovanni Dosi）的研究指出，很多知识属于缄默知识，或者地方性知识，因此，很多知识不具有公共产品的性质。参见 Giovanni Dosi "Sources Procedures and Microeconomic Effects of Inovation", *Journal of Economic Literature*, Vol. 26, No. 3, 1988, pp. 1120 - 1171; Giovanni Dosi, Christopher Freeman, Richard Nelson, Gerald Silverberg and Luc Soete, eds., *Technical Change and Economic Theory*, London: Frances Pinter, 1988。

② 参见 Edwin Mansfield, John Rapoport, Anthony Romeo, Samuel Wagner and George Beardsley, "Social and Private Rates of Return from Industrial Innovations", *Quarterly Journal of Economics*, Vol. 91, No. 2, 1977。

③ 道格拉斯·诺斯著，厉以平等译：《西方世界的兴起》，北京：华夏出版社 1999 年版，第 5 页。

④ Richard Levin, Alvin Klevorick, Richard Nelson and Sidney Winter, "Appropriating the Returns from Industrial Research and Development", *Brookings Paper on Economic Activity*, Vol. 18, No. 3, 1987, pp. 783 - 820.

⑤ Erik Brouwer and Alfred Kleinknecht, "Innovative Output and a Firm's Propensity to Patent: An Exploration of CIS Micro Data", *Research Policy*, Vol. 28, No. 2, 1999, pp. 615 - 624.

业，知识更具有缄默知识或地方性知识的特点。此时，知识产权保护就不那么重要。[1] 同时，如果区分长期和短期来看知识产权等制度的作用，结论也有所不同。如威廉·诺德豪斯（William Nordhaus）就指出：短期来看，保护知识产权会带来技术进步；但长期来看，由于知识产权带来对知识和技术的垄断，却不利于技术的传播。[2] 当前，面临"专利灌木丛林"（patent thicket），在不侵犯已有专利的情况下，要开发任何新软件是几乎不可能的事。[3] 在 2005 年，发明家想要把新技术引进 3G 市场，就需要跟持有大约 8000 个专利的 40 多家企业谈判。[4]

除了上述争议，我们也看到，很多重大技术变迁，发生在专利法实施之前。如地理大发现时期以及"科学革命"，乃至英国第一次工业革命时期的技术进步，大都是在没有专利制度保护的条件下出现的。技术史上，专利促进技术进步的作用存疑。[5] 此外，21 世纪苏联的重大技术变迁是在缺乏专利等制度安排的情况下进行的。因此，即便制度安排可以解释新技术如何被商业化，却难以解释技术变迁的驱动力。

此外，即便我们在接受国家创新体系、专利等制度对技术变迁

① Lacetera Orsenigo, " Political Regimes and Innovation in the Evolution of the Pharmaceutical Industry in the USA and in Europe", *Paper Presented at Conference on Evolutionary Economics*, Johns Hopkins University, Baltimore, 2001.

② 参见 William Nordhaus, *Invention Growth and Welfare*, Cambridge: The MIT Press, 1969。

③ Michele Boldrin and David Levine, *Against Intellectual Monopoly*, New York: Cambridge University Press, 2008, p. 73.

④ 马克·泰勒著，任俊红译，《为什么有的国家创新力强》，北京：新华出版社 2018 年版，第 74 页。

⑤ Christine MacLeod, *Inventing the Industrial Revolution: The English Patent System 1660 - 1800*, New York: Cambridge University Press, 1988, p. 115.

有积极作用的前提下，我们还需要探寻国家在什么时候会有制定此类政策的意愿。本书将会展示，在国际政治的权力转移时期，对国家安全的考虑会促使国家力图扶植本土技术，进而增大制定此类政策的意愿。

(三) 市场结构、供给需求与技术进步

也有不少学者从市场结构以及技术的供给与需求等方面来探讨技术进步的来源。产业组织经济学家热衷于探讨市场结构与经济绩效的关系。这些研究者往往要弄清楚，究竟是大企业集团、相对集中化的市场结构有利于技术进步，还是完全竞争的市场结构有利于技术进步。不少研究都从熊彼特假说（Schumpeterian hypotheses）开始。熊彼特认为垄断企业有更多的资金和实力去吸引科学家和工程师。同时垄断企业更能克服技术进步所需要的巨额资金。因此，具有垄断地位的大企业有利于技术进步。[1] 这类研究多半认为，如果一个企业处于垄断地位，其拥有的市场力量（market power）可以促使其积累更多利润，从而为技术进步提供更多资金。因此，此类研究认为垄断的市场结构有利于技术进步。而更普遍的看法来自肯尼斯·阿罗（Kenneth Arrow）等人，相关研究指出：完全竞争的市场结构才能为创新活动提供激励。在垄断的市场结构下，企业对创新的投资比竞争性的市场结构更少。这主要源于在垄断的市场结构下，即便没有引进新技术，垄断企业也能凭借垄断地

---

[1] 对此的经济史检验，参见 Tom Nicholas, "Why Schumpeter was Right: Innovation, Market Power, and Creative Destruction in 1920s America", *The Journal of Economic History*, Vol. 63, No. 4, 2003, pp. 1023 – 1058。

位赚取足够的经济租。① 因此，需要促进竞争以推动技术进步。

　　两种假说都找到了相应的经验证据。有研究发现，随着公司规模的扩大，创新活动会相应增加，二者存在线性关系。② 而同时又有另一些对美国的实证检验发现，小企业的人均创新活动更多。③ 有研究发现，这是一个倒 U 型的曲线。④ 创新活动在过度的市场竞争与过度的垄断结构中都绩效不佳，而只有在公司具有适度的市场力量时，才有利于技术进步。也有不少研究质疑技术进步跟市场结构之间的关联。⑤

① Kenneth Arrow, "Economic Welfare and the Allocation of Resources for Invention", in Richard Nelson, ed., *The Rate and Direction of Inventive Activity: Economic and Social fact*ors, Princeton: Princeton University Press, 1962.

② F. M Scherer, *Innovation and Growth: Schumpeterian Perspectives*, Cambridge: MIT Press, 1984.

③ Zoltan Acs and David Audretsch, *Innovation and Small Firms*, Cambridge: MIT Press, 1990. Blundell 等人的发现也支持这一结论，参见 Richard Blundell, Rachel Griffith and John Van Reenen, "Dynamic Count Data Models of Technological Innovation", *Economic Journal*, Vol. 105, No. 429, pp. 333 - 344. Cohen 等人对此提出批评，认为从数量上来看创新根本不可行，因为技术进步从质上就有很大差别，质的不同导致不可比，参见 Wesley Cohen and Steven Klepper, "The Anatomy of Industry R&D Intensity Distribution", *American Economic Review*, Vol. 82, No. 4, 1992。

④ Philippe Aghion, Nick Bloom, Richard Blundell, Rachel Griffith and Peter Howitt, "Competition and Innovation: An inverted U Relationship", *Quarterly Journal of Economics*, Vol. 120, No. 2, 2005. 而 Kamien and Schwartz 的研究则指出：适度的市场结构 (intermediate market)，即介于垄断与完全竞争之间的市场结构，为技术进步创造了更好的条件，而决定创新快慢不在市场集中度，而在是否存在有效竞争 (effective rivalry)，如果竞争足够激烈，那么当一项新技术引进的时候，竞争对手会很快模仿，使创新者收益减少，参见 Morton Kamien and Nancy Schwartz, "Timing of Innovation under Rivalry", *Econometrica*, Vol. 40, No. 1, 1972, pp. 43 - 60; Morton Kamien and Nancy Schwartz, "On the Degree of Rivalry for Maximum Innovative Activity", *Quarterly Journal of Economics*, Vol. 90, No. 2, 1976, pp. 245 - 260。

⑤ Dasgupta and Stiglitz (1980), Sah and Stiglitz (1987), Dasgupta (1988) 等人的研究集中于探讨不变性理论 (invariance theorem)，该理论认为，创新绩效与公司数量无关，参见 Partha Dasgupta and Joseph Stiglitz, "Industrial Structure and the Nature of Innovtive Activity", *Economic Journal*, Vol. 90, No. 358, 1980, pp. 266 - 293; Partha Dasgupta and Joseph Stiglitz, "Uncertainty, Industrial Structure, and the Speed （转下页）

这类市场结构的解释有很大启发。但这类解释面临的问题在于，几次重大技术变迁，都发生在具有不同市场结构的国家。如早期英国的技术变迁更符合经济学完全竞争的假定；而19世纪末德国、美国等国家的技术变迁，则呈现相对集中的市场结构。因此正如研究者所指出的那样，技术进步和市场结构的关联是存疑的，可能是其它因素在起作用。在某些因素影响下，无论怎样的市场结构，无论哪种发展模式，即完全竞争的市场模式与国家干预的计划模式，都能促成重大技术变迁。本书试图展示，在大国政治的权力转移时期，由于克服技术瓶颈的需要，领导国与崛起国在与国家安全息息相关的领域进行大规模资助与采购，在相关领域往往容易出现比较集中的市场结构。

需求拉动说的代表人物主要是经济学家，或者是受过经济学训练的其他学者。约翰·希克斯（John Hicks）是技术进步需求拉动说的早期代表人物。1932年，希克斯在其《工资理论》一书中提出了诱导创新理论（induced innovation）。这是需求拉动说的早期研究。希克斯认为要素的相对价格变动会带来创新，这样的创新可以减少对昂贵要素的使用。他写道：节约劳动力的技术发明之所以占据优势地位，真正原因在于替代问题。产品要素的相对价格变动促使了新发明的出现，也使得新发明能够朝一定方向变动。这样的发明可以减少对相对昂贵的生产要素的使用。纵观过去几百年的欧洲史，

（接上页）of R&D", *Bell Journal of Economics*, Vol. 11, No. 1, 1980, pp. 1 - 28; Raaj Kumar Sah and Joseph Stiglitz, "The Invariance of Market Innovation to the Number of Firms", *RAND Journal of Economics*, Vol. 18, No. 1, 1987, pp. 98 - 108; Partha Dasgupta, "Patents, Priority and Imitation, or, the Economies of Races and Waiting Games", *Economic Journal*, Vol. 98, No. 389, 1988, pp. 66 - 80。

两种生产要素——资本和劳动，比较而言，资本增长得更快。这一总体趋势促使了技术发明往节约劳动（labor-saving invention）的方向转变。①

此后，兹维·格里利克斯（Zvi Griliches）对杂交玉米技术扩散的研究，是需求拉动学派的又一代表性成果。格里利克斯研究美国杂交玉米技术的扩散，在不同区域之间存在三个方面差别：首先，不同地区最开始使用杂交玉米技术的时间存在很大差别；其次，杂交玉米技术在不同地区的扩散速度也很不相同；再次，杂交玉米技术在不同地区普及的程度和规模也很不一样。格里利克斯的研究发现，技术扩散是对市场力量的反应。市场大小（market size）决定盈利预期（profit expectation），进而导致技术扩散的差别。他的结论是技术扩散的差别是不同地区市场盈利率的差别导致的。②

雅克布·斯穆勒（Jacob Schmookler）的研究更进一步。他的研究不仅可以解释技术扩散，甚至解释了技术发明本身是市场力量，尤其是需求作用的结果。斯穆勒指出：如果没有潜在的需求，就难有新技术出现。新的经济压力以及新的市场机会刺激新发明出现。

① John Hicks, *The Theory of Wages*, New York: Palgrave Macmillan, 1963, pp. 124 - 125. 此后，微观经济学中对诱导创新有陆续的研究，例如 Syed Ahmad, "On the Theory of Induced Innovation", *Economic Journal*, Vol. 76, No. 302, 1966, pp. 344 - 357; Morton Kamien and Nancy Schwartz, "Optimal Induced Technical Change", *Econometrica*, Vol. 36, No. 1, 1968, pp. 1 - 17; Hans Binswanger, "The Microeconomics of Induced Technical Change", in Hans Binswangerand and Vernon Ruttan, eds., *Induced innovation: Technology, Institutions, and Development*. Baltimore: Johns Hopkins University Press, 1978, pp. 91 - 127。

② Zvi Griliches, "Hybrid Corn: An Exploration in the Economics of Technological Change", *Econometrica*, Vol. 25, No. 4, 1957, pp. 501 - 522. 也可参见 Zvi Griliches, "Hybrid Corn and the Economics of Innovation", *Science, New Series*, Vol. 132, No. 3422, 1960, pp. 275 - 280。

新发明只是对这些新的市场机会的反应。① 斯穆勒在《发明与经济增长》一书中试图展示：市场的需求变化导致了美国工业中各个产业部门的发明呈现差别。他对美国铁路行业的研究发现：每当对铁路设备器材的市场需求出现大幅度上升，不久以后铁路设备器材的制造部门就会有大量的新专利涌现。他指出，从需求的出现到专利发明的出现有一定时滞。而这个时滞恰好说明对设备器材需求量的增加带来对该领域发明努力（inventive effort）的增加。此外，斯穆勒发现在石油冶炼业、建筑业等行业也存在类似情况。通过对二战前后多个产业数据的研究，他向人们展示：一个产业资本品的发明与资本品的销售量呈高度相关。他认为数据显示了发明者从不断增长的购买力中感知到了重要的市场信号。这个信号表明如果生产者对该领域进行技术发明的投入会有相应的盈利机会。因此，增长的购买力促使发明者在该领域做出相应发明。最后，斯穆勒得出结论，影响发明方向的首要因素是消费者需求的变化。需求影响了市场的规模，进而影响了技术发明的方向。② 此后，阿特拜克（James Utterback）在《科学》杂志发表了一篇综述性文章，进一步指出：市场力量是影响创新的首要动力。在很多领域，百分之六十到八十的重要创新都源于市场需求。③

综上，无论是希克斯对要素相对价格的强调，还是格里利克斯对技术扩散的关注，以及斯穆勒对需求与技术变迁的研究，技术进

① Jacob Schmookler, "Economic Sources of Inventive Activity", *The Journal of Economic History*, Vol. 22, No. 1, 1962, pp. 1-20.
② Jacob Schmookler, *Invention and Economic Growth*, Cambridge: Harvard University Press, 1966.
③ James Utterback, "Innovation in Industry and the Diffusion of Technology", *Science*, Vol. 183, No. 4125, 1974, p. 621.

步的需求拉动说主要体现了市场力量在技术进步中的重要作用。这类研究对后继研究者有重要启发。同时，我们也需要注意这类解释存在的问题。它们关注市场力量、消费者需求对技术进步具有重要影响。与此同时，它们也忽略了一个相当重要的消费者，那就是政府。本书将会展示，政府大规模需求的出现，对促进重大技术变迁意义重大。本书将会展示，权力竞争的加剧会让大国推动重大技术变迁的意愿增强。国际政治的权力转移时期，是大国竞争最为激烈的时期。此时，领导国与崛起国都会加大对新技术，尤其是军事技术的采购。这是需求拉动的一个重要来源。世界政治领导权的起落也与技术进步的"需求拉动"联系在一起。

与需求拉动说形成对应的是供给推动说，其主要观点是，技术进步主要是靠技术的供给在起作用。供给因素主要是国家已有的基础科学和技术水平等因素。因此供给推动说认为，供给因素会改变技术进步的轨道和方向。在曼哈顿计划成功实施后，范内瓦·布什（Vannevar Bush）在《科学——没有止境的前沿》中指出：基础科学是科学的资本。二战后美国的基础科学不能再依赖欧洲。他给技术进步划定了一个轨道。先是基础科学，然后是应用研究，再走向产品开发，最后实现技术的商业化。因此，技术进步主要是靠基础科学的供给来拉动。[①] 此后不少研究都强调一国的技术进步绩效取决于该国的"社会能力"（social capacity），即该国吸收新技术和创造新技术的能力。[②] 一国的社会能力依赖于该国的

---

① 参见范内瓦·布什著，范岱年、解道华等译：《科学——没有止境的前沿》，北京：商务印书馆 2004 年版。

② Giovanni Dosi, "Technological Paradigms and Technological Trajectories: A Suggested Interpretation of the Determinants and Directions of Technical Change", *Research Policy*, Vol. 11, No. 3, 1982, pp. 147 - 162.

科学技术水平和已有技术基础，而这些都离不开国家对基础科学和技术研发的投入。吉奥瓦尼·多西（Giovanni Dosi）也持类似看法。[1] 技术知识储备具有连贯性，以前积累的知识可以提高技术人员对新技术的认知，解决问题的能力也需要以往的知识作铺垫。摩西·阿布拉莫维茨（Moses Abramovitz）就指出：很大部分的技术引进是在发达国家之间进行的，这是由于技术转移也需要本国企业的技术积累作后盾。[2] 因此，这类研究强调需要加大对基础科学的供给，加强本土企业技术积累，如此一来才能为一国技术进步提供持续动力。

相比市场的需求因素，供给因素所扮演的角色尤其是基础科学所发挥的作用也有诸多争议。例如，有人对基础科学与应用技术的孰先孰后提出质疑。毕竟不少重大技术变迁是应用技术引领的基础科学。例如，在 20 世纪 40 年代，贝尔实验室的威廉·肖克利（William Shockley）和他的助手致力于改进电话通讯。聚焦这样一个技术问题，他们取得的进展对基础科学有显著贡献，且获得了诺贝尔奖。[3] 此外，在 19 世纪末 20 世纪初，空气动力学的学术贡献主要是由欧洲人做出的，包括德国人、俄罗斯人以及英国人。美国在该领域一直缺乏投入。在 1908 年至 1913 年期间，美国政府乃至在飞机产业的研发支出非常低，在世界排名中位居第十四位，排在巴西等国家的后面。尽管欧洲人在科学上领先，但是在技术发展上，

---

[1] Wesley Cohen and Daniel Levinthal, "Absorptive Capacity: A New Perspective on Learning and Innovation", *Administrative Science Quarterly*, Vol. 35, No. 1, 1990, pp. 128 - 129.

[2] Moses Abramovitz, "Catching Up, Forging Ahead, and Falling Behind", *Journal of Economic History*, Vol. 42, No. 2, 1986, pp. 385 - 406.

[3] 内森·罗森堡、L·E·小伯泽尔著，曾刚译：《西方现代社会的经济变迁》，北京：中信出版社 2009 年版，第 197 页。

美国人则占了先机。[①] 二战后，日本、韩国几乎没有排名靠前的大学，但是这却没有阻止其技术的快速发展；英国大学的排名很靠前，其受人尊崇的研究型大学总数仅次于美国，但从多种测量方法来看，英国只能算作中等水平的创新者。[②] 因此，不少研究者强调：基础科学的进展对大国技术竞争成败的影响被夸大了。

即便争议不断，"供给推动说"对基础科学供给的强调引发了人们对技术进步深层次的思考。即便我们承认基础科学的重要作用，人们也会发现：国家对基础科学的重视并不是必然的。是什么原因会加大国家对基础科学的重视，并做出努力增加基础科学的供给呢？这也正是本书将要进一步展示的问题。本书也试图展示，在大国权力转移时期，领导国和崛起国会更加重视基础科学的供给。

在对上述研究的梳理中，我们不难发现：技术研究的经济社会解释长期存在"非政治"（apolitical）的倾向。这类学者对技术的研究往往集中于企业层次、民用领域，而忽略国内政治与国际政治对技术进步的塑造。长期以来，将目光限于企业层次限制了研究者的视野。为什么研究技术变迁背后的政治格外重要呢？这是因为：重大技术变迁往往是通过政府的集中投资和采购来实现的，政府尤其国防需求所构成的一个特殊市场往往是高新技术出现的温床。[③] 政府的集中投资和采购对催生出大发明（big invention）至关重要。而没

① Vernon Ruttan, *Is War Necessary for Economic Growth? Military Procurement and Technology Development*, New York: Oxford University Press, 2006, pp. 34 - 39.
② 马克·扎卡里·泰勒著，任俊红译：《为什么有的国家创新能力强》，北京：新华出版社 2018 年版，第 91 页。
③ 傅军：《制度安排与技术发展：两个技术市场的理论命题》，载《上海交通大学学报》（哲学社会科学版），2013 年第 5 期。

有大发明，小发明也会陷入边际收益递减的境地。[①] 而政府在什么时候更有意愿进行大规模投资和采购来推动技术进步，促成"大发明"的实现呢？这就需要引入技术进步的政治解释。而现有文献中，已经有一些学者关注国内与国际政治对技术变迁的影响。

第二节　技术进步的政治来源

长期以来，经济学、社会学、管理学等学科都对科学与技术研究有着较多关注。如经济学探讨要素禀赋如何影响科学与技术发展；社会学探讨社会因素怎样作用于科学技术变迁；管理学探讨得更为广泛，探讨能力积累等因素对科学技术的影响。[②] 政治学研究在这一领域长期乏善可陈。例如，在《牛津创新手册》中，几乎没有政治学对创新研究的相关章节。[③]《科学与技术研究手册》（第三版）中，管理学、经济学以及社会学的学者仍占据大量篇章。不过，这本研究手册已开始出现了少量政治学对这一议题的探讨，比如关于科学与技术的政治哲学、科学技术议题的公众参与、社会运动与科学技

---

① 技术往往分大发明与小发明，或者说激进的技术进步与渐进的技术进步。没有小发明，多数大发明没法有效实现其功用，重大技术进步带来的经济租金也难以实现。因此，渐进的技术进步围绕对大发明的不断改进，不断商业化。小发明是让社会更好地吸纳大发明的过程。而原创性的大发明，或者重大的技术，与科学的界限比较模糊，需要大量的政府投资。关于大发明与小发明，参见乔尔·莫基尔著，陈小白译：《富裕的杠杆：技术革新与经济进步》，北京：华夏出版社 2008 年版，第 15 页。

② 关于多学科对技术与创新的研究，参见 Larisa Shavinina, ed. , *The International Handbook on Innovation*, Oxford: Pergamon, 2003。

③ Jan Fagerberg, David Mowery and Richard Nelson, eds. , *The Oxford Handbook of Innovation*, Oxford: Oxford University Press, 2005.

术等话题。但是，在这本手册中缺乏国际关系领域对科学技术议题的研究，仅仅有一章探讨军事与科学技术的关系。①

因此可以说：长期以来，国际关系与比较政治学把科学技术议题的研究留给了经济学、社会学与管理学。政治学者马克·泰勒（Mark Taylor）指出：对科学技术议题的研究长期存在"非政治"（apolitical）的倾向，忽略政治要素的影响。② 学者们倾向于认为：科学技术的进步有其自身规律，政治性不强。要么是科学技术自身属性决定了科学技术进步的方向；要么科学技术的进步受到经济条件、社会条件乃至管理水平的影响，这些都与政治无涉。但是，这种成见正在逐渐被打破。越来越多的政治学者开始关注科学与技术这一研究议题。

为什么国际关系与比较政治学长期没有占据科学技术研究这一领地，而现在却开始向科学技术进军？

这可能是因为：对科技而言，在不同历史阶段，政治要素所起到的作用是不同的。从某种意义上讲，"非政治"的科学技术观主要源于在较早时期，科学技术对国家的影响远远不如当前明显，国家在科学技术进步中所发挥的作用也并不显著。随着国内政治与国际关系对科学技术影响日益深远，科学与技术的政治性日益凸显，政治学学者开始跻身这一研究领域。有研究者指出，"知识性国家"的出现，使得科学技术的政治性日益增强。

莫里斯·皮尔顿（Maurice Pearton）的研究将古往今来的战争分为三个阶段，第一个阶段的战争具有贵族斗争的特征。这时的战

① Edward Hackett, Olga Amsterdamska, Michael Lynch and Judy Wajcman, eds., *The Handbook of Science and Technology Studies*, Cambridge: The MIT Press, 2008.
② 马克·扎卡里·泰勒著：《为什么有的国家创新能力强》，第19—21页。

争主要是土地所有者之间的征战。此时战士来源多为农民，战争并不具有太多技术含量。第二个阶段，随着工业化的推进，战争更多依靠机械工业以及对自然资源……此时的战争历时变长，战争成为工业国家之间的较量，而非在农民之间的打斗。技术对战争的作用逐渐显现。到了第三个阶段，战争的科学技术含量显著提高，战争更加依赖理论科学与工程能力。到了这一时期，科学和技术进步对国家安全的重要性史无前例地凸显。皮尔顿称这个阶段的国家为"知识性国家"。[①] 随着知识性国家的出现，国家对科学技术这一领域的影响日益加深。尤其是世界工业化以后，战争也开始工业化，战场于是成为了科学技术的竞技场。从某种程度上讲，第一次世界大战是化学家的战争；而第二次世界大战成了物理学家的战争。因此，政治，尤其是国际关系对科学技术的卷入日益加深。

政治学家罗伯特·吉尔平也看到了类似的趋势。他指出，进入现代社会之前，技术发明处于相对静止状态。那时技术变革还不像今天这样重要。随着科学技术变迁加剧，新式武器的发明和新式战术的运用让一些国家走上征服道路。[②] 在 20 世纪 70 年代末，肯尼思·华尔兹（Kenneth Waltz）看到：一个国家想要跻身超级大国俱乐部，在当今世界这一俱乐部的进入门槛已经显著提高。他认为现代武器是研发密集型产品。与美苏相比，其它国家在现代武器的研制、开发、生产等方面很难与美苏两个超级大国抗衡。因此，试图参与竞争的中等强国往往发现它们被超级大国甩在了后面。[③]

[①] Maurice Pearton, *The Knowledgeable State: Diplomacy, War, and Technology Since 1830*, London: Burnett Books, 1982, pp. 1 - 50.

[②] 罗伯特·吉尔平著，宋新宁、杜建平译：《世界政治中的战争与变革》，上海：上海人民出版社 2007 年版，第 61—68 页。

[③] Kenneth Waltz, *Theory of International Politics*, pp. 178 - 181.

我们看到，既然科学技术的发展对世界政治的权力分布如此重要，国家对科学技术的卷入也就日益增多。国家的日益卷入让科学技术的政治性更加显著。政府对科技事务的管理，如政府对新兴科学技术的资助、采购，政府对技术标准的影响等都使得政治学对这一议题的解释力在增强。科学与技术的政治化程度在加深，留给政治学者的空间也在大大增加。比较政治学与国际关系学者开始涉足这一议题。

政治因素作为重要的影响因素，是对以往研究的重要补充。而决定技术进步的政治因素有几个层次，简单划分可以有国内政治与国际政治。[①]

(一) 国内政治经济环境与技术变迁

不少学者关注国家能力对塑造重大技术变迁所发挥的作用。在对东亚国家与地区的案例研究中，有学者展示发展型政府（developmental state）通过经济导航机构、有选择的产业政策等举措推动技术革新。[②] 有学者关注政治制度安排。德隆·阿西莫格鲁（Daron Acemoglu）和詹姆斯·罗宾逊（James Robinson）指出，

---

① 此外，还有车间内部资本家与技术工人的政治的研究，如威廉·拉佐尼克著，徐华、黄虹译：《车间的竞争优势》，北京：中国人民大学出版社 2007 年版。而从国内政党角度来探讨美国技术进步的研究，参见 Joel Simmons, *The Politics of Technological Progress: Parties, Time Horizons, and Long-term Economic Development*, New York: Cambridge University Press, 2016。

② 发展型政府的研究，参见 Chalmers Johnson, *MITI and the Japanese Miracle: the Growth of Industrial Policy, 1925-1975*, Stanford: Stanford University Press, 1982; Alice Amsden, *Asia's Next Giant: South Korea and Late Industrialization*, New York: Oxford University Press, 1989; Peter Evans, *Embedded Autonomy: States and Industrial Transformation*, Princeton: Princeton University Press, 1995。

英国工业革命的成功在于建立了包容性制度（inclusive institution）。^① 丹尼尔·德雷兹内（Daniel Drezner）则指出：技术变迁的关键在于是否建立了分权的制度。集权国家在制定技术政策时容易犯错，且集权的制度安排难以修正错误。因此，分权的制度安排更有利于技术变迁。^② 也有研究者关注政治文化、意识形态等因素影响技术进步。麻省理工的政治学家理查德·萨缪斯（Richard Samuels）强调"技术民族主义"（techno-nationalism）对日本技术进步的推动作用。二战结束后，日本不懈地将外国技术内化为自身的技术；用民用技术推动军事技术的革新，实现了富国强兵。^③

不少研究者还关注利益集团。乔尔·莫基尔（Joel Mokyr）指出：19 世纪末的英国难以实现技术革新的根源在于强大劳工集团的抵制。^④ 关于国内利益集团与技术进步，比较有代表性的文献是对美国"军工复合体"（military-industrial complex）的研究。此类研究指出：由于存在一个独特的利益集团，使得美国军用技术研发大规模上升。而所谓"军工复合体"，就是由美国的政府部门，尤其是国防部门、军工企业和国防科研机构等组成的庞大利益集团。美国的军队为自身利益，推动不断改进武器装备。政客为了自身选票，力促扩大军事开支以促进选区内的军事基地建设。如此一来，选区内的军工企业获得了更多的订单，当地民众则获得了更多的就业机会。

---

① 德隆·阿西莫格鲁、詹姆斯·罗宾逊著，李增刚译：《国家为什么会失败》，长沙：湖南科学技术出版社 2015 年版，第 72—88 页。

② Daniel Drezner, "State Structure, Technological Leadership and the Maintenance of Hegemony", *Review of International Studies*, Vol. 27, No. 1, 2001, pp. 3 - 25.

③ Richard Samuels, *Rich Nation, Strong Army, National Security and the Technological Transformation of Japan*, Ithaca: Cornell University Press, 1994.

④ Joel Mokyr, "Cardwell's Law and the Political Economy of Technological Progress", *Research Policy*, Vol. 23, No. 5, 1994, p. 565.

军工企业要更多的国家拨款以及军事产品订单。军事科研机构则要更多的科研经费。正是这些利益相关者的共同作用和相互关联的利益需求，让他们形成了一个特殊的利益团体，一个复合体。[①] 它的基础包括军方与工业的密切联系、和平时期的军备生产（尤其是飞机与导弹）、持续的武器研发以及由军方主导下的用于军备竞赛的研发基础。

而美国这种体制的形成离不开当时美苏权力转移时期国际环境的变化。在苏联的强大压力下，美国军队急剧扩张，军事工业则一再增长到二战时水平。在研制完原子弹以后，美国军方决定研制氢弹，并决定将飞机产量提高五倍，装甲车产量提高四倍，同时加速研制导弹。更为重要的是，"这种战时的预算水平将永远维持下去"，创造出一个永恒的战争经济体。从 1945 年到 1970 年，美国政府在军事上的开支达到 1.1 万亿美元。这一数额超过了美国 1967 年所有产业和住宅价值的总和。[②] 军工复合体给美国带来了深远的影响，它的影响是经济上、政治上乃至精神上的；它的影响遍及美国每一个城市、每一个州以及美国每一个政府办公室。以致当时有人如此描述：在美国，军工复合体已经如此强大，它主导了政府部门，使得

---

① 美国的"军工复合体"（military-industrial complex）早期来源是赖特·米尔斯（C. Wright Mills）的《权力精英》。参见赖特·米尔斯著，李子文译：《权力精英》，北京：北京时代华文书局 2019 年版。美国总统德怀特·艾森豪威尔（Dwight Eisenhower）在 1961 年的离职演讲提及了"军工复合体"，使这一称谓逐渐流行。艾森豪威尔警告美国人民要防止军工复合体的势力扩张影响美国国家安全利益。此后，这一概念开始被不断发展，参见 Stuart Leslie, *The Cold War and American Science: The Military-Industrial-Academic Complex at MIT and Stanford*, New York: Columbia University Press, 1993; Katherine Epstein, *Torpedo: Inventing the Military-Industrial Complex in the United States and Great Britain*, Cambridge: Harvard University Press, 2014。

② 戴维·诺布尔著，李凤华译：《生产力：工业自动化的社会史》，北京：中国人民大学出版社 2007 年版，第 4—5 页。

美国政府部门做出不理智的行动。它不断叫嚣要对苏联发动先发制人（preemptive）的攻击。[①] 如此一来，美国军事投入，尤其是国防科技投入不断上升，从而促成重大技术变迁。美国在苏联挑战下，军工复合体的形成，为美国重大技术投入和采购奠定了重要的国内基础。此后，有不少研究者将军工复合体的分析应用到其它国家，其主要论点还是集中在：该国存在这样一个国内利益集团，使国家军事技术的开支大幅上升。这一研究视角为我们从政治角度研究重大技术变迁提供了有益帮助。而我们或许需要追问，在什么时候，一个国家会出现这样一个利益集团呢？本书的分析或许能为此提供尝试性的解释。在权力转移时期，领导国与崛起国面临彼此带来的安全压力，为"军工复合体"的崛起提供了重要的外在条件。

正是由于苏联作为崛起国，使得美国面临强大威胁。这种外部压力促使美国国内形成一个战争经济体。美国军工复合体的形成与扩大离不开国际安全背景。而正是这种体制，极大地把资源分配到军事科研领域，也有力推动了美国技术变迁。

（二）国际政治经济环境与技术变迁

正如研究技术的学者宣称的那样：我们很难说，用国家内部的因素来分析技术进步要比国际层面的分析更为有效。[②] 尤其对于高度

---

① D. S. Greenberg, "Who Runs America? An Examination of a Theory That Says the Answer Is A 'Military-Industrial Complex'", *Science*, Vol. 138, No. 3542, 1962, p. 797.

② Dieter Ernst, "Global Production Networks and the Changing Geography of Innovation Systems: Implications for Developing Countries", *Economics of Innovation and New Technology*, Vol. 11, No. 6, 2002, pp. 497–523.

参与世界政治的大国而言，其技术变迁的国际驱动更是显著。已经有国际关系学者把注意力集中在国际关系对技术进步的影响上。马克·泰勒的研究展示了国际联系，尤其世界各国和领导国的经济联系是推动这些国家技术进步的重要来源。泰勒指出：国内层面制度因素往往难以决定国家间技术的差异；而国际关系因素，如国家间资本品的进口、国际直接投资、国际教育交流等因素带来了国家间技术进步的区别。该项研究指出：不论国内制度如何，具有这些良好国际条件的国家，技术进步概率显著高于没有具备这些国际条件的国家。技术进步不是国内层面，而是国际层面的事情。[①]

此类解释已经在国际层次上做出努力，去探寻技术进步的国际因素，对以往的研究做了重要的补充。但是本书力图展示，即便是这项研究所探讨的国际关系的经济因素，即国家间资本品进口、国际直接投资、国际教育交流等，这些"低级政治"也被国家安全等"高级政治"所左右。因此本书将展示：进出口、投资、教育交流等都不是自然而然发生的事情。如果要探讨技术进步，"安全"和"发展"这两个议题是不可分割的。而已有研究已经关注到国际关系的"高级政治"，如战争对技术进步的影响。

有研究者就埋怨，很多经济史学家往往忽略军事研发以及采购对商业技术的贡献。[②] 而有科学社会学家就观察到，"科学与战争一直是极其密切地联系着的；实际上，除了在十九世纪的某一段期间，我们可以公正地说：大部分重要的技术和科学进展是海陆军的需要

---

① Mark Taylor, "International Linkages and National Innovation Rates: An Exploratory Probe", *Review of Policy Research*, Vol. 26, No. 1 – 2, 2009, pp. 127 – 149.

② Merritt Roe Smith, *Military Enterprise and Technological Change: Perspective on the American Experience*, Cambridge: MIT Press, 1985, pp. 39 – 86.

所直接促成的。这并不是由于科学和战争之间有任何神秘的亲和力，而是由于一些更为根本的原因：不计费用的军事需要的紧迫性大于民用需要的紧迫性。而且在战争中，新武器极受重视。通过改革技术而生产出来的新式的或更精良的武器可以决定胜负。"[1] 这就是试图从国际安全的视角探寻技术进步的动力。

有研究就指出战争对技术进步起了重大的推动作用。[2] 在很早以前，战争对技术进步的作用就已经显现出来。我们所知的很多著名科学家，都是在战争的推动下从事研究的。我们从莱昂纳多·达·芬奇（Leonardo da Vinci）写给米兰公爵的一封求职信中就可以看到科学家与战争之间的密切联系：[3]

> 最杰出的先生，我已经看过而且研究了所有自称为军器发明技术大师们的试验，而且发现他们的设备与普通使用的并没有什么重大差别。我特向阁下报告我自己的某些秘密发明。兹将其一一简述如下：
>
> （1）我有一套建造轻便桥梁的方法。这种桥梁便于运输，可用于追击或击溃敌军；还有建造其他比较坚固的桥梁的方法。这种桥梁不怕火烧刀砍，易于升降。我也有办法烧毁敌人的桥梁。

---

① 约翰·贝尔纳著，陈体芳译：《科学的社会功能》，桂林：广西师范大学出版社 2003 年版，第 195 页。

② 早期研究，如维尔纳·桑巴特著，晏小宝译：《战争与资本主义》，上海：上海人民出版社 2023 年版。后继研究如：威廉·麦尼尔著，孙岳译：《竞逐富强：公元 1000 年以来的技术、军事与社会》，北京：中信出版社 2020 年版；Vernon Ruttan, *Is War Necessary for Economic Growth? Military Procurement and Technology Development*, New York: Oxford University Press, 2006.

③ 约翰·贝尔纳：《科学的社会功能》，第 197—199 页。

（2）在攻城时，我知道怎样排去护城河的水流和怎样建造云梯之类的设备。

（3）如果由于敌方阵地居高临下，十分坚固，无法加以炮击，只要敌垒的基础不是岩石构成的，我自有办法埋设地雷炸毁敌垒。

（4）我还知道怎样制造轻型大炮。这种大炮易于搬运，可以射出燃烧物，燃烧物发出的烟雾可以使敌军丧胆，造成破坏并引起纷乱。

（5）我可以悄悄地挖掘狭窄而弯曲的地道，通往无法到达的地方，甚至可以通往河底。

（6）我知道怎样建造坚固的带盖的车辆，把大炮运进敌军阵线、不论敌军如何密集都无法加以拦阻，步兵可以安全地跟随前进。

（7）我能够制造大炮、白炮和投火罐等等，其外形既实用又美观，与目前使用的都有所不同。

（8）在无法使用大炮的情况下，我可以改用石弩和目前还没有人知道的其他巧妙的投射武器；总之，凡是遇到这种情况，我都能不断想出攻击的办法。

（9）如果进行海战，我也有无数用于攻守的最厉害的武器；有防弹防火的船只；还有火药和易燃物。

（10）我自信在和平时期，在建筑方面、在建造公私纪念碑方面、在开凿运河方面，我比得上任何人；我会雕塑大理石像、铜像和泥像；我在绘画上也不比任何人差。我尤其愿意负责雕刻永远纪念你的父亲和十分杰出的斯福萨家族的铜马。要是你认为上述事项中有哪一些办不到或者不切实际的话，我愿意在你的花园或阁下乐于选择的任何其他场所当场试验。我卑恭地自荐如上。

科学革命时期的巨匠艾萨克·牛顿（Isaac Newton），他第一个明确地表述了作用力和反作用力原理，而反作用力原理不仅是力学的一个基本定律，也是理解炮术中的反冲现象所必需。牛顿在其《自然哲学的数学原理》中，尝试计算了空气阻力对弹道轨迹的影响。[1] 此外，著名科学家罗伯特·胡克（Robert Hooke）以弹性定律而闻名。胡克关于自由落体的研究，就是外部弹道学在其理论早期阶段必不可少的部分。"胡克试图测定从一支毛瑟枪射出的一颗子弹的速度。他也设计了若干种方法来测定空气对射弹的阻力。他还设想垂直向上发射子弹以确定地球旋转对射弹路径的影响。"很多人知道埃德蒙·哈雷（Edmond Halley）是因为哈雷彗星，而哈雷在天文学上的精密计算离不开当时他对弹道学的研究。哈雷把牛顿的流体动力学研究与外部弹道学相联系。哈雷鼓动同事从事关于空气对射弹阻力的研究，他说：牛顿正在研究同一个问题。[2]

随着科学对战争的作用越来越明显，战争与技术的关系日益显现。科学和技术进步对国家安全的重要性史无前例。这一点已被英国的科学社会学家约翰·贝尔纳所注意。贝尔纳指出，"科学史上的转折点随着世界大战的出现而出现了。这次战争和以往战争不同的地方在于，不仅各国的军队卷进去了，连有关各国的全体人民都卷进去了。

---

① 罗伯特·金·默顿著，鲁旭东、林聚任译：《科学社会学：理论与经验研究》（上册），北京：商务印书馆 2003 年版，第 249 页，第 280 页。
② 罗伯特·金·默顿著，范岱年等译：《十七世纪英格兰的科学、技术与社会》，北京：商务印书馆 2000 年版，第 244—245 页，第 248 页。

工农业都直接为战争服务，科学也是这样。"① 早期的铣床主要发展中心集中在武器制造业绝非偶然，其中就包括了美国的斯普林菲尔德（Springfield）和哈伯斯费里（Harpers Ferry）等联邦与私人军械厂。②

随着科学对战争的胜负越来越重要，国家对科学的投入也越来越重视。贝尔纳敏锐地观察到，早在第一次世界大战期间，科学家的协作达到前所未有的程度，所有国家都对本国科学家实行总动员，"其唯一目的就是为了在战争期间提高现代化武器的破坏力并且设计出防护方法，以应付对方在现代化武器方面所取得的进展。这时人们认识到，不能让科学处于完全无组织的状态，也不能让科学依赖旧有的基金和偶尔的施舍。"③ 随着"知识性国家"的出现，国家对科学与技术的动员能力越来越强。技术进步和战争的关系日益密切。

青霉素被广泛地运用于对感染性疾病的治疗，这可能是 20 世纪医学上最重大的突破。而这是由于二战期间，战争对抗生素的需要促使美国制药产业仰仗实验室研发以及大学研究。美国开始利用亚历山大·弗莱明（Alexander Fleming）对盘尼西林药性的发现。第二次世界大战期间，美国联邦政府启动了一项大规模的青霉素生产计划。联邦政府协调了二十多家制药公司，多所大学以及美国的农业部参与其中。④ 通过如此大规模的协调，青霉素才得以从实验室走

---

① 约翰·贝尔纳：《科学的社会功能》，第 39 页。

② 西蒙·富迪著，董晓怡译：《突破：工业革命之道》，北京：中国科协技术出版社 2020 年版，第 119 页。

③ 约翰·贝尔纳：《科学的社会功能》，第 40 页。

④ Rebecca Henderson, Luigi Orsenigo and Gary P. Pisano, "The Pharmaceutical Industry and the Revolution in Molecular Biology: Interactions Among Scientific, Institutional, and Organizational Change", in David Mowery and Richard R. Nelson, eds. , *Sources of Industrial Leadership: Studies of Seven Industries*, New York: Cambridge University Press, 1999, p. 271.

向寻常百姓家。而战时为了改进雷达侦查效果，各国加强了对微电子的研究，这类研究也对战后经济产生了深远影响。20 世纪 40 年代，由于日军占领了东南亚橡胶园，美国天然橡胶供应中断。美国政府致力于合成橡胶的研发，投资了大约七亿美元，建立了 51 个工厂来生产合成橡胶。为了实现战时紧急目标，合成橡胶计划迅速、深入地动员了大量资源和人力，它的规模仅仅次于曼哈顿计划。[1] 正是由于战争需要，美国政府才大规模投入新兴科技研究，而这些研究对战后技术改进和世界经济都产生了深远影响。

科学的进展满足了战争需要；战争需要也同样带动了科学事业。"首先，战争的需要提供了金钱来养活科学家；其次，战争需要提出了一些难题，促使科学家把注意力集中在这些问题上面，并且在实践中来检验自己的科学猜想。"[2] 即便不少发明早已出现，但从原始想法到成型产品往往需要大规模资金投入；从产品雏形到产品改良也需要大规模资金投入。正是战争需要，军事投入对精度的要求、对成本的忽视，使很多存在已久的想法变成技术现实，从比较粗糙的技术变成比较精良的技术。潜艇的原理早在 18 世纪就被阐述；而在莱特兄弟制造出飞机雏形的时候，飞机的安全和性能都无法得到保证，根本无法投入商业运行。正是战争需要，把诸多研究从观念与粗糙的雏形推向前台。

战争为这些观念变为现实提供了资金来源。我们看到：为了扩军备战，德国政府大规模投入飞机研发。以 1913 年的美元价格计

① David Mowery and Nathan Rosenberg, *Paths of Innovation: Technological Change in 20th-Century America*, New York: Cambridge University Press, 1998, p. 29, p. 90, p. 96.
② 约翰·贝尔纳：《科学的社会功能》，第 196 页。

算，在 1908 年到 1913 年间，德国对航空的科研投入为两千八百万美元。① 而当时的英国花销是三百万美元。德国投入是英国的近 10 倍。而德国对飞机的需求还带动了一个新学科的发展，即空气动力学（Aerodynamic theory）。同时军事竞争需要加强飞机的机动性，让飞机越飞越高，越飞越快。军事需要刺激了空气动力学不断发展来解决飞机飞行性能的问题。② 因此，在探讨技术进步时，我们不应该忽略对国际关系"高级政治"的关注。由于战争需要，各国对科学家的资助和对科学技术的强大动员，极大地推动了技术进步。

但问题在于，二战后，科学技术取得了长足进展，而在很长一段时期，大国之间却没有大战爆发。二战结束以后，从大国参与战争的频率及伤亡来看，二者几乎均降到零。③ 在"大国无大战"的世界政治中，国际安全因素仍旧在驱动重大技术变迁吗？ 即使是在二战以前，很多重大技术进步也不是在战争期间产生的。不仅如此，战争为技术进步提供驱动力的同时，战争的破坏作用又对技术进步起到负面影响。有研究者就指出，是和平环境而不是战争才推动了技术革新。④ 我们看到，二战后大国之间维持了"持续和平"，也出现了重大技术变迁，这是在相对和平的时期取得的技术成就。那么，战争不能提供很好解释的时候，我们需要把注意力转向其它国际因素。

① T. D. Crouch, *Wings: A History of Aviation form Kites to the Space Age*, New York: Norton, 2003, pp. 79 - 80.

② Vernon Ruttan, *Is War Necessary for Economic Growth? Military Procurement and Technology Development*, New York: Oxford University Press, 2006, p. 44.

③ Jack Levy and William Thompson, *The Arc of War: Origins, Escalation, and Transformation*, Chicago and London: The University of Chicago Press, 2011, p. 8；杨原、曹玮：《大国无战争、功能分异与两级体系下的大国共治》，载《世界经济与政治》，2015 年第 8 期。

④ John Nef, *War and Human Progress*, Cambridge: Harvard University Press, 1950, pp. 1 - 30.

(三）预防性动机与技术变迁

从国际关系史上看，霸权衰落和权力转移的确诱发了一些战争，但值得关注的是：并非所有权力转移都伴随战争发生。世界上也存在和平权力转移的例子。美国取代英国成为世界霸权就是最广为人知的案例。[①] 据统计，在 1816 到 1975 年近一百五十年间，在国际等级中最靠前的前三号或前四号大国，它们之间的权力转移带来战争的几率还不到一半。其间，国际社会发生了 17 次权力转移，而引发战争的仅仅有 8 次，还不到一半。[②] 在过去的 500 年中，有 16 个大国崛起并威胁取代现有守成国的案例，其中有 12 次导致了战争。[③]因此我们可以说，权力转移对战争而言既非充分条件也非必要条件。权力转移时期，大国除了诉诸战争，还有其它反应。此外，即便对爆发战争的双方而言，备战而非战争占据了权力转移的更长时段。正如"威胁感知"比"战争驱动"对发展型政府的兴起更重要一样，[④] 权力转移时期的预防性动机与行为，对领导国与崛起国的技术轨迹的影响也更重要。

二战后，大国所面临的诸多结构约束使得战争的可行性极大地

---

① Steve Chan, "Exploring Puzzles in Power-Transition Theory: Implications for Sino-American", *Security Studies*, Vol. 13, No. 3, 2004, p. 22. 关于霸权不诉诸武力的衰落，参见保罗·麦克唐纳、约瑟夫·培伦特：《霸权的黄昏：大国的衰退和收缩》，第 1—13 页；黄琪轩：《大国经济成长模式及其国际政治后果：海外贸易、国内市场与权力转移》，载《世界经济与政治》，2012 年 9 期。

② Henk Houweling and Jan Siccama, "Power Transitions as a Cause of War", *Journal of Conflict Resolution*, Vol. 32, No. 1, 1988, p. 101.

③ 格雷厄姆·艾利森：《注定一战：中美能避免修昔底德陷阱吗?》，第 8 页。

④ Tianbiao Zhu, "Developmental States and Threat Perceptions in Northeast Asia", *Conflict, Security & Development*, Vol. 2, No. 1, 2002, p. 25.

下降。这些因素包括：二战结束后，市民社会成长起到对战争的制约作用、两次世界大战给各国民众带来的创痛与记忆在制约大战爆发、加强的国际制度约束等。此外，二战后的大国大都是核武器的制造者或潜在制造者，美苏双方持有的核武器已达到相互确保摧毁的地步。美苏等核大国的分歧不是靠战争来解决，而是寻找其它办法。美苏在权力转移时期，维持了持久和平（the long peace）。[1]

但没有了战争，并不意味着没有了相应的预防性动机（preventive motivation）和预防性行动（preventive action）。[2] 在持久和平下，大国需要寻找其它途径来保障自身安全。面对自己势力衰落，除了战争以外，领导国还有很多选择，即对崛起国进行外部制衡（external balance）与内部制衡（internal balance），她可以将目光分别聚焦于盟友、对手与自身。首先，领导国可以通过结盟来遏制挑战国。不过，在国际社会的无政府状态下，结盟这一选择难以有切实的保障。[3] 盟友可能背叛自己，投靠崛起国；盟国也可能势力做大，成为新的挑战国。其次，领导国也可以将目光聚焦在崛起国，寄希望给挑战国制造麻烦，如挑动崛起国内部纷争等；或者通过技术出口限制，限制崛起国进入国际市场等，以抑制崛起国经

---

[1] 关于冷战期间持续的和平，参见 John Lewis Gaddis, *The Long Peace: Inquiries into the History of the Cold War*, New York: Oxford University Press, 1987。

[2] 预防性动机指，相对于对手国家而言，一国军事权力和潜力在下降致使该国对可能导致的后果感到恐惧，对此的感知导致了对战争的防御性动机。参见 Jack Levy, "Declining Power and the Preventive Motivation for War", p. 87, 而兰德尔·施韦勒（Randall Schweller）也指出动机的重要性，他的研究中区分了满足的权力（satisfied power）和不满的权力（dissatisfied power），参见 Randall Schweller, "Bandwagoning for Profit: Bringing the Revisionist State Back in", p. 88。

[3] Emerson Niou and Peter Ordeshook, "Preventive War and the Balance of Power: A Game-Theoretic Approach", *The Journal of Conflict Resolution*, Vol. 31, No. 3, 1987, pp. 387 – 419.

济增长及综合国力成长。再次，领导国可以依靠国内办法解决问题。它可以依靠国内建设，重振科技实力、加强军备等。因此在权力转移时期，战争并非惟一出路。预防性动机既可能导致两国发生冲突与战争，也会驱使大国之间的竞争开始从"热战"转向"冷战"，从战场转向工厂与实验室。因此，政府推动技术变迁成为大国面临加剧的大国竞争环境时的一项重要选择。国际关系学者保罗·麦克唐纳（Paul MacDonald）与约瑟夫·培伦特（Joseph Parent）指出，霸权衰落的时候，常常进行"战略收缩"而非"战略扩张"。但他们也发现，实施战略收缩的目标也是为内部的改革创造空间，包括改变国内的技术投资结构。[①] 历史上，积极投资与军事相关的技术就成为诉诸战争之外的重要选择。

首先，随着崛起国崛起，其抱负水平与权力投射往往会发生改变。在 19 世纪末 20 世纪初，随着德国的崛起，德国政府开始摒弃以往的审慎态度（即德国在领土方面的"心满意足"），开始着手拓展海外势力范围。德国各个阶层，尤其是有着巨大海外经济联系的阶层越来越支持海外扩张。崛起的德国金融家、工业家以及工程师开始积极谋划德国海外利益的拓展，对他们来说，寻求世界市场而进行的斗争不仅与自身利益吻合，也是为德国争取威望的一项使命。[②] 德国开始积极寻找"阳光下的地盘"。崛起国改变的抱负水平与权力投射会改变崛起国与领导国的行为，包括技术上的投入。

---

① 保罗·麦克唐纳、约瑟夫·培伦特：《霸权的黄昏：大国的衰退和收缩》，第 18—21 页。

② 查尔斯·威尔逊：《经济状况》，载 F. H. 欣斯利编，中国社会科学院世界历史研究所组译：《新编剑桥世界近代史：物质进步与世界范围的问题 1870—1898》（第 11 卷），北京：中国社会科学出版社 1999 年版，第 79 页。

其次，即便崛起国的意愿不变，在国际事务中保持"克制"，但世界政治中的"安全困境"仍会驱使双方做出相应反应。国际安全研究中强调的安全困境（security dilemma）在大国技术竞争中会有诸多体现。[1] 即便领导国与崛起国双方彼此都"缺乏恶意"，[2] 一个国家为了自身安全而采取的措施，即便是加强防御性武备，也会降低其他国家的安全感，致使竞争者也采取反制措施加固自身安全。双方角逐的结果是一个竞争螺旋，加剧了双方冲突。最终，为了自身安全而采取的措施，以双方更不安全告终。我们知道，军事技术具有这样的特性，国家开发出的新技术有先有后。这意味着先开发新技术的国家往往有明显的先行者优势（first-mover advantage），尤其是军事上的优势。如米尔斯海默所言："军事技术的不对称扩散"（asymmetric diffusion of military technology）使得国家不会同时获得新技术。这意味着创新者往往比落后者获得重大的，尽管是暂时的优势。[3] 一项新的重大技术突破可以迅速改变两国之间的进攻-防御平衡。大国权力转移时期，"缺乏恶意"的双方在"安全困境"的驱使下，技术角逐会遵循类似的逻辑。

再次，领导国常常以技术进口限制与技术出口限制来应对崛起国崛起。[4] 凭借自身经济体量的优势，领导国通过实施技术进口限制，限制竞争对手的高技术产品进入本国市场。此举不仅缓解了领

---

① Robert Jervis, "Cooperation under the Security Dilemma", *World Politics*, Vol. 30, No. 2, 1978, p. 198.

② 唐世平著，林民旺、刘丰、尹继武译：《我们时代的安全战略理论：防御性现实主义》，北京：北京大学出版社 2016 年版，第 76 页。

③ 米尔斯海默著，王义桅、唐小松译：《大国政治的悲剧》，上海：上海人民出版社 2003 年版，第 305 页。

④ 黄琪轩：《大国战略竞争与美国对华技术政策变迁》，载《外交评论》，2020 年第 3 期，第 96—101 页。

导国高技术产业承受的国际压力，还限制了竞争对手通过出口获得资金、积累经验、积累制造能力、实现规模经济。同时，领导国实施的技术出口限制会减缓竞争对手获得相应的前沿技术，延缓其对自身优势地位的挑战。历史上，要实施技术出口限制，领导国就需要保持自身技术优势，加大对前沿技术的投入。领导国需要在技术上寻找"盟友"；需要对崛起国发起"技术出口限制"，并限制其进入其主导的国际市场等。领导国的这些举措刺激了崛起国技术自主性意愿的加强。领导国在技术上的大规模投入会刺激崛起国进行相应的投入；同时，面临技术封锁，崛起国需要强调自主研发以保障自身的技术自主性。双方对对方的技术进步紧密关注，双方行为也相互刺激。

因此，在权力转移时期，挑战国与领导国双方具有相当强烈的意愿进行大规模的技术投入。挑战国与领导国政府不仅作为资助者出现；同时，两国政府还加大了对高科技产品的采购，作为采购者出现。在权力转移时期，领导国与崛起国的政府对技术变迁的介入力度会显著增强。在权力转移时期，战争并非惟一出路。尤其是在第二次世界大战结束以后，领导国和崛起国竞争的角逐从以往的预防性战争转向了技术变迁。这个时候的技术进步，更多是靠国家的投入来拉动。尽管存在国别差别，国家反应有强有弱，但是技术进步的方向却是一致的。我们在后面会进一步展示，面临他国的迅速崛起，即使是高度强调市场理念的美国也加强了国家对技术进步的干预；面临美国的遏制，即使作为美国军事盟友的日本也加强了自主军事技术的研发。因此，权力转移所带来的后果正在转变。至少权力转移引发的重大事件不仅仅是战争。吉尔平指出，"现实主义者看来，国家间战争的根本原因以及国际体系的变迁是国家之间权力增长的不平衡"。① 本书认为，二战后，在国家之间权力增长不平衡的时候，大国之间战争的可能性在下降。大国的竞争从以往的战场转向了技术竞争。大国间权力增长的不平衡程度越大，领导国与崛起国政府介入技术进步的力度越大。同样的逻辑也可以适用于二战前。二战以前，即便战争是权力转移的一个重要后果，但战争也并非惟一出路。大国在权力转移时期也努力进行了技术变革。在欧洲霸权争夺时期，领导国与崛起国之间为国家安全寻找其它路径，双方政府日益介入技术变迁。本书第八章关于欧洲的辅助案例也正是为了验证这个逻辑。

因此，本书展示并非战争，而是激烈的国际竞争推动了大国技术变迁。关于竞争，亚当·斯密在《国富论》中多次强调。在斯密看来，商人的自利之心驱使他们搞阴谋诡计、实施垄断、损害公众。斯密指出：同一行业的人即使为了娱乐和消遣而集合在一起，他们的谈话也很少不涉及反对公众的阴谋和某种提高价格的策划。② 缺乏竞争不仅让商人勾结，提高价格，损坏公众利益，而且/甚至给大学课堂带来了负面影响。斯密说：在牛津大学，大部分的教授许多年来甚至已经完全放弃了假装在教学。③ 他认为领取固定工资的牛津教授缺乏竞争，因此对教学疏忽懈怠，对学生漠不关心。因此，他强调加强竞争以促进经济繁荣。在国际关系的技术研究中，同样强调竞争。海伦·米尔纳（Helen Milner）及其合作者看到国际权力分布影响技术在世界范围内的扩散。他们发现当世界政治处于多极格

① Robert Gilpin, *War and Change in World Politics*, p. 94.
② 亚当·斯密著，杨敬年译：《国富论》（上），西安：陕西人民出版社 2001 年版，第 161 页。
③ 亚当·斯密著，杨敬年译：《国富论》（下），西安：陕西人民出版社 2001 年版，第 829 页。

局时，国际技术更容易扩散。① 而扩散的技术源头，同样来源于大国竞争，只是竞争的主体有差异。本书从现实主义政治经济学出发，展示竞争如何促进技术变迁。与斯密不同，本书把分析单位从个体上升到国家。同时，本书聚焦重大技术变迁的出现，而非扩散。在战争之外，国际竞争越激烈，政府才越容易克服国内利益集团的诸多压力，以一个更理性的（rational）、自主的（autonomous）、一元的（unitary）国际关系行为体面目出现。在国际竞争的刺激下，政府加强对技术的资助和采购，以确保国家安全。而大国权力转移时期是领导国与崛起国安全竞争最激烈的时期，此时世界政治中的重大技术变迁最容易出现。

第三节　国际竞争与技术变迁

在权力转移时期，驱动重大技术变迁的主角是领导国与崛起国。在权力转移时期，二者最有能力也最有意愿推动重大技术变迁。而对重大技术的集中资助与对技术产品的大规模采购则成为双方推动重大技术变迁出现的主要手段。在权力转移时期，领导国与崛起国双方对重大技术的集中支持为突破以往技术瓶颈带来了可能性。

（一）大国政府介入技术的能力与意愿

亚当·斯密在《国富论》前三章强调市场规模（market extent）

---

① Helen Milner and Sondre Solstad, "Technological Change and the International System", *World Politics*, Vol. 73, No. 3, 2021, pp. 545 - 589.

对分工的重要性。分工取决于市场规模。斯密看到的市场主要是普通消费者构成的市场。在此之外，还有一个重要的市场主体，就是政府。政府对技术的资助以及对技术产品的采购构成了一个重要的技术市场。① 无论是历史上还是当代，政府通过资助与采购，对重大技术变迁意义重大。事实上，无论是基础科学的进步还是军事技术的进步，都离不开政府的资金资助。政府资助的研发往往走向两个最主要的领域，就是基础科学和军事技术。② 就二战后美国的案例而言，政府投资的技术领域往往是：首先，投资规模太大或者风险太大、私人投资者难以进入的行业，如原子能开发和超音速飞机的开发；其次，政府投资项目在军事上抑或在政治上相当重要，比如计算机技术和空间技术；其三，投资领域缺少足够的利润回报，私人投资者不愿意涉足的领域，如污染控制技术等。③ 美国政府对技术的选择和其它大国类似，政府介入技术进步往往不是以利润回报为首要导向。正是这样的技术投向，催生出技术史上的"大发明"。系统比较来看，政府部门的作为尽管可能效率不高，但却是私人部门高效率的重要支撑。政府投资或许缺乏效率，但在很多领域取得了重要效果，尤其是突破了以往的技术瓶颈。政府投资较私人投资的优势在于：政府对高科技投资与采购的能力与意愿都系统地高于私人部门。

---

① 关于政府所构成的技术市场的研究，参见傅军：《制度安排与技术发展：两个技术市场的理论命题》，载《上海交通大学学报》（哲学社会科学版），2013 年第 5 期。傅军教授区分了技术进步所具有的两个市场，即政府作为购买者所构成的 A 市场与普通消费者作为购买者的 B 市场。高端研究大都集中于 A 市场。而本书正是要探讨 A 市场的国际政治起源。

② John Zysman, "US Power, Trade and Technology", *International Affairs*, Vol. 67, No. 1, 1991, p. 101.

③ Robert Gilpin, "Technological Strategies and National Purpose", p. 445.

我们先来讨论政府的能力问题，高科技往往是私人投资者难以涉及的领域。而正是由于政府有资金优势，可以为大规模的技术投资进行融资；同时，与企业和个人相比较，政府的效用函数里更多考虑国家安全。因此，政府对高新技术的投资和采购就明显优于私人部门。如此一来，政府对科技的介入对技术进步具有重要影响。大规模的研发投资面临巨大不确定性，有着巨大的风险。例如，在制药产业，一项新的研发计划，从其项目启动到结束，可能需要耗时 17 年，每种药物需要投资大约 4.03 亿美元，而且失败率非常高。只有一万分之一的合成药物能投放市场，因此，成功的概率是一万分之一。而且，即便成功投放市场，以往试图开放的药物常常会有完全不同的用途。① 即便是进入了药物临床试验，进入第一期临床试验的药物，有 70% 到 80% 不能得到美国食品和药品管理局（FDA）的批准，而获得批准的药物，也只有通过激烈的商业竞争，才有可能为投资者带来利润。② 与掌控资源的政府相比，任何其他经济体都难以望其项背。因此，重大技术变迁往往需要政府提供巨额资金支持以及大规模产品采购以克服技术进步的不确定性和市场风险。

据研究，重要研究事件（significant research events）给美国二十件重要武器带来了重要影响，而这些研究事件是由军事需要所驱动的。③ 因此，军事技术的推进离不开国际环境以及相应的政府资助与采购。而除了军事技术以外，通用技术（general-purpose technology）也跟政府的介入息息相关。弗农·鲁坦（Vernon

① Mariana Mazzucato, *The Entrepreneurial State: Debunking Public vs. Private Sector Myths*, London: Anthem Press, 2013, p. 59.
② 马克·扎卡里·泰勒：《为什么有的国家创新能力强》，第 79 页。
③ C. W. Shewin and R. S. Isenson, "Project HINDSIGHT: A Defense Department Study of the Utility of Research", *Science*, Vol. 156, No. 3782, 1967, pp. 1571 – 1577.

Ruttan）的研究将注意力转向美国公共部门。他指出美国通用技术的发展离不开其公共部门的作用。他尤其指出了军事需求与国防采购带来了重要商业技术的研发进展。[①] 在其著作《战争是经济增长的必要条件吗?》中指出，美国军事与国防研发以及采购推动了大量相关产业的技术进步。这些工业占到了美国产出的很大部分。美国的大规模生产（mass production）、航空业、核与核电行业、计算机产业、互联网以及空间领域等技术都来源于政府的军事采购。[②]

　　既然政府介入对实现重大技术变迁如此重要，那么在什么时候，政府有意愿投身于高新技术的发展呢？正如著名经济史学家大卫·兰德斯（David Landes）所说，政府惟一不太考虑节约的领域是兵器制造，人们很少在用于杀人的工具上计较价钱。[③] 在激烈国际竞争的环境下，尤其是在大国权力转移时期，世界政治中的领导国和崛起国出于对国家安全的考虑，对技术的价格敏感度较低，对技术投资的意愿也较强。同样，泰勒的著作也强调：一个国家对其国内安全与国际安全的权衡会影响其创新率。安全问题会影响人们是否愿意接受创新带来的高成本、高风险并为此做出牺牲。[④] 领导国与崛起国双方为军事目的所角逐的技术，往往是最尖端、精密、昂贵的技术，也是人们所说"大发明"的雏形。"在很多领域，国家安全导向的研究和购买是技术发展的领头羊。出于国家安全的驱动，政府作为高新技术的需求方，为高新技术的理论性基础研究提供较稳定的

① Vernon Ruttan, *Technology, Growth and Development: An Induced Innovation Perspective*, New York: Oxford University Press, 2001.
② Vernon Ruttan, *Is War Necessary for Economic Growth? Military Procurement and Technology Development*, pp. 3 – 20.
③ 大卫·兰德斯著，谢怀筑译：《解除束缚的普罗米修斯》，北京：华夏出版社 2007 年版，第 254 页。
④ 马克·扎卡里·泰勒：《为什么有的国家创新能力强》，第 5 页。

特殊高端市场，承担了一般'经济人'（个人或企业，包括商业银行和风险投资者）常常不能或不愿承担的投资风险。"[1] 在世界政治中，如前所述，高技术的供给呈现高度垄断的特征，大国往往是高技术的集中供给者，是最有能力的供给者。正是在大国权力转移时期，国际竞争异常激烈，促使了领导国与崛起国大幅度介入技术。较其他国家而言，领导国与崛起国同时最具备高技术供给的能力和意愿。

（二）政府作为技术的资助者与采购者

政府介入技术变迁主要体现在政府对研发的资助与对高端技术产品的采购上。在具备能力和意愿的基础上，领导国和崛起国的政府是高端技术最重要的资助者和采购者。

首先，政府作为资助者出现。就政府资助而言，在世界政治的权力转移时期，领导国与崛起国政府往往加大对技术，尤其是军用技术的研发资助。例如，在两次世界大战期间，当英国在面临德国挑战时，英国钢铁联合会用于合作研究的费用从1932年的五千镑一跃而上升到1936年的两万两千五百镑。[2] 这是在权力转移时期扩军备战的需要。

而二战后，领导国与崛起国双方的举措更为明显。从1940年到1995年，美国政府对研发的投资占据了美国研发金额的大部分。与历史上美国政府支出相比，战后美国的研发金额显著上升；与其他

----

① 傅军：《制度安排与技术发展：两个技术市场的理论命题》，第18页。
② J.D. 贝尔纳：《科学的社会功能》，第209页。

OECD 国家相比，美国的研发金额也是独一无二的。[①] 此外，在研发方向上，美国政府还急剧增加了对军事科研的投入。二战后，美国联邦政府对军事研发的支出至少占到了联邦研发支出的三分之二。1960 年，美国联邦政府投入的研发经费大致是私营企业的两倍；到 2000 年，产业界所占份额是政府两倍多。[②] 以新兴的电子产业为例，美国五角大楼的决策主导了美国电子工业的进程。1959 年，美国国会的一个委员会估计：美国电子产品的研发，超过 85% 的经费是由联邦政府资助的。[③] 美国第一代计算机，几乎无一例外是由美国政府部门，尤其是美国军方资助的；此外，美国计算机技术的发展受益于军方所资助的半导体和晶体管研究。五角大楼对巨型 C - 5A 运输飞机的研发资助促进了飞机引擎的改进，这项技术至今仍然是很多商用飞机引擎的技术来源。波音 707 飞机的部分研发资金来源于喷气式驱动军用坦克 KC - 135 的研发经费。[④]

其二，政府还作为采购者出现。社会学家维尔纳·桑巴特（Werner Sombart）就曾指出："战争具有双重作用，此处在破坏，彼处则在建设。"而战争的建设作用的一个关键就在于："军事需求创造出了大宗需求"。[⑤] 由于早期高科技产品成本过高，普通消费者难以承受异常高昂的销售价格。例如在 20 世纪 30 年代，机械

① David Mowery and Nathan Rosenberg, *Paths of Innovation: Technological Change in 20th-Century America*, p. 30.
② Linda Weiss, *America Inc.: Innovation and Enterprise in the National Security State*, Ithaca: Cornell University Press, 2014, p. 99.
③ Kenneth Flamm, *Creating the Computer: Government, Industry and High Technology*. Washinton, DC: Brookings Institution Press, 1988, p. 16.
④ David Mowery and Nathan Rosenberg, *Paths of Innovation: Technological Change in 20th-Century America*, p. 135, p. 67.
⑤ 维尔纳·桑巴特：《战争与资本主义》，第 24 页，第 103 页。

计数器就已经出现，但当时每台需要一千两百美金，这一价格过于高昂，相当于当时几辆家用汽车的价格，让普通消费者望而却步。而美国政府的大量采购，为技术的改良做了重要贡献。在20世纪50年代，晶体管极为昂贵，不太可能广泛地进行商业运用。[①] 如果没有大量政府采购介入，很难想象这个产业的后续发展。其他高端技术产业的情况也大同小异，而且早在二战前就如此。

英国为了应对来自日益崛起的德国的威胁，到1935年，其"飞机工业已完全成为一个军事工业。1933年出口的234架飞机和40台引擎大部分都是用于军事。在英国的新规划中，军事职能变成飞机工业压倒一切的主要职能。当时实际生产的新式军用飞机（1500架）比当时已有的全部民用飞机（1200架），包括供体育和游览的飞机还要多"。[②] 1939年，英国政府授权空军"无限量生产"，也就是说企业可以只考虑生产，不用考虑钱的问题。[③] 而欧洲金属工业几乎完全依靠军事订货才从萧条的深渊中解脱出来，制造大炮、战舰和坦克都需要大量钢铁，生产这种武器的需要已经证明是促使人们研究金属特性的最大动力。

第二次世界大战以后，贝尔实验室的附属制造工厂生产的全部产品都销往军队。[④] 1952年，美国晶体管生产厂家生产了九万个晶

---

① Ernest Braun, *Revolution in Miniature: The History and Impact of Semiconductor Electronics Re-explored*, New York: Cambridge University Press, 1982, p. 67, p. 188.

② J. D. 贝尔纳著：《科学的社会功能》，第210页。

③ A. J. P 泰勒著，徐志军、邹佳茹译：《英国史：1914—1945》，北京：华夏出版社2020年版，第334页。

④ Kenneth Flamm, *Creating the Computer: Government, Industry and High Technology*, p. 16.

体管，而军队几乎将它们全部买下，且对价格毫不计较。① 即便进入
20 世纪 60 年代，美国政府的采购仍然占据晶体管的最重要市场。最
早的计算机都销售到美国联邦政府部门，尤其是美国国防部门和情
报部门。美国软件业在发展早期的最大客户就是联邦政府部门，尤
其是国防部。即便到了 20 世纪 80 年代早期，美国国防部的采购还
占到美国软件贸易近一半的份额。② 随着军队对飞机需求的增大，到
1953 年，美国军用飞机的吨位已经占到飞机吨位的 93%，而民用飞
机仅占 7%。③ 政府采购还引导了当时大量技术投入，尤其是私营部
门对技术的投入。由于 20 世纪 50 年代军队对电子产品需求过多，
带来了企业对军队需求的乐观估计，这种乐观估计也促进了公司增
大自己的研发投入。④ 正是这样大范围、大规模的政府采购，极大地
刺激了企业对高端技术的研发。⑤

　　因此，在权力转移时期，领导国与崛起国双方政府日益扮演着

---

① Ernest Braun, *Revolution in Miniature: The History and Impact of Semiconductor Electronics Re-explored*, p. 70.

② David Mowery, "The Computer Software Industry", in David Mowery and Richard Nelson, *Sources of Industrial Leadership: Studies of Seven Industries*, pp. 160 – 161, p. 145.

③ 戴维·诺布尔著：《生产力：工业自动化的社会史》，第 6 页。

④ 1962 年，美国的企业预计，到了 20 世纪 70 年代，军队会消费 57% 的电子产品和近一半的集成电路。而事与愿违，到了 70 年代，军队却只消费了仅 40% 的电子产品和三分之一的集成电路。参见 Ernest Braun, *Revolution in Miniature: The History and Impact of Semiconductor Electronics Re-explored*, p. 102。

⑤ 国防相关的采购刺激企业基础研究的文献，参见 Nathan Rosenberg, "Why Do Firms Do Basic Resarch With Their Own Money", *Research Policy*, Vol. 19, No. 2, 1990, pp. 165 - 174。关于政府对企业研发进行技术补贴的文献，参见 Linda Cohen, "When Can Government Subsidize Research Joint Ventures? Politics, Economics, and Limits to Technology Policy", *American Economic Review*, Vol. 84, No. 2, 1994。关于国防技术对民用技术的影响，参见 Frank Lichtenberg, "The Impact of the Strategic Defense Initiative on US Civilian R&D Investment and Industrial Competitiveness", *Social Studies of Science*, Vol. 19, No. 2, 1989, pp. 265 - 282。

高技术的资助者与采购者的重要角色。

(三) 政府介入与技术瓶颈的突破

为什么大国政府对技术的资助与采购等举措，有助于克服以往的技术瓶颈呢？因为政府的资助与采购会从以下三个方面影响新技术的发展：支持的集中度；性能的优越性以及成本的敏感性。

首先，就支持的集中度而言，在世界政治的权力转移时期，领导国与挑战国政府往往将资源集中投向一些大企业，因为只有少数企业才能够承担如此大规模、高精度的科研和生产。因此，政府的科研管理、研发资助、产品采购也相应比较集中。这样的集中支持为突破技术瓶颈带来了可能性。在 1917 年美国参加第一次世界大战时，美国联邦政府推行专利投资政策，莱特·马丁（Wright-Martin）飞机公司和寇蒂斯（Curtiss）飞机公司分别收到了两百万美元。[1] 在 1950 年，超过 90% 的联邦研发经费由国防部和原子能委员会（Atomic Energy Agency）控制。[2] 如此集中的资源控制有利于集中力量克服技术瓶颈。当时美国政府科研合同的总额高达 10 亿美元，获得这些合同的有 200 家企业，其中 10% 的企业就获得了40% 的经费。资源集中投向重要企业，也集中投向重要大学。最重要的科研合同派送给了顶级的大学，19% 的大学获得了三分之二的科研经费。[3] 据保守估计，在 20 世纪 40 年代晚期和 50 年代早期，麻

---

[1] 哈罗德·埃文斯、盖尔·巴克兰、戴维·列菲著，倪波等译：《美国创新史：从蒸汽机到搜索引擎》，北京：中信出版社 2011 年版，第 198 页。

[2] David Mowery and Nathan Rosenberg, *Paths of Innovation: Technological Change in 20th-Century America*, p. 135.

[3] 戴维·诺布尔著，李凤华译：《生产力：工业自动化的社会史》，第 11 页。

省理工学院的旋风（Whirlwind）计算机和 ERA 计算机这两个项目就占用了军方对计算机研发资助经费的一半，耗资大概在一千四百万到两千一百万美金之间。[①] 集中的支持，有利于集中资源克服技术瓶颈，带来重大的技术变迁。

其次，就技术性能的优越性而言，在世界政治的权力转移时期，领导国与挑战国政府往往会提高对技术性能的要求，以确保在军事竞争中获得技术优势。国家安全的考虑往往驱使人们不断提升对技术产品性能的要求。在欧洲历史早期，人们就发现，军用技术要求枪炮的校准和瞄准具有较高的精度，没有对精度的要求，就没有第一次技术革命的关键技术——蒸汽机的改良。[②] 詹姆斯·瓦特（James Watt）改良蒸汽机的基础就来源于约翰·威尔金森（John Wilkinson）对大炮镗床的改进。[③] 而正是威尔金森的天才努力，加工了具有一定精度的汽缸技术，才使得瓦特"可以保证直径 72 英寸的汽缸在最差的地方加工误差也不会超过六便士硬币的厚度（即 0.05 英寸）。"[④] 而正是对精度的要求，带来了制造能力的发展。从 1914 年到 1920 年，飞机的时速增加了 61.5 英里；在空中逗留时间增加了 7 分钟；飞行高度上增加了 7357 英尺；直线飞行距离增加了 1294 英里。或许有人会问：人们为这些小小的改进耗费了 10 亿英镑，这是否值得？[⑤] 关键要看在什么时期回答这一问题。正是在权力转移时期，政府耗费大量的资源来改善高技术产品的性能，力求精

---

① Kenneth Flamm, *Creating the Computer: Government, Industry and High Technology*, p. 78.

② 乔尔·莫基尔：《富裕的杠杆：技术革新与经济进步》，第 76 页。

③ Willam McNeil, *The Pursuit of Power: Technology, Armed Force, and Society since A. D. 1000*, p. 212.

④ 大卫·兰德斯著：《解除束缚的普罗米修斯》，第 103 页。

⑤ J. D. 贝尔纳著：《科学的社会功能》，第 205 页。

益求精。

二战后的故事也如出一辙，在研究高性能战斗机的过程中，人们对精确性的狂热达到了极点；要求技术达到极尽所能的精度，要求部件的精细程度提高十倍乃至二十倍。任何设备，只要在精确性方面出一点点差错，就会被认为毫无价值。[①] 正是政府对产品性能的要求，促进了技术往高性能、精加工方向发展。在国家安全的驱动下，企业对技术精度的要求提高，也相应提高了制造业水平。

再次，就对技术成本的敏感性而言，在世界政治的权力转移时期，领导国与挑战国政府往往对技术进步的成本不那么敏感。[②] 这对商业投资而言是缺陷，但对重大技术进步而言却是优点。技术进步的一个显著特点就是具有很大的不确定性。贝尔实验室发明了激光，但却没有想到激光会有多大价值。集成电路发明以后，《时代》周刊并没有将报道该发明的新闻放在显著位置，以为集成电路仅仅有助于助听器的改进。直到 20 世纪 90 年代，人们才发现阿司匹林可以用于治疗心脏病。[③] 1969 年，美国"阿波罗 11 号"宇宙飞船载人登月成功；1981 年，美国的"哥伦比亚号"航天飞机首航成功；1997 年，美国的"火星探路者号"航天飞机成功登陆火星。这些科学与技术的进步，在短时期都难以看到商业回报，正是大国竞争，让政府忽视科技的短期商业回报，而重视安全与政治

[①] 戴维·诺布尔：《生产力：工业自动化的社会史》，第 196 页。

[②] 关于政府对技术投资的敏感性研究，参见傅军：《制度安排与技术发展：两个技术市场的理论命题》，第 16—26 页。

[③] Nathan Rosenberg, "Uncertainty and Technological Change", in Ralph Landau, Timothy Taylor and Gavin Wright, eds., *The Mosaic of Economic Growth*, Stanford: Stanford University Press, 1996, pp. 334-353.

价值。

此外，我们还应该注意到，由于政府大规模研发项目的启动，还培养了大量的技术人才。如哈佛大学的艾肯（Aiken）计划也受到美国政府的巨额资助，我们所熟知的华人计算机企业家王安（An Wang），就是在离开哈佛艾肯项目后，于1951年建立了自己的实验室。[①] 因此，政府对研发的资助与高新技术的采购不仅直接拉动了技术进步，也间接积累了技术能力，培养了技术人才，为实现重大技术变革创造了重要条件。

值得一提的是，正因为技术本身具有很大的不确定性，它的作用可能长期不能被认识和利用。因此，即便政府增加了研发和采购，也不能保证技术进步往政府如愿的方向发展。尽管如此，政府大规模投入也会产生大量副产品。而政府投入越大，出现各式前沿技术产品的可能性越大。研究中常常称此类现象为"外部培育"（external fertilization）。一项发明原本为了解决某种特定技术问题，却为解决一个毫不相关的技术问题铺平道路。[②] 阿尔伯特·爱因斯坦（Albert Einstein）1905年关于光电效应的光量子假说本来与半导体没有什么关系，却为固体物理学以及后来晶体管的出现铺平了道路，同时也为其他技术瓶颈的解决提供了可能。因此，即便是国防技术投入原本只为解决特定问题，由于技术进步的不确定性，没有朝着固定的技术方向获得相应产出，但由于大规模投入，培养了科学家，也收获了相应的副产品。从概率上来讲，突破科学与技术边界、带

---

① Kenneth Flamm, *Creating the Computer: Government, Industry and High Technology*, p. 59.

② Ernest Braun, *Revolution in Miniature: The History and Impact of Semiconductor Electronics Re-explored*, p. 16.

动"大发明"出现的概率大大增加。

本书所讨论的技术变迁涵盖面比较广，是科学、技术与产业的融合。大国的技术竞争常常嵌入在科学中，也嵌入在产业中。因此本书既涉及传统意义上的工业技术变迁，也囊括了相关的科学进步（如空气动力学），还囊括了部分与产业（如半导体产业）相关的技术变迁。技术上的"小发明"往往离不开对技术上"大发明"的改进；而技术上的"大发明"重大到一定程度就成了科学突破。有研究者认为：科学和技术是密切缠绕在一起的。很多现代技术都与科学密切相关，如冶金学、计算机科学、化学工程等。在科学与技术结合日益紧密的条件下，接受科学与工程领域的正规训练成了理解技术的必要前提。[①] 即便是在应用性很强的应用科学与工程学科，很多研究也涉及对基本原理的探索，因此从某种意义上来讲也成了基础研究。如对致癌过程的医学研究常常涉足到分子生物学；对计算机的研究又常常涉足数学以及人类行为研究。[②] 因此，可以把从技术上的"小发明"到"科学"上的重大发现视为连续的系谱，把技术、科学与产业的相互嵌套视为多元一体的大国技术竞争的一个方面。因此，出于研究的需要，本书没有把科学、技术以及产业截然分开。

[①] Richard Nelson, "National Innovation System: A Retrospective on a Study", *Industrial and Corporate Change*, Vol. 1, No. 2, 1992, pp. 350 – 351.

[②] Nathan Rosenberg and Richard Nelson. "The Roles of Universities in the Advance of Industrial Technology", in Richard Rosenbloom and William Spencer, eds., *Engines of Innovation: U. S. Industrial Research at the End of an Era*, Boston: Harvard Business School Press, 1996, pp. 87 – 109.

（四）可能观察到的系列变化

大量研究指出，技术进步会沿着一定的技术轨道行进；技术进步有着自身的周期。而本书试图展示，重大技术变迁的周期受国际政治变迁的显著影响。大国权力竞争是推动世界重大技术变迁的重要动力。国际权力格局的变化会影响大国竞争。在权力转移时期，大国权力竞争尤其显著。因此，重大技术变迁也会更密集地出现。尽管技术变迁充满不确定性，但本书会力图探寻技术变迁中相对稳定的规律。如果上述发现是可靠的，我们还可以观察到下面一些较有规律性的特征。

其一、在权力转移时期，领导国与崛起国对技术自主性的强调会加强。由于大国在国际体系中的特殊地位，大国更担心技术上依附于其他大国。因此，大国的技术进步不同于小国，大国对技术自主性的诉求更高。正如桑巴特展示那样：大国在置办其全部战争物资时，力图摆脱对外国的依赖，催生了本国的民族工业。[①] 而在权力转移时期，领导国与崛起国出于对国际安全的考虑，双方技术贸易摩擦会增多。同时，安全需要也促使双方加强技术自主性；这一时期，两国"技术民族主义"的倾向会较以往上升，均会更加强调依靠自身把握关键核心技术，尤其是与安全相关的关键核心技术。

其二、在权力转移时期，领导国与崛起国政府会大幅度介入技术进步。由于权力转移时期，领导国与崛起国政府对技术自主的意愿上升，双方会增加对技术的研发资助与采购。此时我们可以观察

---

① 维尔纳·桑巴特：《战争与资本主义》，第 154 页。

到，领导国与崛起国政府会加大科技人员的培育与供给；领导国与崛起国政府也会加强基础科学研发支出；领导国与崛起国政府会加大对高端技术产品的采购；同时领导国与崛起国政府会强调战略产业的发展。这都是大国政府介入技术进步的表现。

其三、在权力转移时期，领导国与崛起国政府介入会提升重大技术的市场集中度。由于重大技术变迁往往需要政府集中资助与采购来克服以往的技术瓶颈。因此，在权力转移时期，国家的技术进步模式更加强调"计划"、"规划"、"顶层设计"。政府会集中资助重要大学、重要研究机构，采购也比较倾向于技术能力较强的大公司。在权力转移时期，国家对技术的干预更带"计划色彩"、"集中引导"，由此给大企业集团提供发展机会，致使市场结构也呈现相对集中的特点。

其四、在权力转移时期，领导国与崛起国国内的"军工复合体"等国内集团能更活跃地发挥作用。正如国际政治经济学家罗纳德·罗戈夫斯基（Ronald Rogowski）所展示的，国际经济开放与封闭对一部分国内集团有利而对另外一些国内利益集团不利。[①] 国际安全环境的变化同样也会给不同的国内集团提供迥异的机遇。"军工复合体"等利益集团往往受益于竞争日趋激烈的国际环境。因此，权力转移时期，国际安全局势的变化为这类军工利益集团的出现与积极活动提供了外部条件。

其五、在权力转移时期，领导国与崛起国军事技术的突破会明显增加。由于国际安全形势的变化，技术进步方向会更加倾向于军

---

① Ronald Rogowski, *Commerce and Coalitions: How Trade Affects Domestic Political Alignments*, Princeton: Princeton University Press, 1989, pp. 3 – 21.

事技术。这些技术可能不会以专利等民用形式出现，但却往往是给世界带来重大影响的"大发明"。出于安全考虑，这一时期军事技术对民用技术的转移会相对下降。不过，正是权力竞争时期军事技术上的重大突破，为以后军用技术的民用化储备了充足的技术来源。一旦时过境迁，在世界政治处于比较稳定的时期，军事技术会找到出路，逐步民用化。

其六、重大技术变迁往往聚集在权力转移时期的领导国与崛起国。由于领导国与崛起国资助研发与采购高端技术的意愿比其他国家强，能力也较其他国家强。因此，在权力转移时期，重大技术变迁往往是由领导国与崛起国引发，进而扩展到世界其他国家和地区。

第四章

权力转移与苏联技术变迁

从第四章到第八章，我们将展开对大国权力转移与技术变迁的比较历史分析。如前所述，在权力转移时期，崛起国与领导国相比，赢得了权力增长的优势。这意味着在今后一段时间里，世界政治会有较大调整。领导国与崛起国之间的关系会有相应转变。这具体表现在，崛起国与领导国会更重视相对收益，也会相应降低对对方的依赖。在技术议题上，双方会更加重视自主研发，政府也会相应增加对科研的资助和对技术产品的采购。政府在技术进步中发挥的作用会更加显著。

二战后，作为领导国的美国，遇到了三次崛起国的兴起。苏联是二战后美国遇到的第一个崛起国，也是经济发展模式、政治制度、意识形态与美国有显著差距的崛起国。苏联崛起有力冲击了美国在世界政治中的领导权。我们在本章将展示：二战后，苏联在成为崛起国迅速兴起时期，在技术政策上所做出的相应调整。随着美苏实力变化，苏联技术进步的轨道也发生相应改变。从这些变化中，我们可以看到：美苏的权力转移是怎样改变了苏联技术进步轨道的。

第一节　苏联权力增长优势与美苏经济调整

第二次世界大战后的一段时间，苏联经济取得巨大成就。与美国相比，苏联权力增长优势明显。在权力增长的相对量上，苏联拉开了与美国差距，赢得了权力增长优势。而苏联所取得的权力增长优势预示着世界政治的权力转移。

（一）苏联赢得权力增长优势

在二战结束后初期，苏联经济业绩和发展速度被誉为是世界上最成功的发展案例之一。[①] 与美国经济相比，苏联经济增量显著提高。据苏联官方统计，在 1945 年到 1950 年短短五年间，苏联国民收入大致翻了一番。（表 4.1）在这五年间，苏联工业产值，包括重工业产值，接近 1945 年的两倍。[②] 由于一国的工业基础，尤其是重工业基础是国防竞争的主要支柱，苏联工业化成就引起了世界各大国，尤其是领导国美国的警惕。在约瑟夫·斯大林（Joseph Stalin）执政后期，包括斯大林逝世后尼基塔·赫鲁晓夫（Nikita Khrushchev）执政时期，苏联经济增长成绩斐然。在 1950 年到 1955 年间，苏联经济年增长率为 14.2%；在 1956 年到 1960 年间，苏联经济年增长率略有下降，增长仍相当迅速，年均增长率为

表 4.1　战后苏联经济绩效（1940—1950）

年份	1940	1945	1950
国民收入（1940＝100）	100	83	161
工业产值	100	91	172
重工业产值	100	112	204

数据来源：Martin McCauley, *The Soviet Union: 1917 - 1991*, London: Longman, 1993, p. 190.

[①] Robert Allen "The Rise and Decline of the Soviet Economy", *The Canadian Journal of Economics*, Vol. 34, No. 4, 2001, p. 860.

[②] Philip Hanson, *The Rise and Fall of the Soviet Economy: An Economic History of the USSR from 1945*, London: Longman, 2003, p. 25.

10.9%。[1] 与美国经济增长相比，以及与历史上各个大国的经济绩效相比，苏联如此快速的经济增长实属罕见。

如果我们用两国间的经济增长差距来测度权力增长差距，就不难发现：从第二次世界大战结束到 20 世纪 50 年代末，苏联几乎一直保持对美国的权力增长优势。[2] 如图所示（图 4.1），在零值以上，是崛起国苏联的经济增长优势；而零以下，是领导国美国具有的优势。除了个别年份外，整体来看，从第二次世界大战结束直到 1960 年，苏联一直保持了经济增长优势。当然，当时西方认为苏联的统计有夸大成分，但即便根据当时西方对苏联经济发展成就的重新估算，苏联经济建设的业绩也相当惊人。[3] 而考虑到二战以前，苏联在计划经济体制下所取得的经济成就，无疑又加剧了西方的担忧。在 1928 年到 1937 年间，苏联经济实现了长时段的、快速的经济增长，年均增长率为 11.9%。[4] 不少研究者指出，苏联是当时经济合作与发展组织（Organization for Economic Co-operation and Development，简称 OECD）以外的国家中经济发展

---

[1] Stephen White, "Economic Performance and Communist Legitimacy", *World Politics*, Vol. 38, No. 3, 1986, pp. 462–482.

[2] 由于二战结束后，世界政治中，国家边界已接近冻结，各国的领土无法大规模扩张，而 GDP 增长是最为明显和容易观察的指标，同时经济实力很大程度上也可以转换成其他方面的实力。因此，本书用 GDP 增长来测度权力增长。该图的计算是用苏联经济增长率减去美国经济增长率。如果零以上的值越大，说明苏联权力增长优势越明显；反之，如果领导国美国具有权力增长优势，则零以下的部分会越大。关于战后经济实力重要性的论述，参见 Richard Rosecrance, *The Rise of the Virtual State: Wealth and Power in the Coming Century*, pp. 1–50。

[3] Philip Hanson, *The Rise and Fall of the Soviet Economy: An Economic History of the USSR from 1945*, p. 25.

[4] Earl Brubaker, "Embodied Technology, the Asymptotic Behavior of Capital's Age, and Soviet Growth", *Review of Economics and Statistics*, Vol. 50, No. 3, 1968, p. 304.

最成功的案例。① 虽然这些历史上的增长业绩已经是遥远回忆，但这对世界各大国而言，这些是影响其对未来国际权力变迁判断的一个重要因素。因此，如果说二战后苏联的重建与高速经济增长引起了世界各大国，尤其是领导国美国的担忧。那么，苏联在二战以前的经济成就无疑加剧了这种担忧。

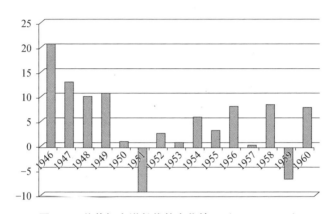

图 4.1　美苏权力增长优势变化情况（1946—1960）

数据来源：基于 Angus Maddison, *Monitoring the World Economy*, *1820 - 1992*, Washington, D. C. : OECD Publications and Information Center, 1995, pp. 200 - 250 整理。

如此一来，崛起国与领导国之间权力增长差距拉大，使得两国对世界政治的预期相应调整，其行为也发生了相应的改变。如果苏联继续保持如此良好的经济发展势头，其权力增长优势意味着苏联将在未来一段时间里赶超美国，乃至取代美国世界政治经济领导权。而领导国的易手意味着会发生相应的更多变化，包括那些符合守成大国利益的国际分配格局、国际游戏规则、世界秩序等。

① 研究发现，世界经济中的趋同和趋异都在发生。经济业绩的趋同往往发生在 OECD 国家之间，而苏联在当时 OECD 以外的国家中几乎是惟一实现与 OECD 国家经济业绩趋同的。参见：Robert Allen "The Rise and Decline of the Soviet Economy", p. 861。

苏联的迅速崛起，使得苏联对国际事务的抱负水平也相应地上升，至少在美国眼中就是如此。以前苏联执行的是相对防御性的外交政策，[①] 到了赫鲁晓夫执政时期，苏联对外政策与以往有了很大不同，而且是实质不同。由于苏联取得了显著的经济成就，军事实力也在不断地增长，苏联领导人有了更充足的信心在世界政治中发挥更大的作用。此时的苏联领导人更明确地宣称苏联在国际政治决策中应享有一席之地。苏联经济增长和由此带来的权力增长优势预示了世界政治权力转移的发生，使得苏联与领导国美国竞争日趋加剧。"美苏之间的对立现在变得更加紧迫，也更加直接。美苏之间对立史无前例。"[②]

苏联的迅速崛起，意味着权力转移的发生。而崛起国兴起越快，大国间的不确定性就越大，美苏双方面临的"安全困境"问题也会更突出。"冷战"是否会上升为"热战"这一问题日益凸显。美苏双方都有这样的声音，认为美苏战争与冲突不可避免，双方敌对情绪也在随之增长。

(二) 美苏对安全环境的评估

出于对国家安全考虑，美国开始系统评估苏联军事能力和战略意愿。在 1946 年到 1952 年间，美国中央情报局（Central Intelligence Agency，简称 CIA）的一系列报告主要集中评估苏联军事实力以及苏联对美国发动战争的可能性；美国也开始系统评估苏联科学技术

---

① 苏联相对防御的外交政策始于 1917 年，这一政策一直持续到斯大林执政后期。参见：Martin McCauley, *The Soviet Union: 1917 - 1991*, p. 202。

② J. P. Nettl, *The Soviet Achievement*, London: Thames & Hudson, 1967, pp. 223 - 225。

水平。美国希望通过评估，来估计苏联对美国构成威胁的程度。例如，当时 CIA 报告指出："苏联将大量资源用于军事科研和空间项目。在这些领域，苏联资金、人员以及设备增长均十分显著。在 1950 年到 1966 年间，我们预计苏联军事科研增长了 10 倍。而且苏联研发开支仍然在继续增长。"[1] 在 1957 年到 1961 年间，美国也密切关注苏联洲际弹道导弹（Intercontinental Ballistic Missile，简称 ICBM）的部署情况。由于美苏双方缺乏足够情报信息，他们对对方实力的推断都倾向于悲观估计，做最坏打算。尽管后来研究也认识到当时美国对苏联的评估存在夸大成分。但是在世界政治的安全决策中，领导国与崛起国双方都存在严重的信息不完全。在这一条件约束下，分析当时美苏双方的错误感知可能比解析当时准确数据更为重要。正是这些错误知觉导致了双方行为模式的变迁。[2]

与此同时，作为崛起国的苏联对美国的敌对情绪也在显著上升。苏联也把美国视为重要的敌对国；苏联充满了反美主义倾向。在莫斯科，到处弥漫着敌视美国的情绪；这种敌对情绪散布在苏联各个层级。[3] 有研究从苏联媒体报道、政治局领导人讲话等几个方面分析苏联的反美情绪，详尽分析了 1946 年苏联报纸的内容，尤其着重分析了苏联共产党的官方报纸《真理报》的内容。该研究表明，苏联

---

① 相关数据参见 Gerald Haines and Robert Leggett, eds. , *Watching the Bear: Essays on CIA's Analysis of the Soviet Union* , Washington, D. C.: Center for the Study of Intelligence, Central Intelligence Agency, 2003, p. 6; pp. 135 - 186。
② 关于国际政治中的错误知觉，参见 Robert Jervis, *Perception and Misperception in International Politics* , Princeton: Princeton University Press, 1976。
③ Richard Herrmann, "Analyzing Soviet Images of the United States: A Psychological Theory and Empirical Study", *The Journal of Conflict Resolution* , Vol. 29, No. 4, 1985, pp. 665 - 697.

《真理报》中的社论和新闻，反美主义报道所占的比重非常之高。在《真理报》上，关于美国新闻主要围绕几个主题展开：首先是美国军国主义和帝国主义，比如美国"原子弹外交"（atomic diplomacy）以及"美元独裁"（dollar dictatorship）；其次，苏联报道大量援引在美国和英国媒体中支持苏联的言论；再次，苏联大量报道美国反动本质，比如美国的"垄断资本主义"、罢工、失业、通货膨胀以及即将到来的、不可避免的经济危机。同时，苏联把美国外交政策视为"下流的勒索"与"粗野的法西斯主义"。[①] 这些报道从一个侧面体现当时苏联官方对美国的认识。

双方对安全形势的判断使得美苏双方对相对收益的考虑上升；美苏双方也开始力图降低对对方的相互依赖。尽管美苏在二战期间有着较为紧密的合作，双方相互依赖增加了。但二战结束后，作为崛起国一方的苏联取得了较大权力增长优势，美苏开始力图减少对对方的依赖，包括贸易依赖与技术依赖，以保障自身安全。美苏双方的发展模式更加强调"自主"。在市场上，美苏双方都更加考虑与对方展开贸易后，对方可能获得的相对收益，这种考虑对领导国美国而言，更为明显。美苏双方也力图降低对对方贸易的依赖，尤其是技术依赖。美国不仅自己这么做，还迫使盟友这么做。

当时美苏贸易"正常化"的主要障碍就是国家安全因素。如果两国商品和服务贸易不受限制，美苏的经济交往就会影响两国全球权力平衡。如果苏联能顺利进入世界市场，便可能有效利用国际分工，加大苏联在权力增长上的优势。同时，与苏联展开贸易也可能

---

① Alexander Dallin, "America Through Soviet Eyes", *The Public Opinion Quarterly*, Vol. 11, No. 1, 1947, p. 27, p. 37.

导致美国或盟友在经济上依赖苏联，尤其是苏联的能源，进而损害美国利益。因此，在苏联取得权力增长优势期间，美国对改善美苏两国贸易关系的态度很不积极。但对苏联而言，作为崛起国，其国内市场相对狭小，技术相对落后，因此，苏联改善对美贸易的意愿比领导国美国要更强烈。但同时我们也看到：当苏联赢得权力增长优势时，与参与国际分工的意愿相比，苏联更为担心商品的自由流动和技术贸易可能导致对美国的依赖，对苏联经济自主性造成损害。因此，尽管美苏两国就此做出的反应程度有所不同，但是在苏联取得权力增长优势时，美苏两国都避免过度依赖对方市场，更多考虑"相对收益"。

（三）停滞的美苏贸易

对于领导国美国而言，美国不仅需要减少对苏联的市场依赖；同时，作为领导国的美国还利用其庞大的国内市场和国际市场来遏制苏联的发展。开放的国际市场并非公共品，一国市场的排他性和大国对国际市场的操纵降低了它公共品的性质。在苏联获得权力增长优势时，美国积极采取措施，对苏联进出口实施限制。

由于苏联在权力增长上取得优势，美国认识到：任何与苏联展开的贸易其实就是在援助对手，与苏联的商品与服务交换会使苏联参与国际分工，提升国家实力，更容易拓展海外影响力。因此，要减弱苏联实力，美国就需要减少苏联进入国际市场的机会，进而阻碍苏联工业化进程。[①] 而封锁国际市场以及禁止技术转让被领导国美

---

① Josef Brada and Arthur King, "The Soviet-American Trade Agreements: Prospects for the Soviet Economy", *Russian Review*, Vol. 32, No. 4, 1973, p. 345.

国视为能够损害苏联经济的对外战略工具武器。① 这些政策的具体实施主要有几种形式：

首先是出口控制。美国依靠巴黎统筹委员会（Coordinating Committee for Multilateral Export Controls，简称 CoCom）对苏联集团实施战略物资禁运。② 这一跨国贸易禁运是由领导国美国倡议发起，由主要西方大国协同实施。禁运物资有一系列名单，被称作"巴统清单"。这份清单主要体现领导国美国的利益和看法，因为它不仅包括对苏联军事技术的出口禁运，还涵盖了那些能够间接促进苏联军事潜力的一系列商品。事实上，禁运清单已经远远超过了军事物品。1962 年，美国商务部根据具有战略意义的商品提出了一份"积极清单"（positive list）。这份清单涵盖了很多能够增加苏联集团经济潜力的商品。因此，巴黎统筹委员会的禁运其实是通过遏制苏联的进口市场来削减苏联在国际分工中可能获得的收益，损害苏联经济，削弱苏联在权力增长上的优势。

其次是进口控制。美国主要通过关税来实施进口控制。美国及其盟友拒绝给予苏联集团等共产主义国家"最惠国关税待遇"（Most Favored Nation，简称 MFN）。由于"分工取决于市场规模"，庞大市场对技术进步意义重大。凭借自身经济体量的优势，领导国通过实施技术进口限制，限制竞争对手的高技术产品进入本国市场。此举不仅缓解了领导国高技术产业承受的国际压力，还限制了竞争对

---

① Bruce Parrott, *Trade, Technology, and Soviet-American Relations*, Bloomington: Indiana University Press, 1985, p. 274.

② Nicholas Mulder, *The Economic Weapon: The Rise of Sanctions as a Tool of Modern War*, New Haven: Yale University Press, 2022, p. 294.

手通过出口获得资金、积累经验、积累制造能力。① 尤其是二战以后，生产往往都走向大规模生产，技术进步成本巨大。只有足够庞大的市场，足够多的购买力，才能收回技术进步的成本。在狭小的市场内部，缺少足够的购买力，难以支撑持续的技术进步。美国试图用市场力量来遏制苏联，通过对苏联产品的技术进口限制，防止苏联从国际分工中获得收益，增加了苏联靠国际市场促进技术进步的难度。此外，美国此举的目的也是防止自身经济依赖苏联。美国对苏联的进口控制在20世纪50年代初期实施。1951年，朝鲜战争爆发，美国国会要求美国总统搁置、撤销以及阻止自1930年开始对苏联实施的关税减让条款，并将这一措施推及那些受共产主义运动控制的国家和地区。美国对苏联东欧国家开始重新征收1930年以前的关税。共产主义国家中，只有南斯拉夫被排除在进口控制名单以外。② 这正说明，尽管存在意识形态分歧，美国却能抛开分歧，利用其掌握的庞大市场来赢得身处共产主义阵营的南斯拉夫，实现牵制苏联的目的。选择性地开放市场与援助等经济外交手段是对外战略工具。这项措施也正说明开放的国际经济不是全球公共品，它受大国影响和操纵。一国可以选择性地向不同国家开放市场，用以服务于自身的安全与经济目标。在不同时期，美国就是有选择性地使用不同经济政策来应对苏联挑战。当美苏之间政治关系良好，双方紧张程度降低时，美国就允许更多双边贸易；而当美苏双方关系恶化，双方紧张程度上升时，美国开始为贸易设置障碍，使得双方贸易难

① 黄琪轩：《大国战略竞争与美国对华技术政策变迁》，第100—101页。
② Harold Berman, "The Legal Framework of Trade between Planned and Market Economies: The Soviet-American Example", *Law and Contemporary Problems*, Vol. 24, No. 3, 1959, pp. 505 - 506.

以为继。[1]

除了进出口控制，美国通过经济遏制苏联的办法还有信贷控制，如拒绝为苏联东欧集团提供长期贷款；严禁苏联贸易官员进入美国市场等。[2] 此外，在第二次世界大战结束后，美国实施的"马歇尔计划"也试图以援助为诱饵来分化苏联及其盟友。[3] 美国操纵对外贸易这项经济战略工具，加剧了苏联在国际市场的封闭与孤立。国际贸易尽管是企业或者个人层面的活动，但国家安全因素却能促进抑或阻碍企业或个人层面的决定。二战后，美国利用对外贸易这项对外经济战略，先是对苏联展开经济战（economic warfare）；当美苏关系缓和后，对外贸易又充当缓和政策（détente）的工具。[4]

二战后，苏联很快就回到了战前的孤立主义（pre-war isolationist），开始强调依靠自己。在对外经济上，苏联实行"社会主义世界市场"与"资本主义世界市场"这"两个平行市场"的分割。[5] 随着美苏权力增长差距的扩大，苏联在这条道路上越走越远。如果我们把当时苏联的孤立主义视为苏联根据其意识形态或者国内政治而做出的决定，这种看法是失之偏颇的，至少是不完全的。本书试图展示，苏联走向孤立主义，离不开大国间权力转

---

[1] Jonathan Chanis, "United States Trade Policy toward the Soviet Union: A More Commercial Orientation", *Proceedings of the Academy of Political Science*, Vol. 37, No. 4, 1990, p. 111.

[2] Harold Berman, "The Legal Framework of Trade between Planned and Market Economies: The Soviet-American Example", pp. 482 – 528.

[3] 约翰·刘易斯·加迪斯著，潘亚玲译：《长和平：冷战史考察》，上海：上海世纪出版集团 2011 年版，第 202 页。

[4] Bruce Parrott, *Trade, Technology, and Soviet-American Relations*, p. 274.

[5] 陆南泉、姜长斌等主编：《苏联兴亡史论》，北京：人民出版社 2002 年，第 465 页。

移的逻辑。

由于市场狭小，苏联进入美国主导下的国际市场的意愿比美国进入苏联集团市场的意愿要强。苏联领导人在多个场合表明了想要利用好国际市场的意图。早在 1954 年，苏联贸易代表就提出削减贸易壁垒、签署长期和多边贸易与支付协定、安排专家就贸易问题进行磋商、由商界代表进行会谈、发布贸易公报等建议。苏联贸易代表这份提案是为了抗议以领导国美国为代表的西方阵营在贸易上实施的诸多限制。苏联代表还呼吁要迅速地消除东西方人为设置的贸易障碍，呼吁美苏双方做出更多努力。[①] 但苏联代表的呼吁却没有得到美国的回应。

在 1958 年 6 月，苏共领导人赫鲁晓夫就美苏贸易问题致信美国总统艾森豪威尔。赫鲁晓夫在信中列出了一些苏联希望从美国购买的商品，这些商品具有非军事用途。赫鲁晓夫也列出了一些苏联能出售给美国的产品，建议拓展美苏贸易。赫鲁晓夫的提议遭到了艾森豪威尔总统的婉拒。艾森豪威尔指出美国的贸易是私人和公司的事情，而不是由美国政府操办。[②] 这些事实表明，在大国权力转移时期，即使有一方有意愿改善行为模式，但鉴于大国对"相对收益"的关注，单方面良善意愿也难以实现。领导国美国对苏联的经济遏制是促成苏联走向相对孤立的重要因素。西方世界对苏联的市场限制则加剧了苏联摆脱西方市场的意愿。

首先，苏联拒绝成为国际货币基金组织（International

---

① Harold Karan Jacobson, "The Soviet Union, the UN and World Trade", *The Western Political Quarterly*, Vol. 11, No. 3, 1958, pp. 681 - 683.

② Harold Berman, "The Legal Framework of Trade between Planned and Market Economies: The Soviet-American Example", pp. 525 - 526.

Monetary Fund，简称 IMF）和世界银行（World Bank）的发起国。这些举措在当时是合情合理的，因为在美国雄厚的黄金储备和美元金融霸权面前，苏联如果加入这两个国际金融组织，不仅在国际金融领域难以发挥作用，反而容易受到更多的束缚。此后，苏联又拒绝马歇尔计划的援助。事实上，美国政策制定者已经看到，无论苏联拒绝还是同意，马歇尔计划均能发挥很大的作用。如果苏联拒绝马歇尔计划的援助，苏联的盟友需要配合苏联的政策，因此也会失去援助。如此一来，马歇尔计划就能让苏联的盟友产生挫败感，引起对苏联的抱怨。而如果一旦苏联及其盟友接受马歇尔计划的援助，那么美国就可以通过援助削弱苏联对东欧国家的控制力。[1]

当美国与其盟友一道，通过建立战后三大经济组织，整合资本主义世界市场的时候，苏联也开始试图建立自身主导的市场。1949年，苏联和东欧国家建立了经互会（Council of Mutual Economic Assistance，简称 COMECON）来与美国抗衡。[2] 所谓的"自给自足"仅仅限于集团内的自给自足。在两大阵营内部，集团内的贸易还是有效展开。美国领导下的资本主义阵营的贸易不用展开讨论。即便是在当时苏联集团，贸易也在集团内有条不紊地进行。如果以卢布来计算的话，苏联百分之七十的贸易发生在共产党国家的阵营里。[3] 在苏东集团也存在集团内分工。不过，这些国家之间的分工不是根据自觉自愿与比较优势进行，也不是按照市场供需来定价。苏

---

① 约翰·刘易斯·加迪斯：《长和平：冷战史考察》，第 204—205 页。

② Giuseppe Schiavone, *The Institutions of Comecon*, London: The Macmillan Press, 1981, pp. 1 - 10.

③ Leon Herman, "The Economic Content of Soviet Trade with the West", *Law and Contemporary Problems*, Vol. 29, No. 4, 1964, p. 972.

东国家的经济交往定价往往靠磋商谈判进行。①苏联也常常通过操纵对外贸易来影响卫星国内部事务。①苏联作为一个后起国家，作为一个崛起国，开始建立其自身主导的世界市场与美国抗衡。在崛起国和领导国的竞争角逐下，世界市场被划分成了两个部分；此时也存在两个并行的国际秩序，美国和苏联各自主导了一个"有界秩序"（bounded order）。②两个阵营都保持了相对自给自足，美苏双边贸易长期停滞不前。

在 20 世纪 50 年代，美苏贸易的进出口没有显著变化，苏联进口略有增加，而苏联出口乃至显著倒退。（表 4.2）这与后来苏联陷入困境后，美苏贸易反而不断增长形成鲜明对比。

表 4.2　美苏贸易额（1950—1959）

（单位：百万美元）

年份 苏联对 美进出口	1950	1951	1952	1953	1954	1955	1956	1957	1958	1959
苏联进口美国 产品总额	0.8	0.1	可忽略	可忽略	0.2	0.3	3.8	4.6	3.4	7.4
苏联出口美国 产品总额	38.3	27.5	16.8	10.8	11.9	17.1	24.5	16.8	17.5	28.6

资料来源：Francis Rushing and Anne Lieberman, "The Role of U. S. Imports in the Soviet Growth Strategy for the Seventies", *Journal of International Business Studies*，Vol. 8, No. 2,1977, p. 34。

---

① Edward Ames, "International Trade Without Markets: The Soviet Bloc Case", *American Economic Review,* Vol. 44, No. 5,1954, p. 806.

② John Mearsheimer, "The Rise and Fall of the Liberal International Order," *International Security*, Vol. 43, No. 4,2019, p. 8.

(四) 资本主义国家内部的分歧

尽管崛起国苏联和领导国美国各自都建立了一个国际市场，但是美苏双方控制的市场却有着不对等性。苏联作为后发国家，是"不发达的超级大国"（underdeveloped superpower）。[1] 与美国相比，苏联的市场狭小、技术落后。而美国尽管难以渗入苏联市场与苏联影响下的经互会国家市场，但其受到负面的影响小于苏联。苏联是一个后发展国家，其国内市场不够大，苏联盟友的市场规模也不足以与美国所影响的资本主义世界市场相提并论。因此，正是由于苏联市场相对狭小、经济与技术上相对落后，美国对苏联的"经济遏制"对苏联造成的负面影响会更明显。

同样在西方阵营，由于在国际体系中的所处的位置不同，对苏联进行遏制的意愿与行为也有所差别。领导国美国对遏制崛起国苏联的意愿最强，措施最为严厉。而同在资本主义阵营内的日本和西欧则表现出不同的意愿与行动。在对苏贸易中，西欧国家和日本普遍重视经济因素，而不是安全因素，这与美国形成鲜明对照。[2] 日本政府认为，将出口控制作为外交政策的一项工作是不合时宜的。[3] 而西欧国家往往和日本站在一起，主张将贸易中潜在的政治危害降到

---

① Timothy Luke, "Technology and Soviet Foreign Trade: On the Political Economy of an Underdeveloped Superpower", *International Studies Quarterly*, Vol. 29, No. 3, 1985, pp. 327 – 353.

② Abraham Becker, "Main Features of United States-Soviet Trade", *Proceedings of the Academy of Political Science*, Vol. 36, No. 4, 1987, p. 71.

③ Stephen Sternheimer, "From Dependency to Interdependency: Japan's Experience with Technology Trade with the West and the Soviet Union", *Annals of the American Academy of Political and Social Science*, Vol. 458, 1981, pp. 175 – 186.

最低限度，和苏联及其盟友保持正常贸易关系。因此，欧洲方面认为只需要禁止最具有战略意义的商品即可，其它产品统统可以放行。[1] 在对苏的经济遏制这一问题上，由于与苏联的安全竞争烈度有异，西方资本主义国家的态度也呈现很大分歧。与欧洲盟友不同，这一时期美国政府并不愿意让国内私人企业与苏联展开大规模贸易。在 1962 年，由于古巴导弹危机，原本贸易量就相当有限的美苏贸易经历了一次大幅度倒退。从 1961 年到 1962 年，美国对苏联的出口从 0.43 亿美元下降到了 0.153 亿美元；与此同时，苏联对美国的出口也从 0.22 亿美元下降到 0.16 亿美元。[2] 领导国美国及其盟友意愿与行为上的差别，正是国际位置不同而做出的不同选择。

尽管欧洲与日本对苏联的遏制意愿低于美国，苏联整体国际贸易环境还是难以改善。苏联也可以从西欧或日本进口一定技术与设备，但是日本和西欧并不能很好满足苏联需要。对苏联而言，最重要的技术在化学、计算机以及电子领域，而在这些领域美国遥遥领先于欧洲和日本。此外，由于工业化和赶超需要，苏联进口量也很大，欧洲技术难以满足苏联发展项目中如此大规模的需要。[3] 因此，苏联不得不自主开发大量技术，而苏联新技术出现又会加剧美国的不安全感，促使美国做出反应。这就是"安全困境"在大国技术竞争中的体现。在国际安全的考虑下，这些反应往往是过度的，这将在后面进行分析。

---

① Leon Herman, "The Economic Content of Soviet Trade with the West", p. 973.

② Michael Gehlen, "The Politics of Soviet Foreign Trade", *Western Political Quarterly*, Vol. 18, No. 1, 1965, pp. 104 – 115.

③ Josef Brada and Arthur King, "The Soviet-American Trade Agreements: Prospects for the Soviet Economy", p. 351.

第二节　美苏竞争与苏联技术调整

在美苏权力转移时期，美苏双方权力增长的不平衡使得双方对对方技术进步格外敏感。"安全困境"给美苏双方带来的压力在两国内部都能被观察到。二战刚结束，为打破美国核垄断和军事优势，斯大林就启动了一系列重大军事研发项目，包括研制核武器、火箭以及飞机引擎技术。[①] 1949 年，苏联第一次核试验成功，美国开始密切关注苏联核技术的进展。此后，苏联新的研究不断牵引美国的注意力。可以说，几乎每一项苏联的技术成就，都会困扰美国。随着苏联技术变迁，美国情报部门也不断转移对苏联技术的关注点。早期，苏联核武器发展困扰了美国很长一段时间。此后，美国政府又日益关注苏联常规武器和材料技术的发展以及核技术转让。随后，美国密切关注苏联弹道导弹发展状况，以及苏联在太空技术领域对美国构成的威胁。再后来，美国又开始关注苏联航空防御系统、反弹道导弹（antiballistic missile，简称 ABM））以及 SAM 地对空导弹升级情况。接着，美国情报部门又关注苏联化学和生物战争技术的进步，以及大规模杀伤性武器的扩散等问题。美国注意到苏联在科学技术上开始研制细菌战、化学战，并取得相应进展。苏联在飞机以及电子领域的技术进展也让美国政府官员坐立不安。在 20 世纪 50 年代后半期，美国过高估计了苏联重型轰炸机（heavy bomber）的生产，也过高估计了苏联空中加油机（refueling tankers）的研发

[①] Martin McCauley, *The Soviet Union: 1917 - 1991*, 1993, p. 250.

进展。这在美国民众中引起了恐慌；美国民众开始大声疾呼：苏联已经取得了对美国的"轰炸差距"（bomber gap），威胁了美国的国家安全。[①]

双方对对方的技术进步都很敏感，而这种敏感加剧了双方对此做出反应。作为崛起国的苏联和作为领导国的美国开始调整政策，以保障自身国家安全。双方军费开支增加，基础研究和军事研发经费相应增加，政府对高端技术的采购也在增加。这些因素都大大增加了政府对技术进步的干预。本章主要关注苏联对此做出的反应，而在第七章则会比较集中地关注美国做出的技术反应。

（一）苏联自主研发意愿的增强

当苏联取得了权力增长优势时，领导国与崛起国更加考虑相对收益，力图减少对对方的相互依赖。这不仅阻碍了苏联与领导国美国之间的贸易发展，还使美苏自主研发意愿增强。为确保安全，美国和苏联政府增加了对研发，尤其是军事研发的投入。自1955年开始，美苏双方研发资金占国民生产总值的比重就开始显著上升，而且增长迅速。这是双方为了确保在国际竞争中技术领先的需要，也是为了确保自身安全的需要。

二战时期，美国研制出了核武器，核武器的运用显示了科学和技术在战争中的显著威力。美国在日本投放了两枚原子弹，促使日本无条件投降。因此，二战结束后，大国间的军备竞赛，尤其是美

---

① Gerald Haines and Robert Leggett, eds. , *Watching the Bear: Essays on CIA's Analysis of the Soviet Union* , p. 108, p. 140.

苏两国的军事竞争，开始有了很大转向。军事竞赛逐渐走向军事技术竞赛。双方自主研发的意愿都在增强。在苏联启动的一系列重大科研项目中，对核武器的研发摆在重中之重。苏联试图通过对核武器的研发以打破美国的核垄断。1949 年，苏联核试验成功。这一事件对苏联而言具有里程碑式的意义。它标志苏联已经跨出了迈向超级大国的重要一步。此后，美苏任何一方在技术上取得暂时的优势，对方就会很快模仿复制以抵消自身技术上的劣势。[1] 技术竞争带来政府大规模的研发投入与产品采购。如此大规模的投入也让战后技术更新眼花缭乱、步伐频繁。原子时代过后紧接着进入空间时代，此后空间时代又很快让位于信息时代。这些技术时代更迭的背后是美苏权力转移的逻辑。

作为技术相对落后的国家，苏联担心它将长期性依赖西方阵营。[2] 因此，苏联对自主研发尤其强调。苏联自主研发的意愿可以从官方言论、政府文件以及科学家言论中看到。苏联国内不断出现对进口技术的批评。他们认为进口技术会导致对美国的政治和经济依赖；技术进口会给苏联带来很大代价。如果苏联在政治上过度依赖美国，苏联会受到美国意识形态的污染和颠覆。[3] 苏联领导人日益重视苏联技术上的自主性。在 1955 年 5 月苏共中央和部长会议的讲话中，苏共领导人发表了措辞强烈言论，谴责在苏联的某些部门科学和技术停滞不前，而科学和技术的停滞已经严重损害了苏联国家利益。这份讲话号召全国人民与技术上的保守主义势力做斗争。报告

---

[1] Miron Rezun, *Science, Technology, and Ecopolitics in the USSR*, Westport: Praeger, 1996, p. 25.

[2] Glenn Schweitzer, *Techno-Diplomacy: US-Soviet Confrontations in Science and Technology*, New York: Plenum Press, 1989, p. 100.

[3] Abraham Becker, "Main Features of United States-Soviet Trade", p. 71.

指出苏联存在一些人，顽固地迷恋旧有的、早应该淘汰的技术。大家要坚决抵制这些技术上的保守分子。[1]

就苏联科学家而言，美苏冲突使得美苏双方科学界交往减少。冷战极大改变了苏联科学研究的政治和文化环境，使得意识形态开始显著左右苏联科学家的国际交往，引发苏联科学界的孤立主义和民族主义倾向。[2] 苏联科学家认识到，只有实现自主研发才能保障苏联国家安全，才能让苏联有效参与世界政治事务。苏联政府自主研发的意愿引发了对科研和技术投资的扩大，主要体现在以下几个方面：军事科研的大幅度上升、重工业门类技术占国民经济比重不断扩大、研发宽度不断增加、新设立专门研发机构等。

(二) 苏联政府介入技术发展及其成就

自 1955 年前后，美苏双方均更显著地介入技术发展，而且介入的内容与形式也大体相当。就崛起国苏联而言，苏联在技术自主性上更加敏感，具有技术上"闭关自守的梦想"（dream of autarky）。为此，苏联技术进步更是需要政府的投入，主要体现在以下几个方面。

首先，苏联对军事科研的投入增加，军事技术产出也相当丰硕。二战结束后，尤其是 1955 年以后，苏联政府促进科学技术进步的努力在显著增强。技术进步这一议题也日益提上政府议事日程。苏联需要紧跟美国及其盟友的军事技术。这些军事技术的推进需要政府

---

[1] E. Zaleski, J. P. Kozlowski and H. Wienert, eds., *Science Policy in the USSR*, Paris: OECD, 1969, p. 394.

[2] Nikolai Krementsov, *Stalinist Science*, Princeton: Princeton University Press, 1997, p. 156.

积极介入。苏联政府通过对经济和社会资源的重新配置（在西方世界看来，这是扭曲性的配置）来启动一系列科学技术建设。而这些努力很大程度上服务于提升苏联的军事实力。

苏联成功模仿了西方大国几乎所有领域的军事技术，包括坦克、飞机、原子能技术以及火箭。苏联研发长期集中于国防工业领域，大都聚焦军事技术而罕有民用技术。[①] 这时苏联军事科研几乎涵盖当时所有武器。最开始，苏联技术进步最重要的目标是打破美国对核武器的垄断。到了 20 世纪 50 年代，苏联不仅研制出了核武器，也掌握了核技术和远程导弹运输方法。此后，又展开了一系列对国家安全至关重要的新技术研发，包括导弹、喷气式飞机和雷达。[②] 这些技术发展表明了苏联想要在关键性、战略性的技术领域具有自主能力的意愿。苏联把军事研发视为紧要工作，防止美国技术领先。如果有可能的话，苏联还力图在一些技术领域获得领先地位以增强国家实力和技术基础。[③] 随着苏联对技术投资增加，其生产业绩也取得显著进步。如表 4.3 所示，在 20 世纪 50 年代，苏联原材料和制成品存货年均增长率是 20 世纪 40 年代的三倍。

在 1958 年到 1961 年，苏联技术发明年均增长为 11.7%，是 20 世纪 40 年代技术发明年均增长率的五倍。在 20 世纪 50 年代后期，苏联技术发明的增加，正是在赫鲁晓夫提出赶超美国计划的背景下实现的。赫鲁晓夫执政时期，显著提升了苏联空间研究和导弹计划。在 1957 年，苏联成功发射了世界上第一颗人造卫星史普尼克

① Miron Rezun, *Science, Technology, and Ecopolitics in the USSR*, p. 57.

② Bruce Parrott, *Trade, Technology, and Soviet-American Relations*, p. 175.

③ CIA67 - 11Soviet Military Research and Development, CIA1967 年评估, CIA 官方网站解密档案. 网址：http://www. faqs. org/cia/docs/71/0000867163/SOVIET-MILITARY-RESEARCH-AND-DEVELOPMENT. html。

（Sputnik），它在空间技术上的领先使得苏联信心陡增。[1] 此后，苏联进行世界上首次太空载人飞行，尤里·加加林成为人类第一个进入太空的宇航员。此后，苏联成功研制出载人飞船。苏联这些重大技术成就离不开当时巨大的政府投入。

表 4.3　苏联原材料和制成品存货数量（1940—1961）
（年变化百分比）

年份	变化幅度
1940—50	2.3
1950—58	7.0
1958—61	11.7

数据来源：Earl Brubaker, "Embodied Technology, the Asymptotic Behavior of Capital's Age, and Soviet Growth", p. 304.

其次，就技术发展的优先顺序来看，当时苏联军用技术优先于民用技术，重工业优先于轻工业。苏联有着先进的国防技术部门，但我们也看到，苏联技术存在严重的"二元格局"。在军事工业采用大量高端技术同时，苏联民用产品却使用相当低端的技术。[2] 这是因为在安全竞争压力下，苏联政府很少关注民用技术和消费者。出于安全考虑，苏联对军用技术向民用的转移进行了严格限制，国防技术外溢到民用部门相当有限。[3]

---

[1] Philip Hanson, *The Rise and Fall of the Soviet Economy: An Economic History of the USSR from 1945*, p. 31, p. 62.

[2] Miron Rezun, *Science, Technology, and Ecopolitics in the USSR*, p. 153.

[3] Erik Hoffmann, "Soviet Foreign Policy from 1986 to 1991: Domestic and International Influences", *Proceedings of the Academy of Political Science*, Vol. 36, No. 4, 1987, p. 254. 傅军教授对此有不同解释，他认为，苏联军用技术难以外溢到民用市场，是由于苏联民用技术市场不发达。参见傅军：《制度安排与技术发展：两个技术市场的理论命题》，第 20 页。

苏联政府对技术发展的优先考虑也体现在苏联的产业结构中，致使苏联产业发展存在很大程度扭曲。苏联强调重化工业优先发展道路，体现民生需要的轻工业比重却极端低下。苏联选择这一道路很大程度上来自于对国际安全形势的考虑。苏联政府极度强调要保持对西方军事技术的赶超，起码是与西方技术水平相当。而重工业和国防工业的发展对苏联技术自主性和国防安全意义更为直接。因此，苏联政府不得不为其庞大的重化工业埋单。这也反映了一个崛起国在迅速崛起时，政府介入技术进步可能导致的问题。

再次，苏联政府研发跨度显著拓宽。在美苏权力差距逐渐缩小时期，美苏两国的研究都力图涵盖尽可能多的科学和技术领域。安全考虑驱使苏联走出国际技术分工模式，专注于全面技术发展。苏联政府还非常重视基础研究的进展。苏联在机械、电子工程、热物理学、燃烧物理学领域取得了巨大进步。苏联科学家分别于 1958 年和 1962 年获得诺贝尔物理学奖，并于 1964 年共同获得诺贝尔物理学奖。① 美苏两国均有为数众多、训练有素的专业技术人员分布在科学研究的各个领域。他们打破国际技术的市场分工，研发活动相互重叠，研究方法有所异同，研究结论可能相互补充或截然相反。换句话，他们很大程度上在从事"高水平重复劳动"。当时苏联研究几乎包括了科学研究所有领域。在苏联，你很少能找到一个领域，是苏联科学家没有涉及到的。美国科学家高度评价苏联同行的工作。他们看到苏联科学与技术成就突出，在数学、等离子体物理学、理论地震学、气候研究和理论天体物理学等领域，尤其受

---

① David Childs, *The Two Red Flags: European Social Democracy and Soviet Communism since 1945*, New York: Routledge, 2000, p. 51.

人尊敬。[1] 作为领导国美国而言，涵盖如此广泛的领域还可以理解；而作为崛起国苏联，却力图涵盖如此广阔的研发领域，安全逻辑能对此提供更强的解释力。对苏联经济而言，大规模扩展科学技术研发领域对其国民经济构成较为沉重的负担。苏联研发投资占美国研发投入的 70%，而当时苏联经济规模不到美国的一半。[2]

最明显的案例就是苏联研发的计算机。当时美国已经研究出了先进的计算机，这些计算机在很多非共产主义国家的零售商店都可以买到。按技术研究者的看法，主导设计（dominant design）出现是企业技术竞争的一个转折。当主导设计出现以后，大部分企业会追随主导设计的技术标准。企业数量开始下降，大量企业被淘汰掉。[3] 此时一个国家或企业再坚持另外一个技术标准不是理性选择。同理，当美国已经在计算机上占据主导设计时，苏联再开发一个技术模式，在经济上是很不划算的。由于美国在计算机技术上拥有绝对优势，出于经济上的考虑，很多国家在研发计算机系统时，都力图与美国主导的系统兼容。但是苏联却耗费了大量的资源来开发苏式计算机。尽管苏式电脑比当时美国的前沿技术落后了两代，但是苏联对此乐此不疲。出于安全考虑，苏联选择了完全不同的技术路线，有意和美国主导的计算机技术路线保持距离。[4] 这笔经济账看来不划算，而背后更多是政治账和安全账。

---

① Loren Graham and Irina Dezhina, *Science in the New Russia: Crisis, Aid, Reform*, Bloomington: Indiana University Press, 2008, pp. 4 - 5.

② Glenn Schweitzer, *Techno-Diplomacy: US-Soviet Confrontations in Science and Technology*, p. 72.

③ James Utterback and Fernando Suarez, "Innovation, Competition, and Industry Structure", *Research Policy*, Vol. 22, No. 2, 1993, pp. 1 - 21.

④ Seymour Goodman, "Soviet Computing and Technology Transfer: An Overview", *World Politics*, Vol. 31, No. 4, 1979, p. 539.

又次，苏联成立了一系列科学技术机构以实施政府对技术进步的干预。尤其是 1955 年以后，这一趋势变得更为明显。苏联建立了一系列专业科学政策机构以促进研发。[①] 如表 4.4 所示，中型机械制造部负责核武器研发；通用机械制造部负责战略导弹研发；航空工业部专门负责飞机以及飞机零部件研发等。美国在同一时期，也建立了类似新机构。这些机构都极大促进了高端技术投资和采购。每个政府部门都有具体分工，而它们所负责的领域往往也与国家安全息息相关。

表 4.4　实施苏联科学政策的专业机构

国防工业部	常规武器
航空工业部	飞机以及飞机零部件
造船工业部	船只
电子工业部 无线电工业部	电子产品零部件及其设备
中型机械制造部（Ministry of Medium Machine-building）	核武器
通用机械制造部（Ministry of General Machine-building）	战略导弹
机械工业部	军火

资料来源：John Thomas and Ursula Kruse-Vaucienne, eds., *Soviet Science and Technology: Domestic and Foreign Perspectives*, p. 229。

概言之，苏联军用技术进步明显，民用技术相对乏善可陈。即便如此，我们可以看到在美苏权力转移时期，苏联所取得的巨大技术进步，几次重大技术成就还属于人类首次：如第一颗人造地球卫

[①] John Thomas and Ursula Kruse-Vaucienne, eds., *Soviet Science and Technology: Domestic and Foreign Perspectives*, Washington: National Science Foundation and George Washington University, 1977, p. 205.

星、载人航天飞机等。这些巨大技术成就是在苏联经济远远落后于美国的条件下取得的。

第三节　苏联相对衰落与美苏贸易政策

在二战后，苏联的兴起对美国主导的国际秩序构成了第一次系统的、全面的挑战。同时，苏联在经历迅速的发展后呈现相对衰落的态势。因此，相对衰落时期的苏联技术发展走向有助于展示本书的核心机制。当失去了对美国权力增长优势时，美国对苏的经济政策也逐渐调整，苏联的技术进步走向也开始呈现明显变化。

从20世纪50年代中期到60年代初期，与领导国美国相比，苏联具有权力增长优势。在大国权力转移时期，出于对安全的考虑，"安全困境"驱动下的美苏对相对收益更加敏感，双方减少了对对方市场的依赖。同时，美苏两国政府会更大幅度地介入技术发展。当苏联失去了权力增长优势时，美苏关系有了新的转变。美苏双方开始降低对相对收益的关注，双方也更多强调对彼此的相互依赖。美苏双方更多地展开贸易，包括技术贸易。随之而来的是，苏联政府自主研发的意愿相应降低。

（一）苏联丧失权力增长优势

苏联计划经济和战后发展经历了一段时期的辉煌，随后开始走低。在二十世纪60年代与70年代，尽管苏联经济在总量上仍然保持增长，但与美国相比，苏联已经失去权力增长优势，其咄咄逼人的挑战势头逐渐减缓。苏联权力增长优势的丧失预示了它逐渐丧失挑战美国世界政治经济霸权的能力。此时作为领导国的美国获得权力增长优势。如果我们要寻找苏联经济逐步走低的轨迹的话，可以追溯到 20 世纪 60 年代。大致从 1960 年开始，蓬勃向上的苏联工业增长开始减速。[1] 苏联原来粗放型的增长模式难以取得显著成效。[2] 到了 20 世纪 70 年代，苏联遭遇了更大的经济困难，往昔的成功变成了巨大的失落，其经济增长率大幅度下降。[3] 在九五计划期间（1971—1975），苏联面临更为严峻的困难，不仅农业遭遇困境，其它领域也困难重重，工业生产没有达到预期指标。在十五计划期间（1976—1980），苏联经济继续走低。[4] 总体看来，进入 20 世纪 60 年代以后，苏联经济经历了不断走低的过程。苏联原本具有的权力增长优势已不复存在。如表 4.5 所示，从总体趋势来看，苏联年均经济增长率从 20 世纪 50 年代超过 10% 逐步跌落；到了 20 世纪 70 年代，跌至 5% 上下，而到 20 世纪 80 年代，更跌至 4% 上下。

表 4.5　苏联经济年均增长率（1950—1983）

年份	1950—1955	1956—1960	1961—1965	1966—1970	1971—1975	1976—1980	1981—1983
增长率	14.2	10.9	7.5	8.9	6.3	4.7	4.0

资料来源：Stephen White, "Economic Performance and Communist Legitimacy", pp. 462 - 482。

---

[1] 有研究乃至宣称，从 1958 年开始，原本不断上升的苏联工业增长就开始显著放慢。参见：J. P. Nettl, *The Soviet Achievement*, p. 237。

[2] 苏联经济走低有三个主要原因，参见 Stanley Cohn, "Soviet Growth Retardation: Trends in Resource Availability and Efficiency", in Subcommittee on Foreign Economic Policy of the Joint Economic Committee, ed., *New Directions in the Soviet Economy*, Washington, D. C. : Congress of the United States, 1966, pp. 99 - 132。

[3] Robert Allen "The Rise and Decline of the Soviet Economy", p. 861.

[4] Martin McCauley, *The Soviet Union: 1917 - 1991*, p. 294.

百分之四或五的经济增长率，对很多国家而言并不会让人感到不快。但对作为崛起国并与霸权国美国竞争的苏联，这样的经济增长业绩却挫败了其挑战美国领导权的信心。从 20 世纪 70 年代中后期一直到苏联解体，苏联权力增长上已经处于绝对劣势。

如图 4.2 所示，图中零点以上代表苏联的经济增长优势，而零点以下代表美国经济增长优势。如果我们用经济增长来测量权力增长，那么从图中可以看出：从 20 世纪 60 年代开始，尽管个别年份苏联有优势，但是一直到 20 世纪 70 年代中期，领导国美国已经具有明显权力增长优势。20 世纪 70 年代中期以后，美苏两国之间经济增长绩效更是差距显著，美国取得了更显著的优势。

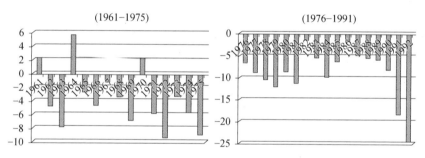

图 4.2　美苏权力增长优势对比（1961—1991）

数据来源：基于 Angus Maddison, *Monitoring the World Economy*, 1820 - 1992, pp. 200 - 250 整理。

当苏联失去优势时，意味着苏联撼动现有国际秩序和现有国际分配格局的意愿和能力相应降低；也意味着在未来一段时间，世界政治的权力分布相对稳定，美国仍可继续执掌世界政治领导权。当苏联的相对劣势转变为后来的经济停滞，经济改革也难以为继时，苏联取代美国领导权的信心丧失则更为明显。尤其到了米哈伊尔·戈尔巴乔夫（Mikhail Gorbachev）执政时期，由于苏联经济迅速恶化，以戈尔巴乔夫为代表的苏联领导人开始选择在国内进行激进的市场化改革，采取诸多措施与西方国家和解。

(二) 变化的美苏安全与贸易

由于美苏之间权力增长差距的变化，双方紧张程度也开始缓解。在 1955 年，即苏联还具有权力增长优势时，苏联将军尼古莱·塔楞斯基（Nikolai Talenskii）指出核战的后果是自杀性的。他这番言论受到了苏联国内人士的强烈攻击。[①] 而当苏联失去权力增长优势时，包括列昂尼德·勃列日涅夫（Leonid Brezhnev）在内的苏联领导人都用这番论调发表讲话。从 20 世纪 60 年代中期开始，苏联重新制定了国家安全政策，试图与西方改善关系，实现美苏关系正常化。[②] 这一趋向可以从苏联领导人在各个时期的讲话、政府文件中找到相关印证。

随着苏联权力增长优势的丧失，美苏双方开始采取"缓和"（detente）政策。1968 年美苏参与签订《核不扩散条约》。在 20 世纪 70 年代中期，在对苏联政治局委员的问卷调查中，把美国视为敌人的人数从 1970 年的 100% 下降到 1975 年的 90%。[③] 这也是苏联丧失权力增长优势后，双方剑拔弩张的关系有所缓和的表现。随着美苏权力增长优势易手，双方的贸易、技术交流等进一步展开，双方敌

---

① Ronald Doel, "Evaluating Soviet Lunar Science in Cold War America", *Osiris*, 2nd Series, Vol. 7, Science after 40, 1992, pp. 238 - 264.

② Dan Strode and Rebecca Strode, "Diplomacy and Defense in Soviet National Security Policy", *International Security*, Vol. 8, No. 2, 1983, p. 104.

③ Richard Herrmann, "Analyzing Soviet Images of the United States: A Psychological Theory and Empirical Study", *The Journal of Conflict Resolution*, Vol. 29, No. 4, 1985, p. 687.

对情绪相应下降。敌对关系的相对缓和为以后戈尔巴乔夫大幅度的市场化改革与结束冷战提供了外部环境基础。

如果说 20 世纪 70 年代，苏联失去权力增长优势的局面已相当明显，那么到戈尔巴乔夫执政时期，美国已明显取得权力增长优势，苏联与美国的差距越拉越大。在难以挑战美国领导权的背景下，在军事上，苏联领导人开始积极主张裁军，这降低了苏联对军事技术的投入；在经济上，苏联领导人开始主张提高美苏双方的相互依赖。

我们先看苏联在军事上的反应。在戈尔巴乔夫上台之前，苏联领导人就指出：苏联军事开支给苏联国民经济造成负担。在 1972年，苏美贸易协定签署，美苏之间签订了反导弹条约（Anti-Ballistic Missile Treaty）。该条约的签订基于这一共识：美苏双方不要在军备竞赛上继续浪费资源，政策改变符合双方利益。到了 20 世纪 80 年代，这一倾向更为明显。在 1981 年的苏共二十六届全国代表大会上，勃列日涅夫指出：军事研发投入需要减缓。[①] 在 1981 年纪念布尔什维克革命胜利讲话中，苏联领导人德米特里·乌斯季诺夫（Dmitri Ustinov）集中讲述了苏联经济面临的问题，并警告过度的军事准备是毫无意义的浪费（senseless waste）。在 1981 年 12 月，苏联部长会议主席尼古莱·吉洪诺夫（Nikolai Tikhonov）指出"我们现在不得不从国防经费中大量抽取出资源"。[②] 根据美国中央情报局报告，苏联领导人尤里·安德罗波夫（Yuri Andropov）在视察莫斯科机床厂时指出：苏联要有良好的经济发展，才会有良好的军事

---

① Dan Strode and Rebecca Strode, "Diplomacy and Defense in Soviet National Security Policy", p. 107.

② Russell Bova, "The Soviet Military and Economic Reform", *Soviet Studies*, Vol. 40, No. 3, 1988, pp. 385 - 405.

实力。他建议在分配资源时，苏联国防部门不再是毫无疑义优先发展的部门。[1] 戈尔巴乔夫对苏联经济改革的举措延续了以前苏联领导人的转变。经济上的长期劣势使戈尔巴乔夫开始改革苏联军事。他强调："我们将尽最大努力，结束美苏军备竞赛，实现美苏双方裁军、减少军事开支。"[2] 到了 1987 年 2 月，戈尔巴乔夫干脆直接指出，苏联国防已经成为经济负担，它耗费了原本可以投向其他领域的资源。[3]

面对自身相对衰落，苏联领导人不仅开始减少军事投入，也开始强调与资本主义世界相互依赖。戈尔巴乔夫指出："这个世界相互依存，没有一个国家可以靠削弱他国安全来增进自己安全。如果这个世界不联合起来，这个星球就处于危险之中。"[4] 戈尔巴乔夫对安全形势的判断影响了经济政策制定。1985 年，美国商务部部长马尔科姆·鲍德里奇（Malcolm Baldrige）出席美苏贸易与经济委员会年度会议。戈尔巴乔夫到会并讲话："当今世界是危险的，我们没有理由忽视贸易、经济、科学与技术所起到的纽带作用。这些纽带是对外关系的稳定器。如果我们两国想要建立巩固的、稳定的对外关系，如果两国想要确保和平，那么发展两国经贸关系是两国关系的基础。"[5] 戈尔巴乔夫这些认识和判断，对共同安全、相互依存、合作共赢等问题的强调，除了受西方自由主义理念影响以外，也基于苏联逐渐丧失对美国的权力增长优势，不得不放低已有高

---

① Richard Kaufman, "Causes of the Slowdown in Soviet Defense", *Soviet Economy*, Vol. 1 No. 1, 1985, p. 15.

② Erik Hoffmann, "Soviet Foreign Policy from 1986 to 1991: Domestic and International Influences", p. 255.

③ Russell Bova, "The Soviet Military and Economic Reform", pp. 385 – 405.

④ Martin McCauley, *The Soviet Union: 1917 – 1991*, p. 366.

⑤ Abraham Becker, "Main Features of United States-Soviet Trade", p. 73.

姿态。

到 20 世纪 80 年代中期，苏联很多官员开始强烈支持苏联更多融入世界经济。① 苏联领导层开始意识到，苏联需要引入跨国公司，需要融入世界经济，以防止苏联技术能力进一步恶化。戈尔巴乔夫强调"出口导向型发展"、推进国际贸易、加强苏联与外国在生产领域的合作以及与外国企业合资。戈尔巴乔夫宣布："现在我们需要为那些外贸企业提供显著激励措施，这个问题非常重要。"此外，戈尔巴乔夫强调需要"促使苏联经济国际化"，提升苏联科研和技术国际化程度。他还强调，苏联需要更加重视在国际社会中的分工，促进国家间科学技术以及经济合作，促进国际贸易与安全相互依存等。戈尔巴乔夫外交政策的主要目标是提升苏联与其他社会主义国家、资本主义国家以及第三世界国家的"相互安全"以及经济的"相互依赖"。戈尔巴乔夫把东西之间的军控、外交、商业以及文化纽带视为苏联经济和社会转型的前提条件。②

苏联领导人的发言与讲话无疑传递了重要信息，就是苏联对自主性、对国防产业重要性的认识下降，对世界市场、国家间相互依赖重要性的认识在逐步上升。同时，他们都认识到国防资金应该相应缩减，这一缩减会影响到国防科研等相关研究经费。与此同时，美国商务部发言人的论调也与以前大不相同。他们在论及美苏贸易时，开始更多着眼于经济利益而不是国家安全。美国商务部发言人指出，应该让美国公司进入一个全新的、潜在的、广大的市场，"那

---

① Anders Aslund, *Gorbachev's Struggle for Economic Reform*, Ithaca, N. Y.: Cornell University Press, 1991, pp. 37 – 43.

② 戈尔巴乔夫的上述言论，参见 Erik Hoffmann, "Soviet Foreign Policy from 1986 to 1991: Domestic and International Influences", pp. 255 – 256。

里有很大的盈利空间，有大把美元可以赚"。① 美国国家科学院（National Academy of Sciences）的一项报告就谴责美国行政部门出口控制代价太大。这份报告指责美国国防部夸大了出口控制的好处，却使国家经济遭受损失。这份报告估计，仅 1985 年一年，美国直接贸易损失就达到九十亿美元。② 而这一报告的背景正是苏联丧失权力增长优势，美国科学院也开始日益考虑经济利益。当苏联失去权力增长优势后，美国也开始强调美苏贸易带来的好处，开始考虑"绝对收益"。美国对相对收益、相互依存等问题优先顺序的变化也说明其取得权力增长优势后，对维持世界秩序又恢复了信心。

值得一提的是，即便是在罗纳德·里根（Ronald Reagan）执政时期，美苏双方关系几度紧张。但在既有的国际环境下，里根在执政后期也做出相应政策调整，美苏关系又开始明显缓和，互利合作有所增加。③ 在里根执政后期，美国对苏贸易向着放松限制的方向发展。④ 这也是在美国取得了权力增长优势后，新安全形势下的产物。

在苏联逐渐丧失权力增长优势时，美苏双方安全局势总体趋于稳定，也一度促进了双方贸易。早在 20 世纪 50 年代末期，当时苏联遇到经济困难，1959 年赫鲁晓夫在美国《外交季刊》撰文指出，只有对外贸易广泛地、没有限制地大幅度增长，美苏两国的共存才

---

① Michael Gordon, "In Shift, U. S Eases computer Exports to Eastern Bloc", *New York Times*, July 19, 1989. 网址：https://www. nytimes. com/1989/07/19/business/in-shift-us-eases-computer-exports-to-eastern-bloc. html。

② Abraham Becker, "Main Features of United States-Soviet Trade", p. 74.

③ Jonathan Chanis, " United States Trade Policy toward the Soviet Union: A More Commercial Orientation", p. 111.

④ Calvin Sims, "Rift over High-Tech Exports," *New York Times*, 14 Jan. 1987. 网址：https://www. nytimes. com/1987/01/14/business/rift-over-high-tech-exports. html。

有一个坚实的基础。[①] 从 20 世纪 60 年代中期开始，美苏开始增加了对外贸易。双方领导人也更多强调贸易互惠，美苏贸易谈判逐渐展开。在 1964 年以后，苏联领导人开始更加重视对外贸易，这很大程度上源于苏联领导人需要为陷入困境的经济寻找出路。苏联政府试图通过对外贸易，解决苏联在经济增长战略上的困局。[②] 此外苏联领导人还赋予对外贸易一项重要任务，那就是通过外贸提高苏联技术绩效。[③] 美苏关系的缓和又为美苏贸易关系的提升提供了可能。

1966 年，美国方面开始大幅度修订禁运清单，大量限制被取消。[④] 美苏开始就贸易正常化进行谈判。两国政府贸易谈判主要围绕信贷、技术出口限制以及对苏联产品出口的最惠国待遇等问题展开。1972 年，美国农业部长厄尔·布茨（Earl Butz）访问莫斯科，美苏双方开启系列谈判。几个月后，美国商务部长彼得·彼得森（Peter Peterson）访问苏联，为总统尼克松出访探路。1972 年 5 月，美国总统理查德·尼克松（Richard Nixon）访问苏联，美苏双方在贸易议题上继续谈判。美苏双方成立了一个委员会以研究贸易协定的具体实施细则。在 1972 年 10 月，美苏贸易协定正式签署。这是美苏贸易史上的重要事件，这项协定为美苏两国长期贸易扩展和资本流动奠定了基础。

---

① Nikita Khrushchev, "On Peaceful Co-Existence", in Nikita Khrushchev, ed., *On Peaceful Co-Existence: A Collection*, Mosow: Foreign Langurge Publishing House, 1961, pp. 77 - 99.

② Josef Brada and Arthur King, "The Soviet-American Trade Agreements: Prospects for the Soviet Economy", p. 351.

③ Timothy Luke, "Technology and Soviet Foreign Trade: On the Political Economy of an Underdeveloped Superpower", p. 345.

④ Josef Brada and Larry Wipf, "The Impact of U. S. Trade Controls on Exports to the Soviet Bloc", *Southern Economic Journal*, Vol. 41, No. 1, 1974, p. 48.

美苏双方积极努力，为拓展两国贸易提供其他方面的便利。美国方面同意扩展美国进出口银行对苏信贷业务。美国政府还同意在莫斯科建立商务办公室；同时苏联政府也同意在华盛顿设立商务办公室。此外，苏联同意在莫斯科建立一个贸易中心。贸易中心的建立增加了外国商人办公场所面积以及住房居住面积。[①] 因此，1972 年美苏贸易协定是美苏经济关系的一个高峰。而美国政府也把美苏贸易新前景视为美苏关系改善后合乎逻辑的结果。

正是由于美苏关系改善，美国很快成为苏联最大出口国。1971年，美国对苏联出口在西方工业化国家中位居第六；一年以后，美苏贸易额翻了三番，达到六亿三千七百万美元。此时美国已经成为苏联第二大出口国，仅仅位于西德之后；到了第三年，即 1973 年，美苏贸易协定签署的第二年，美苏贸易额比上年增加了两倍，贸易总额达到十四亿美元；而美国出口占到了十一亿九千万美元，是1946 年以来的最高峰。此时美国已经成为苏联在西方世界中最大的贸易伙伴。[②] 在短短三年间，美国就从是苏联在西方世界里的第六大贸易伙伴变成是苏联最大贸易伙伴。

如表 4.6 展示了 1965 年到 1975 年间美苏贸易的增长幅度，无论从进口还是出口看，美苏贸易都取得了相当惊人的业绩。苏联从美国进口额从 1965 年的 0.45 亿美元增加到了 1975 年的 18.37 亿美元。短短十年间，苏联从美国进口额度增长了 40 多倍。而苏联对美国出口尽管增幅不如进口，仍然有大幅增长。1965 年，苏联对美国出

---

① Josef Brada and Arthur King, "The Soviet-American Trade Agreements: Prospects for the Soviet Economy", p. 352.

② Francis Rushing and Anne Lieberman, "The Role of U. S. Imports in the Soviet Growth Strategy for the Seventies", p. 33.

口仅为 0.42 亿美元，到 1975 年，苏联对美国出口增加到了 2.547
亿美元，增加了近 6 倍。1972 年，苏联得到了美国的贷款并获得美国
农业部支持，以低于世界市场的价格购买了美国大量的粮食。[①]

表 4.6　苏联对美国进出口情况（1965—1975）
（单位：百万美元）

年份 苏联对 美进出口	1965	1966	1967	1968	1969	1970	1971	1972	1973	1974	1975
苏联对美国进口	45.2	41.7	60.3	57.7	105.5	118.7	162	542	1190	609	1837
苏联对美国出口	42.6	49.6	41.2	58.5	51.5	72.3	57.2	95.5	214.8	350.2	254.7

数据来源：Francis Rushing and Anne Lieberman, *The Role of U. S. Imports in the Soviet
Growth Strategy for the Seventies*, p. 34。

　　这段时期，美苏签署的进出口合同超过 400 项。如果稍微留意
一下美苏贸易的内容，就不难发现：由于苏联逐渐丧失权力增长优
势，美苏贸易已开始涉足敏感产品进出口，比如像计算机配件这样
的敏感器材。在美苏贸易合同中，有 18 项是电子和电器器件，有 14
项是计算机设备。[②] 同时，美国市场的打开也带动了西方对苏的市场
开放。如图 4.3 所示，进入 20 世纪 70 年代以后，苏联从西方进口
的机器与运输设备有了大幅增长。同时如图 4.4 所示，苏联从西方
集团进口设备所占国产设备的比重也在不断增加。进口设备占苏联
国产设备的比重从二十世纪五十年代中期的 2% 上升到了二十世纪七

---

① 理查德·克罗卡特著，王振西、钱俊德译：《五十年战争：世界政治中的美国与苏联》，
　北京：社会科学文献出版社 2015 年版，第 277 页。
② Francis Rushing and Anne Lieberman, "The Role of U. S. Imports in the Soviet Growth
　Strategy for the Seventies", p. 35, p. 38。

十年代初期的 6%。

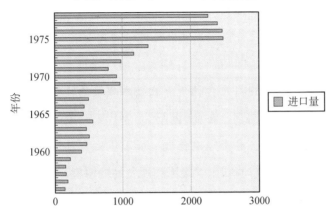

单位：百万卢布（1969 年不变价格）

图 4.3　苏联从西方进口机器和运输设备情况（1955—1978）
数据来源：Francis Rushing and Anne Lieberman, "The Role of
U. S. Imports in the Soviet Growth Strategy for the Seventies", p. 35。

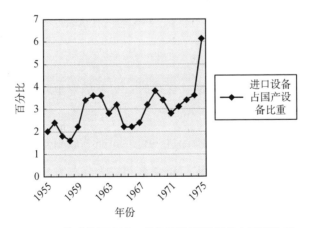

**图 4.4　苏联从西方进口的机器和运输设备占国产比重
（1955—1978）**
数据来源：Francis Rushing and Anne Lieberman, "The Role of
U. S. Imports in the Soviet Growth Strategy for the Seventies", p. 35。

因此，1972 年美苏迅速改善的对外贸易关系，既不是政治上的权宜之计，也非苏联农业危机和美元受到冲击交织在一起的产物。[①] 如果用短期事件来解释问题，就容易掩盖美苏关系改善背后长期的权力消长逻辑。正是作为崛起国的苏联逐渐丧失权力增长优势，才为美苏双方扩大经济交往提供了外部环境，而美苏两国 1972 年贸易协定就是这个大趋势下的结果。

此时贸易市场的打开有利于苏联技术政策的转向。苏联可以获得的外部技术日益增多。在 20 世纪 80 年代末，美国商务部宣布计划出售个人电脑给苏联和东欧集团。而美国商务部宣称，该举措展示了美国政府愿意与苏联东欧集团拓展贸易的愿望。[②] 当苏联失去权力增长优势时，尤其当苏联能顺利从西方世界进口技术时，苏联自主研发的意愿下降了。

第四节　苏联技术路径的转向

在苏联逐渐丧失权力增长优势时，美苏的安全政策与贸易政策都做出相应调整。首先，在贸易方面，双方都增加了与对方的贸易。美国减少了对苏联出口控制和进口管制，而苏联更加强调参与国际经济的积极作用。同时，我们还会看到，美苏双方自主研发的强度和意愿降低了。就苏联而言，主要可能是因为权力增长优势丧失，对开发高端技术的抱负水平下降；加之美国放松技术出口控制，外部技术逐渐可得，降低了苏联自主研发的意愿。

---

① Josef Brada and Arthur King, “The Soviet-American Trade Agreements: Prospects for the Soviet Economy”, p. 345.

② Michael Gordon, “In Shift, U. S Eases computer Exports to Eastern Bloc”.

（一）苏联技术自主性诉求降低

在 20 世纪 60 年代末，苏联有一个较为突然的转折，即开始强调大规模引进西方器械和技术。也有研究认为，这项政策转变不是突变，而是渐进展开的。[1] 这一观察与本书聚焦的苏联失去权力增长优势的时期相吻合；也与美国放松对苏联技术出口控制的时段吻合。由于丧失权力增长优势，苏联也逐渐失去了迅速崛起时期在世界政治中来势汹汹的态势，美国出口政策开始转变。到 20 世纪 70 年代，美国联邦政府进一步放松了对技术出口的战略控制与管制。在控制清单上，美国政府大规模削减了控制产品名目。而技术出口管制的放松不仅表现在出口上，还表现在美苏科学界人员的交流上。在 1972 到 1973 年间，美苏科学家互访交换开始启动，美苏私人部门之间的贸易和技术合作受到鼓励。[2]

这些松动体现到苏联政策文件中。1966 年，在苏联共产党十八届全国代表大会上，有份会议公告指出："以往，我们低估了专利贸易的重要性。在很多情况下，我们购买专利要比自己发明便宜得多。在下一个五年计划里，购买国外专利可以让我们节省数百万、数千万卢布的科研经费。"[3] 这份公告体现了苏联高层对技术进步认识的转变。技术进步从以往的政治考虑逐渐转向经济考虑。而这个转

---

[1] John Thomas and Ursula Kruse-Vaucienne, eds., *Soviet Science and Technology: Domestic and Foreign Perspectives*, p. 360.

[2] J. Fred Bucy, "On Strategic Technology Transfer to the Soviet Union", *International Security*, Vol. 1, No. 4, 1977, pp. 27 - 28.

[3] E. Zaleski, J. P. Kozlowski and H. Wienert, eds., *Science policy in the USSR*, pp. 397 - 398.

向，和苏联逐渐丧失权力增长优势分不开。从勃列日涅夫时期开始，苏联高层官员，政策顾问以及苏联学界就开始表露出对自主研发认同度的下降。[①] 到戈尔巴乔夫时期，美国权力增长优势日趋明显，苏联各界的这种倾向更是加剧。这时，"苏联军事领导人清楚地认识到他们面临着军事技术革新的第三次浪潮。这一时期，微电子、半导体技术的发展以及计算机技术、分布式数控加工技术、数字通讯技术等已影响到武器和军事设备的方方面面……而苏联科学技术和工业基础却不能为军事领域的新技术革命提供支持。[②] 此时的苏联，作为一个衰落中的崛起国，难以修补其落后的技术实力。

此时苏联已意识到其技术落伍，意识到信息技术和电子技术所带来的技术革命对苏联的冲击。在相对衰落的背景下，这种认识很快就转化成了苏联的政策调整。苏联经济长期不景气，削弱了苏联与美国展开技术竞争的能力和野心。[③] 苏联领导人的认识很快转化为行动，政府介入技术的程度和宽度逐步缩减。

(二) 苏联技术政策调整

当苏联丧失权力增长优势后，苏联政府技术政策调整主要体现在：苏联军费开支开始降低，这影响了苏联军事技术的投入；同时，

① Erik Hoffmann, "Soviet Foreign Policy from 1986 to 1991: Domestic and International Influences", p. 255.
② William Odom, "The Soviet Military in Transition", *Problems of Communism*, Vol. 39, 1990, pp. 52 - 53, 63 - 64.
③ Stephen Brooks and William Wohlforth, "Power, Globalization, and the End of the Cold War: Reevaluating a Landmark Case for Ideas", *International Security*, Vol. 25, No. 3. 2000 - 2001, p. 27.

苏联研发支出大幅度下降；苏联技术覆盖面开始缩减等。

其一，苏联军费开支开始下降。尽管在 20 世纪 70 年代，苏联经济总额已经远大于 50 年代，但是在 70 年代，苏联军事开支总额已少于 50 年代和 60 年代。[①] 在 1970 年，尽管此时苏联经济总量已经相当庞大，但苏联军事开支占其 GDP 的比重还没有达到 1955 年的水平。根据苏联官方统计资料显示，苏联军事开支在国家预算中占有 10% 的份额。从 1969 年 180 亿卢布到 1989 年 202 亿卢布，如果扣除通货膨胀等因素，不仅远小于经济增长，军事开支实际投入还在缩减。美国也认识到了这一趋势，根据美国中央情报局估算：从 20 世纪 70 年代中期开始，苏联军事开支增长率，无论是以卢布还是以美元的不变价格计算，年均下跌 2%。[②] 同时，由于军费投入减少，苏联军事技术武器的制造也开始减少。1976 年后，苏联军备生产中，飞机和造船显著下降。此时苏联约有 60% 的辅助性造船器材源于进口而非自己生产。[③] 到了 20 世纪 80 年代，美国国防部在对苏联军事实力的年度报告中也承认，戈尔巴乔夫计划短期内削减掉原本用于生产武器的开支。[④] 正是国防开支大幅度削减，直接影响到苏联自主研发的强度。

我们看一下苏联军事预算主要构成，就不难发现苏联军费降低对其科研的影响。苏联军事开支主要用于以下几个方面：采购武器、

---

① W. T. Lee, "The Shift in Soviet National Priorities to Military Forces, 1958 – 85", *Annals of the American Academy of Political and Social Science*, Vol. 457, No. 1, 1981, p. 55.

② Richard Kaufman, "Causes of the Slowdown in Soviet Defense", p. 15.

③ Dmitri Steinberg, "Trends in Soviet Military Expenditure", *Soviet Studies*, Vol. 42, No. 4, 1990, p. 681, p. 683.

④ Russell Bova, "The Soviet Military and Economic Reform", pp. 385 – 405.

军事研发、军备运作和维持、军备建设、养老金以及其它。[①] 苏联军事预算与政府对技术的介入程度有着密切关联。在军事开支列表中，除了军事研发是直接与技术进步相关，武器采购以及军备运作及其维持等也间接地促进技术进步。因此，鉴于苏联政府拉动技术进步很大程度来自军费，军事开支的降低便成为苏联减少对技术进步介入的一个间接测度。

其次，苏联对科学技术投入开始下降，对科学家重视程度也在降低。在1960年到1962年间，苏联科学技术投资年增长率为15%—18%；到了1965年则迅速下降到6%。[②] 在20世纪60年代和70年代，苏联国内研发经费增长速度开始减缓。从1962年到1965年间，苏联政府对科学资金投入增长率为10.9%；在1965年到1968年间，增长率下降到9.3%；在1974年到1975年间，这一增长率更是进一步跌至5.6%。[③] 从表4.7我们可以看到：1975年以后，苏联科研经费占预算比重小于1975年以前。到了20世纪70年代，无论从苏联预算安排上还是从科研开支总量上来看，苏联科研经费都有显著下滑。

表4.7　苏联预算中科学研究的政府投入（1970—1980）

年份 科研预算	1970	1971	1972	1973	1974	1975	1976	1977	1978	1979	1980
科研预算占整体预算比重	4.2	4.2	4.2	4.0	4.0	3.6	3.4	3.3	3.3	3.3	3.3

数据来源：Stephen Forte, *Science Policy in the Soviet Union*, New York: Routledge, 1990, p. 3.

---

① Dmitri Steinberg, "Trends in Soviet Military Expenditure", p. 677.
② E. Zaleski, J. P. Kozlowski and H. Wienert, eds., *Science policy in the USSR*, p. 395.
③ Timothy Luke, "Technology and Soviet Foreign Trade: On the Political Economy of an Underdeveloped Superpower", pp. 327 – 353.

我们还可以通过另一指标，即苏联科学家工资来判断，也可说明苏联对自主研发重视程度降低。如表 4.8 所示，二战后很长一段时期，苏联科学家在社会各阶层中工资最高；到了 20 世纪 60 年代和 70 年代，科学家工资开始下滑到第四。此时苏联科学家有受到歧视的感觉，而且这种感觉强烈。因为他们与蓝领工人相比较，甚至与非熟练工人相比较，他们工资可能还更低。[1]

表 4.8　苏联产业工人与科学家的工资对比（1965—1980）

年份	1965	1970	1975	1980
产业工人工资	104.2	133.3	162.2	180.5
科学家工资	120.6	139.5	157.5	179.5

数据来源：Stephen Forte, *Science Policy in the Soviet Union*, p. 175。

再次，苏联技术涵盖面开始缩减，苏联开始强调技术市场化转向。在美苏争霸高峰时期，美苏都有着很宽幅度的研发。由于苏联丧失权力增长优势，苏联涉足各个领域科研的抱负开始下降。以往苏联在科研方面投入大量资源，去发展外部世界已有的科学技术，在 1972 年到 1977 年间，这种抱负水平显著下降。[2]

明显例子就是苏联对计算机等相关的研究。早在 20 世纪 50 年代，苏联研发了自己的网络系统，并取得了快速发展。而到了 20 世纪 60 年代尤其 70 年代，苏联政府对网络的资助开始减缓。同时，在计算机领域，苏联也有自己的计算机研发项目，耗费了大量资源来制造计算机。但是当苏联逐渐失去权力增长优势时，苏联计算机

---

[1] Stephen Forte, *Science Policy in the Soviet Union*, New York: Routledge, 1990, p. 1, p. 175。

[2] Miron Rezun, *Science, Technology, and Ecopolitics in the USSR*, p. 13.

技术也开始逐渐变迁。① 苏联政府认为：走独立研发的计算机系统会带来难以忍受的财政负担。此时，苏联政府不得不承认如果没有外部帮助，自主研发计算机在技术上遇到的很多困难将难以克服。因此，与 20 世纪 60 年代相比，苏联计算机产业的自我隔离程度大大降低。苏联开始计划减少在计算机领域的研究活动，结束技术上的孤立主义，尝试更多融入到国际分工中去，为其计算机产业采购更多电子器材、技术部件以及制成品。②

由于美苏权力增长优势的变化，苏联开始把以往配备到国防安全领域的技术资源民用化。苏联把集中在军事研发领域的科学家和工程师转移到民用部门，把已有的军工企业转变为民用企业。苏联的飞机、造船、核能以及农业器械等技术领域都经历了这一过程。③这一转变是苏联技术进步方向变化的重要体现。

因此，随着苏联权力增长优势的丧失，苏联政府对技术发展的抱负水平开始下降，对重大技术的推进开始逐步退却，这降低了重大技术出现的概率。尽管有研究者可能指出，由于苏联逐渐丧失崛起国地位，苏联的不安全感会增强，会刺激苏联扩大军事科研。但由于战后美苏所持有的核武器已达到了相互确保摧毁的程度，经济优势的丧失不会让苏联面临如此大的军事威胁。同时，由于日本在经济上迅速崛起，美日竞争让苏联从美苏对抗的风口浪尖撤退到后台。到了 20 世纪 80 年代，美国把注意力日益转向赢得权力增长优

① Seymour Goodman, "Soviet Computing and Technology Transfer: An Overview", p. 540.
② I. Adirim, "Current Development and Dissemination of Computer Technology in the Soviet Economy", *Soviet Studies*, Vol. 43, No. 4, 1991, p. 666.
③ Erik Hoffmann, "Soviet Foreign Policy from 1986 to 1991: Domestic and International Influences", p. 256.

势的日本，苏联压力逐渐减少，也为苏联技术政策的调整提供了空间。日本人乃至宣称，他们可以向苏联提供先进的半导体，从而打破冷战时期的军事平衡。[①]

当时有调查显示：当苏联在权力增长上失去对美国优势时，美国领导人和美国民众对苏联的重视和关注开始显著下降。当美国领导人和美国普通民众被问及他们最为关心的三项对外事务时，他们对苏联的关注程度在不断下降。从 1982 年到 1990 年，美国领导人对苏联的关注程度从 53% 下降到 21%；而美国民众对苏联的关注程度也呈现大体相同的趋势。从 1986 年开始，美国民众对苏联的关注程度就开始显著下滑，从 1986 年的 22% 下降到 1990 年的 3%。[②]

苏联和日本崛起国地位的变化也影响了美国民众对苏联好恶的评估。随着苏联逐渐丧失对美国的权力增长优势，日本逐渐崛起，美国民众对两国的评价开始转变。当调查者用温度测量美国公众的民意时，从 1982 年到 1990 年 8 年间，苏联从温度计中的 26 度上升到了 59 度；而随着美国与日本国际竞争的逐步展开，美国民众对日本的好感开始下降。1986 年到 1990 年间，美国民众对日本的好感从 61 度跌至 52 度。此时，美国民众对苏联好感程度已超过了日本。[③]因此，随着苏联进一步衰退，美苏权力增长优势易手，苏联进行重大技术变革的意愿和能力都受到了影响。

总结一下：直至 20 世纪 50 年代末，苏联在核技术、太空技术等领域取得了惊人的成绩，在计算机等领域的赶超也快速进行。当

---

① 克里斯·米勒著，蔡树军译：《芯片战争：世界最关键技术的争夺战》，杭州：浙江人民出版社 2023 年版，第 109 页。

② John Rielly, ed., *American Public Opinion and U. S. Foreign Policy*, Chicago: The Chicago Council on Foreign Relations, 1991, p. 14.

③ John Rielly, ed., *American Public Opinion and U. S. Foreign Policy*, pp. 6 - 7.

苏联丧失权力增长优势后，在美苏的技术表现上，苏联就成了一个平庸的追随者。失去权力增长优势的苏联退出了推动重大技术变迁的舞台。

第五节　苏联技术变迁的国际政治经济学

通过对上述苏联案例的分析，本书展示，美苏权力增长优势的变迁如何影响了苏联国内技术变迁。二战结束后，苏联所取得的技术成就是在缺少市场制度安排的条件下展开的。尽管市场化的制度安排，如专利制度、产权制度等对创新活动很重要，但却并非必要条件。与美国相比，苏联在中央计划经济下，政府干预比较集中，在诸多技术领域推动了重大技术变迁的出现。因此，技术进步除了依靠财产权等制度安排、市场竞争外，也有其它不同路径。美苏在权力转移时期的国际竞争，促使了苏联政府积极推动重大技术变迁。这就是苏联技术变迁的国际政治经济学。我们也可以通过这一案例得出一些认识。

在国际政治的权力转移时期，美苏权力竞争带来了苏联技术进步方向的变迁。美苏作为大国队伍中的一员，其国内技术变迁动力不仅来自于企业，不仅来自于企业的组织能力与企业家抱负水平，尽管这些因素很重要，但美苏两国权力增长优势的变化会显著影响其技术投入的强度和形式，进而影响到技术进步的领域和方向。而苏联技术变迁的路径可以让我们进一步验证我在前面提出的系列假说。

就苏联而言：我们看到，在权力转移时期，苏联对技术自主性的强调会更加明显；当苏联丧失权力增长优势时，苏联对技术自主性的强调开始降低。这不仅是因为在权力转移时期，崛起的苏联的抱负水平随之增长，需要发展一系列高端技术以挑战美国领导权；同时在权力转移时期，领导国与崛起国之间的"安全困境"也使得苏联需要积极推动技术进步，更好保障自身的安全；此外，由于领导国美国对苏联的技术出口控制，迫使苏联自主研发新技术，以解决技术短缺。因此，在权力转移时期，苏联呈现出强烈的"技术民族主义"倾向。由此的推论可能是，美苏之间权力转移显著影响全球化进程。显然，全球化受到国内政治的显著影响。但如果大国之间的相互依赖是全球化的重要内容的话，那么全球化的拓展并不是自然而然的。美苏都是全球政治与经济的重要行为体，在国际政治中，两国行为举足轻重；而在国际经济中，两国国内的经济总量足以充当"价格的制定者"（price-maker）。因此，全球化的进展就离不开美苏的大国政治。当世界政治处于权力转移时期，领导国美国和崛起国苏联各自建立一个对对方封闭的贸易体系，一个自成一体的东方市场与西方市场，这严重阻碍了全球化的推进。而当崛起国苏联丧失权力增长优势时，全球化又开始了新一轮的推进。因此，我们看到全球化的进程不仅受到国内政治因素影响，也受到美苏权力增长优势变迁的影响。在苏联解体后，自由主义者所宣扬的历史终结与自由主义的胜利为时尚早，只要有大国政治和大国权力增长此起彼伏，历史就永远不会终结。当美国面临新一轮崛起国的兴起，历史又可能开始新的循环。

在权力转移时期，苏联对技术自主性的强调促使了苏联政府积极介入技术变迁。在美苏权力转移时期，苏联技术变迁更多走向政府推动的模式；而当苏联丧失这种优势时，政府角色开始淡出。在权力转移时期，苏联实行重化工业优先发展战略，政府在其间起了相当大的作用。在苏联获得权力增长优势时，苏联政府加大了对技术的资助与采购；设立了新的研究机构；对科学家非常重视。苏联政府网罗、培植人才的意愿相当强烈。而当苏联逐渐丧失权力增长优势时，苏联政府对技术变迁的介入程度开始降低。此时，不仅苏联科研经费受到影响，连苏联科学家的工资也不及苏联蓝领工人。这很大程度上是由于国际环境变化改变了苏联政府的优先顺序，改变了苏联政府对技术变迁的介入程度。

当苏联获得权力增长优势时，苏联的军用技术不断引领技术发展潮流。基于安全考虑，苏联政府限制军用技术往民用技术外溢。由于对军事技术外溢的限制，苏联技术具有典型的"二元特征"——即先进的军用技术和落后的民用技术并存。这样造成了苏联在技术上的二元格局与产业发展上的不平衡。在苏联丧失权力增长优势后，苏联政府开始强调市场力量包括国际市场的力量来促进技术进步。

由此的推论可能是：除了意识形态和后发展带来的约束外，美苏权力增长优势的变化对苏联发展模式的选择构成了显著影响。以往认识是，苏联意识形态更倾向于国家主导的发展模式，同时更少强调国际市场的作用。同时，后发展国家更多强调国家在发展经济中的"强组织力"。我们对美苏技术变迁的研究展示，美苏两国权力增长优势的变迁会导致苏联发展模式做出相应调整。当世界政治处于权力转移时，美苏会增大对相对收益的考虑，减少对对方的相互依赖，包括对对方市场与技术的依赖。因此，此时领导国与崛起国会更加强调相对独立自主的发展模式，更加强调政府干预。我们在第七章将会看到：此时，即使是以自由市场经济著称的美国，也成为"混合经济",也伴随显著的政府扩张。而当苏联失去权力增长优势时,双方又开始强调相互依赖。即使是以计划经济为典型模式的苏联,在丧失权力增长优势时也开始强调国际分工与市场化。因此,不仅国际市场的开放程度受到美苏两国权力增长影响,国内市场的开放程度和发展模式也显著受到美苏大国政治的影响。苏联选择优先发展重化工业,抑制国内消费者的需求,导致国内市场日益萎缩,是苏联在权力转移时代的产物。因此,美苏发展模式,尤其是政府干预强度与对外依存度,受到国际环境显著影响。在权力转移时期,大国选择政府主导型的、相对内向型的经济模式这一倾向会更明显。

值得强调的是,在美苏权力转移时期,苏联的军事技术有了重大突破。苏联不仅自主研发出了原子弹,还发射了人类历史上第一颗人造卫星,在人类历史上第一次将宇航员送入太空。当时,苏联在核技术、电子技术、空间技术等前沿科学技术领域都走在了世界前列。美苏双方都是当时高科技的执牛耳者,而其他国家则跟在两个超级大国后面。

因此,我们研究技术变迁,尤其是大国技术变迁,需要考虑国际层面的因素。在权力转移时期,安全议题的驱使使得领导国与崛起国对重大技术的投资和采购大幅度增加,推动了重大技术变迁出现。在这个意义上来看,技术是仆人,政治是主人。美苏大国政治的变迁导致了技术方向的变迁。

第五章

美日竞争与日本技术变迁

作为超级大国的一员，苏联在赢得权力增长优势时对美国的挑战是全方位的。而在 20 世纪 80 年代，随着日本技术发展和产业成长，美国日益感受到来自日本的经济竞争压力。但日本与苏联很不相同，崛起国苏联对领导国美国的挑战构成了真正意义上的、全方位的挑战，而日本却在很多方面和美国有共同点。首先，在意识形态上，二战后的日本站在美国一边坚持反共产主义的意识形态立场；其次，在发展模式上，尽管日本的经济模式被研究者称为"发展型政府"，有着强烈的政府主导痕迹，但日本选择的仍是资本主义发展模式，和美国的区别仅仅在于资本主义模式的不同；① 再次，在政治制度上，二战结束后，通过道格拉斯·麦克阿瑟（Douglas MacArthur）领导下的盟军对日本的占领，把日本改造成了西方世界认可的西式民主国家；最后，在军事上，日本是美国反共联盟中的一员而不是对手，美国在日本长期驻军。在冷战的背景下，日本是美国在亚洲遏制苏联的"终极多米诺骨牌"（ultimate domino），对美国在亚太的安全布局举足轻重。②

此外，日本与苏联很大的不同还在于日本缺少作为一个超级大国的基本条件。日本人口稀少、国土狭小、资源匮乏。同时，和平宪法约束下的日本没有军队，只有自卫队，日本也没有制造核武器。

---

① 关于资本主义多样性的论述，参见 Peter Hall and David Soskice, eds., *Varieties of Capitalism: The Institutional Foundations of Comparative Advantage*, New York: Oxford University Press, 1986, pp. 1 - 70。

② William Borden, *The Pacific Alliance: United States Foreign Economic Policy and Japanese Trade Recovery, 1947 - 1955*, Madison: University of Wisconsin Press, 1984, p. 124.

因此，日本还不是一个正常意义上的"大国"。本书选取战后日本案例的目的，就是将日本作为大国队伍中的"最不可能案例"（least likely case）。崛起的日本不是名副其实的"大国"，对美国构成的挑战主要是经济挑战。但是当日本赢得权力增长优势时，作为领导国的美国也开始积极防范和遏制日本。因此，这一章将展示，和苏联技术进步的轨迹类似，在迅速崛起以后，日本技术进步的轨迹也开始有所变迁，而且在很多方面和苏联有着惊人的相似。

第一节　美日同盟下日本的技术发展

二战后，日本的技术进步大体可以划分为两个时期：在第一个时期，即从战后到 20 世纪 70 年代，日本发展还没有构成对美国的冲击，在技术上也大量依赖进口。当时日本对技术自主性的强调并不迫切，对基础研究和国防技术也并不重视。到了 20 世纪 80 年代，随着日本的崛起，日本的技术发展进入第二个时期，美日权力增长差距引发了美国采取措施应对，进而导致日本技术变迁方向的改变。

（一）"贸易国家"成长的地缘政治

第二次世界大战后，日本在政治上和经济上都跟随当时资本主义世界的领导国美国。由于战败，美国领导下的盟军对日本实施军事占领。美国总统杜鲁门任命美国太平洋陆军总司令麦克阿瑟为盟军最高司令官。1946 年，在麦克阿瑟领导的盟军最高统帅部的主导下，新版《日本国宪法》颁布。这部宪法的核心内容是：日本永远放弃发动战争的权力、放弃使用武力或武力威胁作为解决国际争端的手段等。后来，人们称这部宪法为"和平宪法"。1951 年，美日又签订了《日美安全保障条约》，美军有权在日本领土及周围驻军。日本成为美国在世界政治舞台上的追随者。由于日本的追随地位，加之美国对日本军备的限制，日本政府在军费开支和军事科研上的花费相当小，这样就大大缩减了日本在军事领域的技术开销。

二战以后，由于国家无法打破疆界约束、扩张疆土，因此国家间的权力增长很大程度上就是经济增长，财富转化成国家权力。国际关系学者理查德·罗斯克兰斯（Richard Rosecrance）称之为"贸易国家"（Trading State）。[①] 如果用 GDP 的增速来测度权力的增长，那么从战后美日权力增长的整体情况看来，美国落后于日本的权力增长。而二战后美国较日本在权力增长上的劣势并没有引起美国对日本的警惕。这很大程度上得益于当时的安全环境，即苏联对美国的挑战更明显，而日本却还没有跻身"正常大国"队伍。在 20 世纪 70 年代以前，战败的日本无论在经济上还是政治上都是中等强国（secondary powers）。[②] 甚至到 1996 年，还有日本军官仍宣称，尽管日本具备很多能力，但却并非一个正常的大国。因为日本没有一些关键的能力，如航空母舰、核潜艇、洲际导弹等。[③] 作为非典型大国的一员，日本快速的权力增长难以引起领导国注意。正是由于日本没有迈过大国门槛，它才可以更为有效地利用美国技术，利用美

① Richard Rosecrance, *The Rise of the Trading State: Commerce and Conquest in theMorden World*, New York: Basic Books, 1986, pp. 136 - 154.

② Carsten Holbraad, *Middle Powers in International Politics*, Lodnon: Macmillan Press, 1984, p. 73.

③ Thomas J. Christensen, "China, the U. S. -Japan Alliance, and the Security Dilemma in East Asia", *International Security*, Vol. 23, No. 4, 1999, p. 56.

国治下的国际市场，推动国内技术进步。

同时，东亚的地缘政治环境也为战后日本的技术成长提供了机遇。朝鲜战争爆发后，从 1950 年 7 月到 1951 年 2 月，美国军方和经济合作总署向日本订购了价值 1500 万美元的 7079 辆卡车，这份订单对日本汽车工业的复苏至关重要。[①] 即便在朝鲜停战协定签署以后，在冷战的环境下，美国仍积极向日本提供技术。在 20 世纪 50 年代前半期，日本开始了技术引进热潮。日本企业争先恐后与欧美制造商合作以引进技术。[②] 对生产设备和技术升级的需求不断增加。从 1950 年到 1966 年，日本引进了 4135 项专利技术，其中 77% 为机械和化工技术。在日本引进的所有专利中，美国就出售了 2471 项。[③] 除了在朝鲜战争中抓住机会，积极引进美国技术，日本战后的技术成长离不开美国的国内市场与美国主导下的资本主义世界市场。

正如卡尔·波兰尼（Karl Polanyi）指出：自由市场的形成不是自然而然的，"通往自由市场的道路需要政府大幅度地干预；而且政府干预必须是持续的、集中的"。[④] 开放的国内市场不是自然而然形成的，开放的国际市场也是如此。全球市场不会自发形成，也需要大量的政府干预。二战后，领导国美国的干预协调，为全球资本主义市场的形成提供了重要的政治前提。在美国的整合下，资本主义世界建立了相对统一的世界市场，而日本则是这个市场的组成部分。

---

① 查默斯·约翰逊著，金毅等译：《通产省与日本奇迹：产业政策的成长（1925—1975）》，长春：吉林人民出版社 2010 年版，第 219 页。

② 池田吉纪、内田茂男、三桥规宏著，丁红卫、胡左浩译：《透视日本经济》，北京：清华大学出版社 2018 年版，第 290 页。

③ 高柏：《经济意识形态与日本产业政策：1931—1965 年的发展主义》，第 144 页。

④ Karl Polanyi, *The Great Transformation: The Political and Economic Origins of Our Time*, Boston: Beacon Press, 1944, p. 258.

在战后很长一段时期，日本的技术变迁离不开美国建立起来的这个资本主义全球市场。

由于对抗苏联的需要，美国鼓励日本和欧洲出口的增长；美国也相当容忍日本长期的贸易顺差，乃至鼓励日本实施反美的歧视性贸易政策。美国希望巩固冷战同盟，向日本开放利润丰厚的美国市场，向日本提供出口机会，而日本企业抓住了这个机会。[1] 美国斯坦福大学的国际政治经济学者斯蒂芬·克拉斯纳（Stephen Krasner）指出：在 20 世纪 60 年代，美国主导着一个全球经济体系。在理论上，这个经济体系建立在"自由"和"互惠"的基础上。但这个体系实际运作却是：为促进主要盟国的繁荣和稳定，美国愿意它们对自身采取"歧视性"政策。第二次世界大战留给美国独一无二的政治、军事和经济优势。这使得美国政府能放眼于长远国家利益，奉行慷慨的对外政策。即便日本和西欧"搭便车"，美国政府也不恼怒。此时美国政府更关心政治和经济稳定，而不是大家均遵守"自由"和"互惠"的原则。[2] 正是政治经济上对美国的追随，日本利用全球资本主义市场，在经济重建中取得了惊人成就。

二战后，技术变迁需要大量资金投入，而国内市场体量限制了一国企业的盈利预期。如果没有足够大的市场体量保障，私人投资者很难对技术进步行大量投资。由于日本国内市场狭小，因此，市场体量对日本的技术进步是项重要限制。美国提供的全球资本主义

---

[1] Aaron Forsberg, *America and the Japanese Miracle: The Cold War Context of Japan's Postwar Economic Revival, 1950 - 1960*, Chapel Hill and London: The University of North Carolina Press, 2000, p. 230.

[2] Stepehn Krasner, *Asymmetries in Japanese-American Trade: The Case for Specific Reciprocity*, Berkeley: Institute of International Studies, University of California, 1987, pp. 2 - 3.

世界市场正好弥补了日本国内市场体量的不足。在出口导向型的经济增长模式下，日本技术获得了前所未有的发展空间。日本利用美国主导下的世界资本主义市场，拉动了国内技术进步。因此，这段时期日本的技术进步主要集中在民用领域，主要靠市场来拉动，尤其是世界市场来拉动。值得指出的是，尽管在这一时期，日本通商产业省通过有选择性的产业政策（selective industry policy）来支持日本技术变迁，但是在这一时期，世界市场的需求让日本技术进步具有更明显的顺应市场（market-conforming）的特征。因此，即便是通商产业省在起作用，那也是在世界市场的背景下起作用。

巴里·艾肯格林（Barry Eichengreen）对比了二战之后中日两国的贸易情况，认为当时日本取得的成就堪比今日的中国。1955年至1971年，日本出口以平均每年17%的速度增长，达到其产出增速的1.5倍以上。1959年至1969年间，日本的出口额增长了4倍，随后的两年里又增长了1/3。尤其值得注意的是，这一时期，美国的国内市场长时期对日本开放。日本产品占美国进口品的份额在20世纪50年代为3.9%，60年代达到10.8%，70年代为13.3%，80年代达到高峰，为18.5%。① 也正因如此，美国对日本的贸易逆差从20世纪60年代中期开始出现并且不断扩大。在很长一段时期，美国默许了这样的贸易逆差存在。此时，美国对地缘政治的关切胜过了对对等经济收益的关切。这为战后几十年日本的技术成长提供了重要的外部环境。

---

① 巴里·艾肯格林著，张群群译：《全球失衡与布雷顿森林的教训》，大连：东北财经大学出版社2013年版，第66页。

（二）日本出口推动技术成长

　　1954 年，日本首相吉田茂（Shigeru Yoshida）访问美国。他在访美期间指出：日本最希望把日本产品在美国市场上的占有率稳定下来。这样日本出口导向型产业便可以长期依靠美国市场。[①] 吉田茂抓住了日本发展的重点。我们可以看到，这段时期日本在技术进步中主要贡献都在民用领域，如电子技术、光学仪器、半导体以及金属制造等。而在电子领域，日本也主要集中在民用电子技术产品的生产，比如录像机、电视机接收器、影碟机、音像器材、磁带录制设备、摄像机等。这些民用电子产品主要出口到海外市场。从 1955 年到 1975 年，日本出口扩大了 26.7 倍。其中，三类商品出口增长尤为显著。日本钢铁制品的出口占钢铁产出的 30.2%；汽车出口占其产出的 43.9%；船舶出口占其产出的 88.9%。日本出口增长率比世界贸易增长率高出一倍。如果对比其他国家，从 1965 年到 1971 年，日本出口增量占资本主义国家贸易增量中，钢铁制成品占到 54%；汽车占 46%；民用电机电器占 90%；船舶占 54%；一般机械占 38%。[②] 日本技术发展的大致轨迹是，什么类别的技术产品大量出口，什么类别的技术就能进展迅速。

　　如果我们来看一下日本电子产业的案例，就可以发现：民用电子产业是日本最大的也是技术进步最快的部门；而这个部门也是利

---

① 高柏著，刘耳译：《日本经济的悖论——繁荣与停滞的制度性根源》，北京：商务印书馆 2004 年版，第 156 页。

② 都留重人著，马成三译：《日本经济奇迹的终结》，北京：商务印书馆 1992 年版，第 27—29 页。

润最丰厚的出口部门。日本公司生产的大量民用电子技术产品遍及世界市场，如索尼、东芝、日电、松下、佳能、夏普、富士胶卷、奥林巴斯、三洋、尼康、雅马哈等。在电器行业中，松下、东芝的海外销售率大约为 50%—60%；索尼的海外销售率超过 70%。[1] 索尼的创办者井深大（Ibuka Masaru）曾说过：如果没有索尼，日本消费电子产业的诞生和发展将会慢上几年；而没有美国市场，索尼的成功更是不可想象的。[2] 开放的世界市场为日本民用技术产品提供了外部购买力，为日本技术进步提供必要刺激。

日本汽车产业与日本电子产业类似。美国主导下的世界市场也为日本汽车产业的技术进步提供了重要激励。战后，日本汽车产业的技术起点很低。在第二次世界大战结束后，日本原有汽车工业被悉数解散，此时日本已没有汽车产业。日本汽车企业本田原本是生产摩托车的。以摩托车制造商起家的本田主要是通过瞄准美国市场来发展汽车业务。[3] 由于获得了进入世界市场的机会，日本开始生产低价位车，并通过世界市场来回收资金、积累经验、提升能力。在 1955 年，日本汽车年产量仅为 17 万辆，其中大部分为卡车。此时日本生产的小轿车数目极少，汽车生产规模不足美国的 2%；约为英国的 10%。[4] 美国主导下的资本主义世界市场为日本汽车产业技术发展提供了重要保障。到 1960 年，日本汽车公司只占有世界汽车市场份额的 1%；到 1970 年，这一比例升至 20%；到 1972 年，日本公

---

① 池田吉纪、内田茂男、三桥规宏：《透视日本经济》，第 272—273 页。

② Terutomo Ozawa, *Institutions, Industrial Upgrading, And Economic Performance in Japan: The 'Flying-Geese' Paradigm of Catch-Up Growth*, Northampton: Edward Elgar, 2005, p. 95.

③ Yoshimatsu Hidetaka, *Internationalisation, Corporate Preferences and Commercial Policy in Japan*, New York: Palgrave Macmillan, 2000, p. 49.

④ 池田吉纪、内田茂男、三桥规宏著：《透视日本经济》，第 290—291 页。

司每年生产 400 万辆汽车，超过四分之一用于出口。① 到 1980 年，日本汽车产量达到 704 万辆，出口依赖程度高达 56.1%，而对美国市场依赖程度高达 46%。日本汽车在美国市场的占有率由 1979 年的 14.9%增加到 20.8%，最终超过美国成为世界上第一大汽车生产国。② 依靠美国主导下的世界市场，日本的电子技术产品、汽车产业有了更多技术改进机会，也使得日本企业积累了技术能力。

此时日本的技术进步和美国很不相同。日本技术进步非常依赖国际市场。而美国不仅为日本开放了自身的国内市场，还带动了资本主义世界市场的开放。美国企业有庞大的国防部门和其他政府部门，它们有稳定的、慷慨的客户。而日本企业既没有庞大的政府需求，也不能依赖国防市场，不得不到处寻找消费者以取得企业的发展与技术的成长。③ 麻省理工学院的政治学家理查德·萨缪尔斯指出：与苏联竞争的需要促使美国耗费大量的资源发展军用技术，技术发展从"军用外溢到民用"（spin-off）；而日本则以发展民用技术为主导。由于日本在民用技术领域优势明显，我们甚至可以看到：日本的民用技术发展特征是"民用外溢到军用"（spin-on）。④

而到了 20 世纪 70 年代，当日本开始挑战美国经济霸权的时候，日本的技术政策开始有了新的走向。日本技术进步的政治考虑开始凸显，有不少资源开始转向军用技术。

---

① T. J. Pempel, *Regime Shift: Comparative Dynamics of the Japanese Political Economy*, Ithaca and London: Cornell University Press, 1998, p. 44.

② 赵瑾：《全球化与经贸摩擦——日美经济摩擦的理论与实证研究》，北京：商务印书馆 2002 年版，第 99 页。

③ 小田切宏之、后藤晃著，周超等译：《日本的技术与产业发展：以学习、创新和公共政策提升能力》，广州：广东人民出版社 2019 年版，第 190 页。

④ Richard Samuels, *Rich Nation, Strong Army: National Security and the Technological Transformation of Japan*, pp. 18 – 32.

因此，简单说来，战后日本第一个时期的技术进步和美国主导下的开放的资本主义世界市场密不可分。日本的迅速成长离不开美国主导的国际市场。而这个时期，尽管日本有着快速经济增长，但苏联对美国的挑战还在继续，此时日本的经济体量还没有跨过一定的门槛。因此，美国和日本之间尽管存在贸易摩擦，但对日本的"经济遏制"还不明显。到了第二个阶段，随着日本的经济实力在世界舞台上逐渐清晰可见，日本的国家实力迈过一定的门槛，美国就开始日益关注日本。而此时，美日权力增长差距的变化推动了日本技术进步方向的改变。

第二节　日本赢得权力增长优势

从 20 世纪 70 年代开始，日本在世界政治舞台上起到的作用更加清晰可见，日本逐渐成长成为经济大国，日本在世界范围内与美国展开了贸易与金融的竞争。

(一) 崛起的日本对美国的冲击

随着日本的崛起，日本已经日益显示出要与美国分享领导权的动机，比如在国际金融领域。[①] 外汇储备的增长可以看成日本逐渐积累其实力的重要指标。随着日本外汇储备日益增多，日本开始在世

---

① Stephen Krasner, "Trade Conflicts and the Common Defense: The United States and Japan", *Political Science Quarterly*, Vol. 101, No. 5, 1986, p. 790.

界范围内拓展投资、信贷以及对外援助。从 1964 年的日内瓦贸易与发展会议开始，日本就展开了对亚洲的经济援助。[①] 日本已不满足于扮演亦步亦趋地跟在美国领导权身后的角色；日本对美国安全上的追随开始减弱。尽管日本人口相对稀少，国土面积相对狭小，使得日本难以与美国相提并论。但二战后的技术进步缓解了原料不足给国家带来的困难。因此，随着日本快速发展，越来越多的美国人对此颇有微词；在美国国内，到处可以感觉到日本崛起的压力。

当日本逐渐主导国际民用电子产品市场时，美国很多企业的敌对情绪在显著上升。很多观察家认为，日本正在挑战美国在这个领域的地位。他们指出：在很多领域，日本从美国方面获得了丰厚的利益。如果现在的趋势继续下去，二十年内，日本制造业总产出将超过美国。就彩电行业来看，从 1975 年开始，在短短十八个月间，美国市场上日本彩色电视接收器（color television receivers）所占份额就从 15% 迅速上升到 40%。同时，日本产品快速扩张对美国产业的冲击也相当巨大，尤其是加剧了美国失业问题。在 1966 年到 1970 年间，美国电视机接收器工厂平均就业人数从 62473 人下降到了 42703 人，四年间这个产业就业人数下降了 32%；而同期，该行业工作时间下跌了 42%。日本在计算器领域的扩展也是如此，在 1966 年，美国计算器材制造商还依赖于旧式技术，当时市场销售额有 1120 亿美元，而旧式技术占 90% 的市场份额；到 1970 年，美国计算器材的市场份额扩展到 2240 亿美元，但美国公司仅占 37% 的市

[①] 关于日本取代美国霸权的讨论，参见 Koji Taira, "Japan, an Imminent Hegemon?" *Annals of the American Academy of Political and Social Science*, Vol. 513, No. 1, 1991, pp. 151-163。

场份额。① 日本电视接收器与计算器材制造商成功抢占了美国市场份额。从这两个行业的例子来看，在如此短的时间内，日本电子产业对美国就业造成巨大冲击，使美国政府、公众和媒体对日本崛起日益敏感。

进入20世纪80年代以后，日本的汽车占美国进口汽车总量的67%，占美国市场汽车销售额的20%。1980年，丰田汽车在美国市场销售了70万辆，是1970年的3.5倍。与此同时，美国的三大汽车公司全部亏本，这是通用汽车公司自1921年以来的第一次亏本。而克莱斯勒公司则是依靠政府的贷款担保才摆脱了困境。随着日本汽车不断涌入美国市场，美国汽车产业开始出现保护主义的声音：20世纪70年代中期，全美汽车工人联合会（United Auto Workers）开始公开呼吁配额与反倾销政策；到了80年代初期，美国国会许多议员已经意识到由于来自日本的产业竞争，汽车产业的衰落已成为一项政治议题，汽车产业也成了更大范围的政治活动的关注焦点，而非仅仅是一个在经济上具有重要意义的产业。②

由此可见，日本的经济扩张使得美国相关部门，包括所涉部门的工人与企业家产生不满情绪。他们开始感知到日本经济实力的扩张对美国造成的损害。在电子领域，美国采取措施，阻止日本民用电子产品对美国市场的渗透。当时美国电子工业工会与制造业主向政府请愿，要求美国政府采取措施。由于美国电子工业部门已被大

---

① John Walsh, "International Trade in Electronics: U. S. -Japan Competition", *Science*, Vol. 195, No. 4283, 1977, pp. 1175 - 1177.

② Douglas Nelson, "The Political Economy of U. S. Automobile Protection", in Anne Krueger, ed. , *The Political Economy of American Trade Policy*, Chicago and London: The University of Chicago Press, 1996, pp. 135 - 136.

量日本进口品损害，因此，美国政府在这些利益团体的要求下通过了 1974 年的贸易法案，对日本的产品实施配额。[1]

　　除人们熟知的汽车、低端电子产品领域，日本有着良好业绩，它也开始冲击美国在高端电子产品领域的技术优势。以往美国在高技术电子产品领域遥遥领先，在微电子领域，美国有着辉煌历史与大量突破性技术进展。美国优势在晶体管、半导体以及计算机领域相当明显。而在美国一直遥遥领先的计算机行业，日本也对其构成了强有力冲击。一些观察家注意到，美国在计算机行业的领导地位被不断侵蚀。在日本崛起时，美国微电子产品占据世界市场的份额迅速下跌到 40%；而像集成电路这样的高技术领域，日本份额上升到全球贸易的 75%。[2] 在 1984 年，美国公司英特尔（Intel）生产的动态随机存储器在世界市场的占有率甚至下跌到了 1.3%。[3] 在 1985 年，英特尔公司从动态随机存储器业务中退出，集中精力发展微处理器。英特尔的创始人之一罗伯特·诺伊斯（Robert Noyce）说：事实上我们并不想退出，不管怎么说，英特尔是靠生产存储器起家的。[4] 1985 年春天，面临日本的竞争，美国半导体公司裁员数千人，缩短了工作时间，封存了产能，并撤销了新的投资计划。[5] 英特尔的总裁安德鲁·格罗夫（Andrew Grove）发出警告：硅谷即将成为日

① John Walsh, "International Trade in Electronics: U. S. -Japan Competition", p. 1176.

② Ian Inkster, "Review: Made in America but Lost to Japan: Science, Technology and Economic Performance in the Two Capitalist Superpowers", *Social Studies of Science*, Vol. 21, No. 1, 1991, p. 160.

③ 汤之上隆著，林曌等译：《失去的制造业》，北京：机械工业出版社 2019 年版，第 153 页。

④ 西村吉雄著，侯秀娟译：《日本电子产业兴衰录》，北京：人民邮电出版社 2016 年版，第 82 页。

⑤ John Kunkel, *America's Trade Policy Towards Japan: Demanding Results*, London and New York: Routledge, 2003, p. 88.

本的技术殖民地（techno-colony）。[①] 在日本最重要的技术来源国美国看来，日本已对美国构成了严重的威胁。美国军界担心依赖日本的高技术产品，最终会危及美国的国家安全。

我们可以看到：日本崛起给美国带来了国内外的经济挑战。在美国国内，日本损害了美国相关产业部门、降低了就业率；在国际领域，日本在贸易、投资、金融、对外援助等领域扩展，也严重消释了美国经济霸权。因此，即使日本对美国挑战主要属于经济性质，和苏联有相当大的不同，美国同样会对崛起的日本进行"经济遏制"。

（二）美日间的冲突与摩擦

随着日本经济体量跨过一定的门槛，也随着日本日益获得对美国权力增长优势，美国对日本的担忧与日俱增，美日间的不满情绪日益上升。在美国官方部门的文件中，我们也可以看到各种担忧，比如，美国众议院报告指出："我们现在成了发展中国家，我们在为日本这样的发达国家服务。我们成了日本的种植园，成了日本的木材搬运工以及粮食种植者。我们美国人靠这些服务以换回日本生产的高科技和高附加值产品。"随着美国国会议员、商业界领袖以及其他访日人员逐渐增多，他们的共识在不断增强。这些人意识到：美国与日本的较量至关重要，但美国却开始落后了。"我们相信，日本工业化成就以及现有经济目标对美国造成的冲击，会跟当时

---

① Marie Anchordoguy, *Reprogramming Japan: The High Tech Crisis under Communitarian Capitalism*, Ithaca and London: Cornell University Press, 2005, p. 187.

苏联人造卫星上天给美国带来的冲击一样严重。"这是美国众议院报告的总结。①

伴随着美日的冲突与摩擦，美日两国民众对对方的认知也在相应调整。在 20 世纪 80 年代后期的一份民意调查显示：55%的日本人觉得美日关系并不友好；同时,77%的日本人认为，美国由于其自身经济困难指责日本。与此同时,73%的美国人认为，日本应该对美日贸易逆差负责，日本方面没有做出足够努力去改善美日贸易逆差。② 美国民众对日本的好感不断下降。在 1986 年到 1990 年间，美国民众对日本的好感从 61 度跌至 52 度；此时，美国民众对苏联的好感已经超过日本。③

在日本日益冲击美国世界政治经济领导权后，美日双方开始更多考虑相对收益。一项调查显示，有 86%的美国民众情愿看到美国和日本经济增长速度都放慢，而不愿意看到两国经济都增长而日本却增长更快。为拖垮日本经济，美国民众宁愿自身经济遭受负面影响。这项调查还发现，美国人相信日本会在将来成为世界经济第一号强国。④ 随着苏联对美国权力竞争优势减弱，美国对日本威胁的感知却增强了，尽管日本崛起主要源于经济竞争和挑战。根据 1991 年的一份报告显示，当美国民众和领导人被问及：哪些问题损害了美国关键国家利益时，无论是美国民众还是美国领导人，都认为日本对美国经济上的挑战对国家利益的损害已超过苏联对美国的军事威

① Constance Holden, " Innovation: Japan Races Ahead as U. S. Falters ", *Science*, Vol. 210, No. 4471, 1980, p. 751.

② Martin Weinstein, "Trade Problems and U. S.-Japanese Security Cooperation", *The Washington Quarterly*, Vol. 11, No. 1, 1988, pp. 19 - 20.

③ John Rielly, ed. , *American Public Opinion and U. S. Foreign Policy*, p. 7.

④ Urban Lehner and Alan Murray, "Will the U. S. Find the Resolve to Meet the Japanese Challenge?", *Wall Street Journal*, July 2, 1990, p. Al.

胁。其中,60%的美国民众和63%的美国领导人认为,日本对美国经济上的挑战对美国国家利益构成威胁;与此同时,仅有33%的美国民众和20%的美国领导人认为苏联对美国的军事威胁危及美国国家利益。①

权力增长优势的变化使美国政策开始调整。有学者就发现,"在二十世纪五十年代和六十年代,还是欧洲、加拿大以及第三世界国家埋怨美国在国际投资与贸易上占主导地位;但到了二十世纪七十年代和八十年代,就轮到美国开始担心海外势力,尤其是日本所获得的相对收益了","在二战结束时,美国还对欧洲和不发达国家实施国际贸易的特殊优惠条款。但此时,美国开始按照自身利益修改国际贸易规则"。② 权力增长不平衡性导致领导国对相对收益的关注。迈克尔·马斯坦杜诺的研究发现:由于日本崛起,美国开始关注美日技术合作中收益的不均等性。美国开始调整对日本技术政策,涉及到飞机、卫星等领域。③ 当时不少研究警告说,美国需要重新考虑对日本高科技政策,因为不仅美苏的冲突关系到国家安全,日本技术领先同样威胁到了国家安全。不少学者告诫美国对日本需要考虑相对收益,当心日本取代美国世界政治经济霸权。④

美日竞争促使双方开始更加重视"独立自主",而非以往的"相

---

① John Rielly, ed. , *American Public Opinion and U. S. Foreign Policy*, p. 20.

② Duncan Snidal, "Relative Gains and the Pattern of International Cooperation", p. 720.

③ Michael Mastanduno, "Do Relative Gains Matter? America's Response to Japanese Industrial Policy", pp. 73 - 113.

④ Chalmers Johnson, "How to Think about Economic Competition From Japan", in Kenneth Pyle, ed. , *The Trade Crisis: How Will Japan Respond?*, Seattle: Society for Japanese Studies, 1987, pp. 71 - 83; Charles Ferguson, "America's High-Tech Decline", *Foreign Policy*, No. 74, 1989, pp. 123 - 144; Karel Van Wolferen, *The Enigma of Japanese Power*, New York: Knopf, 1989.

互依存"。美国政府开始意识到，日本崛起是对国家安全的威胁，尽管这个威胁与苏联不同。美国政府开始重新评估国内军事技术和民用技术之间的关系，也开始重新评估国家的军事能力。[1] 1987 年，美国国防部报告指出，在二十四个半导体技术门类中，日本已领先十二个，而另外八个门类美国和日本技术水平旗鼓相当，美国仅仅在四个技术门类保持领先。[2] 美国国防部门一直担忧依赖外国技术，而在 20 世纪 80 年代，国防部门的担忧似乎达到了危机的程度。美国军方发现自身对海外芯片和半导体的依赖，已经超过了石油危机期间对石油的依赖。[3] 这样的技术依赖让美国军界的担忧与日俱增，他们担心依赖日本生产的高技术产品最终危及美国国家安全。[4] 在二十世纪八十年代，日本的东芝公司已经成为世界领先的动态随机存取存储器（Dynamic Random Access Memory，简称 DRAM）的制造商，且将高技术产品卖给苏联，帮助苏联制造了能安静运行的潜艇。[5] 在这一背景下，美国开始利用日本对美国军事和民用技术的依赖，来抵消日本的权力。[6]

美日竞争的加剧促使美国开始调整政策。从 20 世纪 80 年代开始，美国政策出现了几点新变化，美日竞争开始上升到模式之争。不少美国决策者认为，日本模式不仅和美国不同，而且对美国国家

---

① John Zysman, "US Power, Trade and Technology", p. 97.
② Office of the Undersecretary of Defense for Acquisition, *Report of the Defense Science Board Task Force on Defense Semiconductor Dependency*, February 1987, p. 8.
③ 克里斯·米勒：《芯片战争：世界最关键技术的争夺战》，第 98 页。
④ Robert Uriu, *Clinton and Japan: The Impact of Revisionism on U. S. Trade Policy*, New York: Oxford University Press, 2009, p. 48, p. 3.
⑤ 克里斯·米勒：《芯片战争：世界最关键技术的争夺战》，第 86—87 页。
⑥ Michael Green, *Arming Japan: Defense Production, Alliance Politics, and the Postwar Search for Autonomy*, New York: Columbia University Press, 1995, pp. 1-30.

利益是严重威胁。① 美国人认为：日本在市场准入方面设置障碍，植根于日本资本主义独特结构中，任何简单的政策改革对其都毫无作用。② 因此，美国最终需要改变的是日本制度。美日双方的冲突与摩擦此起彼伏。1982 年，美国联邦调查局特工诱导日立和三菱电机盗取国际商业机器公司（International Business Machines Corporation，简称 IBM）的商业机密。两家日本公司员工被抓现行，成为轰动一时的商业间谍事件。该事件被视为美国企业向日本公司实施全面报复的开端。此后，日本的富士通公司卷入相关冲突，和 IBM 打了一场耗时 15 年，耗资 1000 亿日元的官司。③ 1986 年 10 月，美国国防部长卡斯帕·温伯格（Caspar Weinberger）与商务部长马尔科姆·鲍德里奇联手说服富士通撤回对美国仙童半导体公司（Fairchild Semiconductor Company）的收购，理由是"美国在关键技术上变得过于依赖日本"。④ 美国政府开始防止日本企业通过收购获得美国技术。在 1991 年，美国德州仪器（Texas Instruments）向日本富士通索取巨额专利费。在日本企业看来，该专利于 1959 年申请，属到期技术。但德州仪器利用日本法律漏洞，让日本半导体企业卷入长达 30 年之久的知识产权纷争。⑤

为了应对日本压力，美国重新布局全球技术分工，组建了跨国

---

① Robert Uriu, *Clinton and Japan: The Impact of Revisionism on U. S. Trade Policy*, New York: Oxford University Press, 2009, p. 19.

② 罗拉·迪森著，刘靖华等译：《鹿死谁手——高技术产业中的贸易冲突》，北京：中国经济出版社 1996 年版，第 8 页。

③ 大西康之著，徐文臻译：《东芝解体：电器企业的消亡之日》，南京：江苏人民出版社 2020 年版，第 213 页。

④ Robert Uriu, *Clinton and Japan: The Impact of Revisionism on U. S. Trade Policy*, p. 63.

⑤ 大西康之著：《东芝解体：电器企业的消亡之日》，第 245 页。

技术与生产联盟。美国开始实施"通过亚洲打败日本"的对外技术政策。① 在 20 世纪八九十年代，美国试图在亚洲建立一个替代日本的生产网络，将技术转移到亚洲经济体，用新的供应基地替代日本。在这一时期，美国电子产业开始大规模向亚洲其他经济体转移技术。美国的"技术联盟"为美国技术与产业的复苏起到了积极的作用：第一，美国企业降低了对日本技术产品的依赖。由于亚洲其他国家和地区开始生产相关技术产品，这些国家和地区逐步替代了日本生产商对零部件供应的垄断。第二，美国企业降低了成本。亚洲国家劳动力价格低廉，制造成本更低，采购其中间技术产品降低了美国企业的生产成本。美国将半导体产业外包，致使其生产成本下降了50%。② 第三，美国制造了日本的竞争对手。美国的做法促成了一些亚洲国家和地区在存储芯片、消费电子产品和显示器等技术领域迅速崛起，构成了对日本的直接竞争。③

在扶持日本竞争对手成长的同时，美国对日本军事技术转让更加谨慎，并为日本产品进入国际市场设置重重障碍，这和当年苏联崛起时期如出一辙。美日的贸易战从 70 年代一直打到 80 年代。日本学者注意到，美国曾经将日本视为亚洲工厂；在日本崛起以后，美国对日本产业的态度由支持转变为抑制。④ 1985 年，日本对美国

---

① Michael Bonus, "Exploiting Asia to Beat Japan: Production Networks and the Comeback of U. S. Electronics", in Dennis Encarnation, ed., *Japanese Multinationals in Asia: Regional Operations in Comparative Perspective*, New York: Oxford University Press, 1999, p. 213.

② 罗拉·迪森著：《鹿死谁手——高技术产业中的贸易冲突》，第 123 页。

③ Michael Borrus, "Left for Dead: Asian Production Networks and the Revival of US Electronics," *The Berkeley Roundtable on the International Economy Working Paper*, 1997, p. 5.

④ 西村吉雄：《日本电子产业兴衰录》，第 85 页。

贸易顺差超过 500 亿美元，美国参众两院通过决议，要求美国政府对日本的不公平贸易行为进行报复。美国参议院以 92 票对 0 票通过决议，驳回此前所有美国对日本的市场准入谈判，称美日谈判"基本上不成功"，并断言"双边贸易失衡"正在使美国每年丧失数十万工作岗位，要求拒绝日本产品进入美国市场。[①] 1986 年，美日两国签署半导体协定以后，美国政府认为日本政府没有很好履行协议。在 1987 年 1 月下旬，美国政府告知日本通产省，要求日本企业在 30 天时间内停止在第三国倾销，在 60 天时间内改善日本市场准入，否则美国将不得不进行报复。[②] 1987 年 3 月，里根总统认为日本人违反了协定，决定对日本实施惩罚性贸易制裁——这是二战结束以后，美国第一次对日本实施大规模经济制裁。制裁表明了美国政府贸易新政策的目的是确保与日本达成的行业协定取得实质的成效。里根总统的经济政策委员会（Economic Policy Council）建议对日本出口到美国的计算机、机床和彩电征收 100% 关税，价值高达 3 亿美元。[③] 1987 年 4 月，美国开始实施制裁。1987 年，麻省理工学院在美国国防部的压力下，取消了购买日本电气生产的一台超级计算机。1991 年 7 月，美国对日本的活性源液晶显示器征收高达 63% 的反倾销税，在这个领域，日本人原本占据了 90% 以上的世界市场份额。[④] 而当日本的经济与技术挑战与日加剧时，美国开始积极应对。

在美国的经济遏制下，日本的贸易出口开始下降，日本的世界市场规模开始缩减。在 20 世纪 80 年代中期，日本出口开始出现显

① John Kunkel, *America's Trade Policy Towards Japan: Demanding Results*, p. 52.
② Yoshimatsu Hidetaka, *Internationalisation, Corporate Preferences and Commercial Policy in Japan*, p. 112.
③ John Kunkel, *America's Trade Policy Towards Japan: Demanding Results*, pp. 83-99.
④ 罗拉·迪森著：《鹿死谁手——高技术产业中的贸易冲突》，第 107 页，第 200 页。

著的停滞。在 20 世纪 80 年代后半期，大约 11%的美国出口流向日本，而 20%的美国进口来自日本。对日本来说，大约 36%到 39%的出口流向美国市场，而 23%的进口来自美国。到 2010 年，来自美国的产品占日本进口总额的 4.8%，占美国出口总额的 4.1%；同时，出口到美国的产品只占日本出口总额的 16%，占美国进口总额 11%。[①] 从 1990 年到 1996 年第一季度，日本出口仅增长了 4%，是经合组织国家中最低的增长率。[②] 日本在全球出口中的份额在 1986 年达到 10.2%峰值后，在 2000 年下降到 7.6%；到 2013 年，进一步下降到 3.8%。[③] 比较而言，从 2000 年到 2013 年，中国出口占全球贸易的比重比从 3.8%变成了 12%。[④] 美国对日本的技术出口控制与市场遏制，都在无意中促使了日本技术方向的转变。

第三节　改变的日本技术轨迹

在日本日益挑战美国经济领导权时，美国积极采取一系列措施加以应对。与此同时，日本也开始表现出对美国的担忧。在 1977 年，日本防御白皮书表达了对美国是否能保护日本的怀疑。这一倾

① T. J. Pempel, "An Economic Step toward Revitalizing Japan and US-Japan Ties", in Bong Youngshik and T. J. Pempel, eds. , *Japan in Crisis: What Will It Take for Japan to Rise Again*, New York: Palgrave Macmillan, 2012, p. 268.

② T. J. Pempel, *Regime Shift: Comparative Dynamics of the Japanese Political Economy*, p. 147.

③ Dieter Ernst, "Searching for a New Role in East Asian Regionalization: Japanese Production Networks in the Electronics Industry", in Peter Katzenstein and Takashi, eds. , *Beyond Japan: The Dynamics of East Asian Regionalism*, Ithaca: Cornell University Press, 2006, pp. 165 – 166.

④ 池田吉纪、内田茂男、三桥规宏：《透视日本经济》，第 187 页。

向在 20 世纪 70 年代晚期更加明显。日本感到国际局势日趋紧张，也感到日本防御需要有实质性变化，以防止亚洲太平洋地区安全环境出现意想不到的变化。[①] 在美日竞争的背景下，从 20 世纪 70 年代开始，日本加强了对技术自主性的诉求。日本技术路径的转变不仅是由于崛起的日本需要去角逐全球政治中的尊严、荣誉与权力；同时，也是因为日本不得不面临着领导国美国的诸多限制，包括技术出口限制。由于美国对日本的技术出口限制以及在国际贸易领域的打压，日本开始强调在技术上自主创新，以克服美国技术封锁。日本技术进步方向开始转变，这主要体现在三个方面，首先日本开始日益强调技术自主性；其次，日本日益重视技术的覆盖面；再次，日本日益重视发展与国家安全息息相关的技术。

(一) 日本加强了技术自主性的诉求

战后几十年来，日本重视技术进口，同时科研主要围绕应用研究展开。从 1950 年到 1966 年，日本进口的 4135 项专利技术中，来自美国的就占到 2471 项。[②] 日本企业大量从德州仪器（Texas Instruments）、仙童半导体公司（Fairchild Semiconductor Company）、西电公司（Western Electric）、美国无线电公司（Radio Corporation of America）等美国企业采购电子技术。同时，应用研究为日本的经济重建，消化吸收外来技术，并成为世界第二大经济体做出了巨大贡献。

---

① Gregory Corning, "U. S.-Japan Security Cooperation in the 1990s: The Promise of High-Tech Defense", *Asian Survey*, Vol. 29, No. 3, 1989, p. 272.
② 高柏：《经济意识形态与日本产业政策：1931—1965 年的发展主义》，第 144 页。

随着日本的迅速发展，日本的对自主性的诉求开始逐渐提升。1969年，中曽根康弘（nakasone yasuhiro）就坚持要建立新的美日关系，要实现日本的自主防卫。他乃至建议可以重新考虑日本的"不发展核的原则"，指出日本要有独立的军队，要自主研发并供应武器。① 随着美日竞争的加剧，日本更加强调自身的"自主性"，其中一个体现就是对基础科学日益重视。随着日本的崛起以及促发的美日竞争，日本政府开始扩大基础研究投入以克服技术上的瓶颈。政府、学界以及产业界普遍认识到：当有了一定的财富基础，日本已经走到了需要加强基础研究的阶段。② 日本机械工业联盟与国际航空发展基金（Japanese Machinery Industry Alliance and the International Aircraft Development Fund）的报告指出："毋庸置疑，为确保在国际社会中的稳定地位，我们需要发展高端技术以引导世界。为发展高端技术，我们必须激起技术革新的意愿，再度加强并培育开发技术能力。"③ 为适应产业界的要求，当时日本政府出台了一项著名的报告《七十年代的国际贸易与产业政策》（International trade and industry policies for the 1970's）。这项报告表明，日本计划将知识密集型的产业（knowledge-intensive industry）作为优先发展的重点。报告敦促日本发展研发密集型的产品以及高附加值的产业，如计算机、飞机、核能设备以及特殊金属

---

① Richard Samuels, *Rich Nation, Strong Army, National Security and the Technological Transformation of Japan*, pp. 172 - 173

② Marjorie Sun, "Japan Faces Big Task in Improving Basic Science", *Science*, Vol. 243, No. 4896,1989, p. 1285.

③ David Friedman and Richard Samuels, "How to Succeed without Really Flying: The Japanese Aircraft Industry and Japan's Technology Ideology", in Jeffrey Frankel and Miles Kahler, eds. , *Regionalism and Rivalry: Japan and the United States in Pacific Asia*, Chicago: The University of Chicago Press, 1993, p. 257.

等，并发展精加工制造设备和组装技术，如电信设备、商务机、污染监控器材等。[1]

1982年日本的空间发展长期愿望政府白皮书展示，日本的政策是要确保卫星开发的自主权，该白皮书呼吁实现日本卫星的自主开发并最终出口卫星。1984年日本公布了最新的太空发展战略，该战略呼吁日本在太空领域实现自主。该战略尤其强调日本必须有自己的能力，这样才能在国际舞台上以稳定和广泛的方式发挥作用。[2] 为了减少对美国IBM的技术依赖，在1985年到1990年间，日本政府还启动了西格玛项目（The Sigma Project）。日本政府拨款223亿日元（约1.312亿美元），旨在推广开放的、非专有的尤尼斯（Unix）操作系统。日本通产省对软件技术予以大规模资助。[3] 在美日竞争的背景下，日本重视基础研究的政策持续了相当长的一段时期。1995年日本出台了科学技术基本法。根据该法案，日本政府每年都会在科学技术领域投入四五万亿日元。[4]

最开始日本和美国合作生产FSX军机，最终日本甚至坚持单独生产。对日本人来说加强防御和获得技术，二者是一回事。[5] 日本转变技术政策固然有经济考虑，同时也离不开国际形势的变化。当时，"日本产业界和政府官员不断强调日本和美国的技术差距，以此为理由来呼吁政府为日本科学技术发展提供更多的资金。一批企业家指

① John Walsh, "International Trade in Electronics: U. S. -Japan Competition", p. 1176.
② 克莱德·普雷斯托维茨著，于杰等译：《美日博弈：美国如何将未来给予日本，又该如何索回》，北京：中信出版集团2021年版，第199页，第213页。
③ Marie Anchordoguy, *Reprogramming Japan: The High Tech Crisis under Communitarian Capitalism*, p. 160.
④ 西村吉雄：《日本电子产业兴衰录》，第145页。
⑤ 克莱德·普雷斯托维茨：《美日博弈：美国如何将未来给予日本，又该如何索回》，第215页。

出：日本需要发展自主的国防技术，以摆脱美国的技术封锁"。[1] 在这样的背景下，日本基础研究得到了很大的提高。由于获得外部技术更加困难，加之自主研发的增强，日本从技术进口国逐渐变成了技术出口国。自 1993 年开始，日本的技术出口开始超过进口。到 2012 年，日本的技术出口额为 27000 亿日元；技术进口额为 4500 亿日元。技术出口额为进口额的 6 倍。[2] 美日竞争的加剧促使日本政府加大努力，以提升自己的技术自主性。

（二）日本拓宽了研发范围

在加强基础科学的同时，日本也显著拓宽了研发的范围。在 1975 年，日本电报电话公司组织了日立、富士通以及日本电气等三家公司，为日本的超大规模集成电路（very large scale integrated circuits）计划投入了 200 亿日元，为日本的电信系统提供技术和设备。[3] 从 20 世纪 70 年代晚期以后，日本开始研发机器人、半导体芯片、微电子、计算机辅助制造以及高级材料、超导器材、激光以及光纤等技术。[4] 而日本研制的芯片是日本政府资助的超大规模集成计划的产物。日本政府积极推动集成电路产业与技术的发展，超大规

---

① David Friedman and Richard Samuels, "How to Succeed without Really Flying: The Japanese Aircraft Industry and Japan's Technology Ideology", p. 257.

② 池田吉纪、内田茂男、三桥规宏著：《透视日本经济》，第 18 页。

③ Jeffrey Hart, *Rival Capitalism: International Competiveness in the United States, Japan and Western Europe*, Ithaca and London: Cornell University Press, 1992, p. 79.

④ Rustam Lalkaka, "Is the United States Losing Technological Influence in the Developing Countries?" *The Annals of the American Academy of Political and Social Science*, Vol. 500, No. 1, 1988.

模集成计划有两个政府部门以及五家大型电子公司加盟。[1]

日本不仅拓展在电子技术领域的研发范围，还试图进入飞机研发领域，包括军用飞机。1982 年美国政府一份研究报告也指出，日本进入军机合作生产计划的主要目标是拓展日本高科技的就业领域，发展未来的出口产业，并提升军事上的自给自足力度。日本的通商产业省制定了军用和民用飞机的生产政策，并将其人员安排到日本防卫厅的装备局。在 1984 年日本的飞机和机械工业委员会指出，日本想要成为一个技术先进的国家，就必须有一个现代化的飞机工业。与此同时，日本的通商产业省还宣布促进航空电子设备飞行控制、发动机和燃料系统等航空子系统发展的规划。[2] 日本技术研究的涵盖面日益拓宽。

在 1981—1989 年，日本通产省还资助了"科学和技术使用高速计算系统项目"（High Speed Computing System for Scientific and Technological Uses Project），亦称为"超级计算机项目"。日本政府提供了 1.21 亿美元的资助以促进本土硬件的发展。[3] 日本政府开始更为积极地介入，来填补以往的技术短板，进行更大规模的协调来协助进行重大科研的突破。

(三) 日本加强了军事技术研究

有研究指出：日本技术转型原因是出于经济考虑，日本当时已

---

① Constance Holden, "Innovation: Japan Races Ahead as U. S. ", p. 751.
② 克莱德·普雷斯托维茨：《美日博弈：美国如何将未来给予日本，又该如何索回》，第 213—214 页。
③ Marie Anchordoguy, Reprogramming Japan: The High Tech Crisis under Communitarian Capitalism, p. 137.

经走到了国际技术前端，因此不得不加大自身基础研究。[1] 这种解释有一定道理；但经济解释可能面临这样的挑战：日本当时的研发不仅是经济研发，日本开始追求军事技术的自主性。因此，可能的解释是：当时日本的技术转向不仅出于经济考虑，背后还有政治动因。

由于美国越来越不愿意出售技术给日本，引发了日本在政治上对技术政策做出调整。在 20 世纪 70 年代中期和晚期，日本国内出现了强有力的增加国防的呼声，日本开始感到问题日益紧迫。[2] 日本政策的这一转向就是对国际局势做出的反应。从 20 世纪 70 年代中期到 80 年代中期，尽管此时日本还没有核武器以及其他战略武器，但日本开始大规模扩展武备技术建设，使日本逐渐成为一个军事强国。日本的国防预算从 20 世纪 70 年代中期就开始稳步上升；日本的军事活动也有了很大的变化。在 1977 年，日本军费预算达到 61 亿美元，占世界的第九位；而十年以后，这个数字攀升到 254 亿美元，占世界的第六位。[3] 十年时间里，日本军费扩充了四倍，而在这段时期，只有日本如此大规模地扩充军费。

而具体到国防技术领域，日本更是业绩显著。自 1976 年以来，日本很多武器技术有了很大改进，日本的国防研发也增长迅速。从 1978 年到 1983 年五年间，日本国防研发增长了 180%，而与国防研发相关的国防武器生产以年度 7%—11% 的速度上升。[4] 同时，日本

①　Marjorie Sun, "Japan Faces Big Task in Improving Basic Science", p. 1285.

②　Gregory Corning, "U. S.-Japan Security Cooperation in the 1990s: The Promise of High-Tech Defense", p. 272.

③　Akira Iriye, "Japan's Defense Strategy", *Annals of the American Academy of Political and Social Science*, Vol. 513, No. 1, 1991, pp. 45 - 46.

④　Masashi Nishihara, "Expanding Japan's Credible Defense Role", *International Security*, Vol. 8, No. 3, 1983 - 1984, pp. 180 - 205.

也开始试图摆脱对美国武器生产的依赖，研发自己的武器。在 20 世纪 70 年代，在日本防卫厅和日本自卫队以及日本通产省官员的推动下，日本开始研发国产战斗机。这与三十年后，中国开始重新研发制造国产大飞机是惊人的相似。日本国产武器供给从 1950 年的 39.6% 增加到 1982 年的 88.6%。如果以 1981 年为基期，从 1981 年到 1990 年十年间，日本国内的武器生产总共增长了 220%，这一速度远远快于日本经济发展速度。在这一时期，日本的产业增长只有 143%。① 日本开始把握与安全息息相关的国防技术和产品的主导权，提高自给率。通过努力，日本船只自给率达到了 100%，军用飞机自给率为 90%，弹药自给率为 87%，枪支自给率为 83%。②

让我们回到在前面章节论及的大国技术进步模式与小国模式的区别。随着日本崛起，日本技术模式开始转型，日本从技术依赖的技术进步模式开始转向"自给程度高"、"覆盖范围广"、"安全驱动强"的技术进步模式。日本开始着意摆脱对领导国美国的技术依赖。在政府资助下，日本日益加强基础研究以摆脱对美国的技术依赖；日本的技术研发开始从以前比较狭窄的覆盖面往更宽广的研发领域扩展；同时，日本军用技术的研发不断增强。由于"日本想要跻身政治大国前列，而要获得这个地位，一个国家必须能拥有自己研发的技术。"③ 因此，我们可以说：并不是经济发展了，技术就会呈现技术民族主义或者就会自动提升对技术自主性的诉求。国际政治中的崛起国常常会有这种诉求，而其他富裕的小国则不然。日本技术

---

① Reinhard Drifte, *Arms Production in Japan*, Boulder: Westview Press, 1986, pp. 11 - 34.

② Andrew Hanami, "The Emerging Military-Industrial Relationship in Japan and the U. S. Connection", *Asian Survey*, Vol. 33, No. 6, 1993, pp. 601 - 602.

③ Robert Gilpin, "Technological Strategies and National Purpose", p. 447.

进步开始逐步具有了大国特征，这正是日本国际地位变化的体现。

我们在前面提到过，日本的崛起和苏联有明显的不同。一般认为，日本不是传统意义上的大国。日本人口相对较少、自然资源匮乏，这些结构约束使日本难以取得世界性的霸权，至少难以取得长期稳固的世界霸权。因此日本对美国的威胁和苏联显著不同。首先，崛起的日本对美国构成的挑战是资本主义体系内的竞争，是来自盟友的挑战。其次，日本的挑战是经济实力的扩张，并没有带来显著的军事挑战。因此，日本应该是本书中的"最不可能案例"。的确，在日本迅速崛起时期，美日双方的反应不如冷战时期美苏的反应强烈。但即便如此，当日本迅速崛起的时候，日本对国际地位的诉求提升；对引领世界技术前沿的抱负水平上升；美日双方对对方的猜忌与抱怨也在上升；美国积极采用诸多手段对日本进行遏制，包括贸易限制与技术出口控制。在此背景下，日本的技术发展轨迹也相应改变，日本开始日益强调技术自主性；日益重视技术的覆盖面；日益重视发展与国家安全息息相关的技术。

第六章

崛起的中国走向"自主创新"

2016 年，在全国科技创新大会、两院院士大会、中国科协第九次全国代表大会上，习近平总书记做了题为《为建设世界科技强国而奋斗》的大会报告。报告指出："到 2020 年时使我国进入创新型国家行列，到 2030 年时使我国进入创新型国家前列，到新中国成立 100 年时使我国成为世界科技强国。"[①] 在 2022 年中国共产党的二十大报告中，习近平总书记指出，"我们加快推进科技自立自强，全社会研发经费支出从一万亿元增加到二万八千亿元，居世界第二位，研发人员总量居世界首位。基础研究和原始创新不断加强，一些关键核心技术实现突破，战略性新兴产业发展壮大，载人航天、探月探火、深海深地探测、超级计算机、卫星导航、量子信息、核电技术、新能源技术、大飞机制造、生物医药等取得重大成果，进入创新型国家行列。"[②]

改革开放以来后，中国取得了惊人的业绩，中国作为世界政治中的一个重要大国正在迅速崛起。国际关系学者对中国崛起的关注越来越多。[③] 新中国成立以后，中国技术政策的走向也几经调整。而如果我们留意一下改革开放以前的中国，就不难发现：早在改革开

---

① 参见 https://www. most. gov. cn/ztzl/qgkjcxdhzkyzn/xctp/201705/t20170526 _ 133095. html

② 参见 www. gov. cn/xinwen/2022-10/25/content _ 5721685. htm

③ 关于中国崛起，参见 Bijian Zheng, "China's 'Peaceful Rise' to Great-Power Status", *Foreign Affairs*, Vol. 84, No. 5, 2005; Avery Goldstein, *Rising to the Challenge: China's Grand Strategy and International Security*, Stanford: Stanford University Press, 2005; Thomas Christensen, *The China Challenge: Shaping the Choices of a Rising Power*, New York: W. W. Norton & Company, 2015; 罗伯特·罗斯、朱峰主编：《中国崛起：理论与政策的视角》，上海：上海人民出版社 2008 年版；王绍光著：《中国崛起的世界意义》，北京：中信出版社 2020 年版。

放以前，中国也实施了相当长一段时期的自主创新战略；改革开放以后，中国技术路线发生变化，直至进入新世纪以后再次有显著转向，更加强调实现"自主创新"、实现"高水平科技自立自强"。而中国技术政策的这几次波动，也可以从大国权力竞争的视角来理解。

第一节　建国后安全环境与中国技术政策

我们先简单梳理一下建国后中国技术政策的变迁。和其他后发展国家一样，新中国成立后，迫切需要提升技术水平，却缺乏相应的技术能力。建国初期，毛泽东主席说："现在我们能造什么？能造桌子椅子，能造茶碗茶壶，但是，一辆汽车、一架飞机、一辆坦克、一辆拖拉机都不能制造"。[①] 在此背景下，中国的技术发展离不开其他大国的帮助，依靠技术引进、外部援助来推动新中国的技术发展。同时，中国领导人也认识到，要赢得国家独立和民族富强，更需要仰仗科技的自立自强。1958 年，毛泽东对钱学森说："要独立自主，自力更生，敢于走前人没有走过的道路。"[②]"学习强者"和"自立自强"都是强化国家战略科技力量的手段。面对复杂多变的国际环境，顺应大国关系变迁，中国政府适时调整技术发展路径，交替采用"学习强者"与"自立自强"的发展策略，推动国家战略科技力量的提升，促成中国一步步迈向世界科技强国。

---

① 毛泽东：《毛泽东文选》（第 6 卷），北京：人民出版社 1999 年，第 329 页。
② 宋泽滨：《毛泽东与"东方红一号"卫星》，载《党史博采》，2020 年第 3 期，第 18 页。

（一）从技术引进到技术自主

　　1949 年后，中国从一个四分五裂的国家走向统一。无论在经济建设还是国家构建方面，新中国都取得了举世瞩目的成绩。在新中国成立前夕，中国共产党领导人就提出了"一边倒"的对外政策构想，并将其付诸实施。朝鲜战争爆发后，中国人民志愿军跨过鸭绿江进入朝鲜。中国共产党实施的对外政策促成了苏联大力支持中国的经济建设和技术发展。1952 年，为制定"一五计划"，周恩来访问莫斯科，两次与斯大林会晤。因此才有这样的说法，中国的"一五计划"，"一半是在莫斯科，一半是在中国制定的"。[①]"一五计划"期间，苏联把对社会主义国家科学技术援助总数的一半给了中国。李富春后来说：我国第一个五年计划，如果没有苏联的帮助，就不可能有如此巨大的规模和速度；同时我们将会遇到不可想象的困难。[②]在"一五计划"期间，苏联援建的 156 项重点工程均集中在重工业，军事工业占相当大的比重，共计 44 项，其中航空工业 12 项、电子工业 10 项、兵器工业 16 项、航天工业 2 项、船舶工业 4 项。其他工业建设也主要围绕为军事工业服务展开，如冶金工业、机械加工工业、能源工业等。[③]重工业门槛高、投资多、周期长、难度大，且重工业技术可外溢到轻工业部门。在国际舞台上，是否能建成完整

---

① Barry Naughton, *The Chinese Economy: Transitions and Growth*, Massachusetts: MIT Press, 2007, p. 66.

② 沈志华主编：《中苏关系史纲》，北京：社会科学文献出版社 2011 年版，第 161 页，第 158 页。

③ 董辅礽主编：《中华人民共和国经济史》（上卷），北京：经济科学出版社 1999 年版，第 269 页。

的工业体系主要看是否能建成重工业。因此，苏联帮助下的重工业建设对当时中国加强和巩固自身在国际舞台的独立自主地位有举足轻重的意义。

这一时期中国政府推进技术进步的重点是"学习强者"，向苏联学习。在中国科技实力薄弱、美苏大国竞争的背景下，依靠苏联帮助，中国为今后科技事业的发展打下了坚实的基础。但是，中苏实力的变化使依靠苏联帮助，推动技术发展的模式难以继续下去。

随着中国经济发展与技术成长，中苏实力对比开始出现变化。正如当年苏联经济高速发展，引来大批追随者一样，中国社会主义建设的成绩显著增强了中国在社会主义阵营内的影响力。不少东欧国家开始学习中国发展模式，改造本国集体农庄。捷克斯洛伐克、阿尔巴尼亚、蒙古、越南、朝鲜、保加利亚等国家纷纷模仿和推广中国经验。在苏共二十大以后，各社会主义国家越来越重视中国领导人的意见。不少人表示，当今世界上最权威的共产主义理论家是毛泽东。当人们就一个问题争论不休时，不少社会主义国家的领导人会说：等着听毛泽东同志发表意见。[1] 社会主义阵营内部各国的权力格局开始发生改变。这一结构性的大国实力变迁深刻影响了中苏关系，毛泽东指出，赫鲁晓夫有两怕：一是怕帝国主义，二是怕中国的共产主义。赫鲁晓夫害怕东欧的共产党不相信他们而相信我们；他怕学生超过先生。[2] 而且毛泽东指出，历史上苏联常常影响我们，但这一手现在不灵了。影响是相互的，过去十月革命影响我们。现

---

① 沈志华主编：《中苏关系史纲》，第 163—168 页。

② 逄先知、金冲及主编：《毛泽东传（1949—1976）》，北京：中央文献出版社 2003 年版，第 1028 页。

在我们可以影响他。时间会证明我们是正确的，过十年他不想受影响也得受。[1] 1963 年，苏联驻华大使提交了一份报告，指出中国共产党有充当领头羊的渴望，可能动摇苏联对东西欧共产党的控制，对苏联的地位构成全面冲击。在 20 世纪 60 年代早期，苏联政府逐渐开始确信，中国领导人真正的目标是要取代苏联作为国际共产主义超级大国的地位。[2] 这时候"中苏两党在社会主义阵营中处于平起平坐的地位，天空中出现了两个太阳"。[3] 随着中苏两国在社会主义阵营内的实力差距逐渐缩小，中苏双方分歧加剧。

20 世纪 50 年代末 60 年代初，中苏关系持续恶化。1962 年 5 月，苏联策动了伊犁暴乱，迫使中国边境 6 万多公民越境到苏联。在 20 世纪 60 年代初，苏联陆续终止了对华技术援助，撤走在华专家。大量在建的钢铁厂、火电站被迫中断。在 1964 年 4 月 21 日，苏联《真理报》称中国为"叛徒"，同年苏联的《真理报》以及苏联外长宣称：中苏同盟条约并不保证在战争的时候，苏联会援助中国。从 1964 年起，苏联在中国北部边境大规模增兵。1965 年 3 月，在莫斯科会议上，中苏两党关系公开破裂。1969 年 3 月发生了"珍宝岛"事件，中苏在边境爆发武装冲突。1969 年 9 月，国际社会又盛传苏联对中国设在新疆罗布泊的核试验基地有空袭的计划。当时，中国领导人提出对美国和苏联的霸权要"两面开弓"，"两个拳头打人"，这就是当时安全形势的反映。中国与美苏两个超级大国对抗，当时安全形势的严峻程度可想而知。

----

① 沈志华主编：《中苏关系史纲》，第 274 页。
② 文安立著，牛可译：《全球冷战：美苏对第三世界的干涉与当代世界的形成》，北京：世界图书版公司 2012 年版，第 163 页。
③ 沈志华主编：《中苏关系史纲》，第 266 页。

中苏关系变迁让中国领导人调整政策，强调通过自力更生，实现技术的自主可控，实现科技的自立自强。实现技术自主可控的一项重大方案就是"三线建设"。在"备战、备荒、为人民"方针指引下，"三线建设"的实质是一个以国防建设为中心的备战计划。中国共产党依靠中国自身力量推动中国工业化进程，抢时间把三线建成战略大后方。

日益严峻的安全环境，促使当时中国领导人对战争危险做了严峻估计，从最坏的可能出发，立足于早打，大打，立足于几个方面都来打。备战成为影响党的政治战略和经济战略的重要因素。① 与三线建设直接相关的是"三五"计划的制定。1963 年 8 月，邓小平在工业决定起草委员会上提出："我考虑，在一定时期内，我们工作的重点，必须按照以农业为基础的方针，适当解决吃、穿、用的问题。"② 这个意见成为正在酝酿的三五计划的指导思想。但随着外部局势日益严峻，加强国防被放到了更加突出的位置，"三五计划"的指导思想也随之改变。1964 年，毛泽东对李富春等制定着重恢复农业生产和人民经济生活的计划方案表示大不赞成。毛泽东说："（甘肃）酒泉和（四川）攀枝花钢铁厂还是要搞，不搞我总是不放心，打起仗来怎么办？"同年，毛泽东在中央工作会议上多次强调备战问题，"只要帝国主义存在，就有战争危险。我们不是帝国主义的参谋长，不晓得它什么时候打仗。但是决定战争最后胜利的不是原子弹，而是常规武器。要搞三线工业基地的建设，一、二线也要搞点军事工业。各省都要有军事工业，要自己造步枪、冲锋枪、轻重机枪、迫击炮、

① 胡绳：《中国共产党的七十年》，北京：中共党史出版社 1991 年版，第 429 页。
② 邓小平：《邓小平文选》（第一卷），北京：人民出版社 1994 年版，第 335 页。

子弹、炸药。有了这些东西，就放心了。攀枝花搞不起来，我睡不着觉。"① 毛泽东强调帝国主义可能发动侵略战争，而当时的工厂都集中在大城市和沿海地区，如此一来不利于备战，因此工厂可以一分为二，要抢时间搬到内地去。政府要在人力、物力、财力上保证三线建设，新的项目都要建在三线。为了保障国家安全，在工业建设选址时，重要工业没有放在敌人飞机可以轰炸到的沿海地区。

到了 1965 年，中共中央将中发（65）第 208 号文件发至县团级党委，指示要加强备战："中央认为目前形势，应当加强备战工作。要估计到敌人可能冒险。我们在思想上和工作上应当准备应付最严重的情况。……我们对于小打、中打以至大打，都要有所准备。"② 因此，三五计划实质是一个以国防建设为中心的备战计划。由于要备战，中国政府更强调集中力量推动与国防相关的技术投资，保障技术自主。"三五"计划预计投资 850 亿元，计划施工大中型项目1475 个，加上 1965 年度补充安排项目，共有 2000 个左右。从 1965年到 1972 年，国家投入建设资金 800 多亿元，在三线建成或初步建成了一批骨干企业，如攀枝花钢铁厂、酒泉钢铁厂、成都无缝钢管厂、四川德阳第二重型机械厂以及一批大型国有煤矿、发电站等。③1970 年 12 月底制定的《第四个五年国民经济计划纲要》仍然贯彻了三五计划中战备第一的工业发展方针，提出四五计划期间仍然要准备打仗，集中力量建立不同水平、各有特点、各自为战、大力协同的战略经济协作区。新中国第一代领导集体对中国现代化有着只争

---

① 杨奎松：《中华人民共和国建国史研究》（第二册），南昌：江西人民出版社 2009 年版，第 247 页。
② 毛泽东：《建国以来毛泽东文稿》（第十一册），北京：中央文献出版社 1996 年版，第359—360 页。
③ 丛进：《曲折发展的岁月》，北京：人民出版社 2009 年版，第 346—347 页。

朝夕的执着，除了领导人的民族责任感外，还受到当时严峻的国家安全环境的影响。在当时的安全环境下，中国领导人认为：没有现代化就难以确保中国的存续。而在当时，国家的建设资金不足，技术力量缺乏，关系国家经济命脉的重大项目非一省一地的力量能及。此时，政府的作用，尤其是中央政府的作用就显现出来了。中央政府积极介入经济建设，以确保重点技术项目的实施，加快发展现代科技的步伐，进而保障国家安全。

在当时"旧式举国体制"下，中国政府显著推动了重大技术进步。日益紧张的国际安全局势，引发了当时中国领导人强烈的自主研发意愿，中国开始大规模进行自主研发。从民用汽车到国防科研，中国都取得了较大成就。尽管这些尝试不符合"比较优势"，但中国依靠自身努力掌握了卫星发射技术，开发了核技术并发展了核能产业，人工合成了结晶牛胰岛素。这是一个"以我为主"的时期，中国领导人推动科技自立自强的抱负让中国积累了技术经验，锻炼了技术人才，提升了技术能力。有研究者指出：中国改革开放之前三十年的努力支撑了中国在二十世纪八九十年代技术水平和生产率的提升。[①] 尽管这样的技术发展模式有着巨大的耗费[②]，同时它却为新中国建立了完整的工业技术体系，储备了技术人才，同时也积累了技术能力。

技术进步并非"华山一条道"，"学习强者"和"自立自强"都可以作为强化国家战略科技力量的手段和途径。大国关系在改变，

---

① Chris Bramall, *Chinese Economic Development*, New York: Routledge, 2009, pp. 385 - 386.

② 有研究者指出：这些技术进步并没有显著提高民众的生活水平，也没有带来明显的生产效率改进。Linda Yue, *The Economy of China*, Cheltenham and Northampton: Edward Elgar, 2010, p. 20.

技术进步的政策也随之调整。在中苏实力差距大，中苏同盟稳固时，中国积极学习苏联；在中苏实力差距小，社会主义阵营内部出现"权力转移"，中苏关系破裂时，中国的技术发展依靠自己。而在中美关系改善后，安全环境再度驱动中国的技术政策做出调整。

（二）中美关系改善与中国技术政策调整

20 世纪 70 年代是中国外交的一个转机。在 1972 年 2 月，美国总统尼克松访华前夕，美国政府宣布放宽对华技术出口限制。对华出口清单上新增商品包括机车、建筑设备、内燃机和辗轧机等。在海外运营的美国公司在对华出口战略物资时，只要得到所在国的许可证即可，无需再向美国政府申请特别许可证，对华出口外国技术也无需得到美国财政部许可。[①] 在 1973 年，亨利·基辛格（Henry Kissinger）向周恩来表示：如果苏联对中国发起攻击，美国政府可以为中国提供一系列帮助，如供应技术设备；在一定伪装下，帮助改进北京及其导弹基地的通讯技术；此外，美国还可以向中国提供部分雷达设备。[②] 在 1973 年，中国需要购买罗尔斯-罗伊斯（Rolls Royce）飞机引擎等技术产品，但是美国国内法却禁止出售此类技术。为解决这一难题，美国政府安排其盟友英国出售此类技术产品给中国。[③] 伴随中美关系解冻，中美贸易迅速增长。在 1970 年，中

---

① 陶文钊：《中美关系史》（1972—2000），上海人民出版社 2004 年版，第 2 页。

② Aaron Friedberg, *A Contest for Supremacy: China, America, and the Struggle for Mastery in Asia*, New York and London: W. W. Norton & Company, 2011, p. 79.

③ Evelyn Goh, *Constructing the U. S. Rapprochement with China, 1961 – 1974: From "Red Menace" to "Tacit Ally"*, Cambridge: Cambridge University Press, 2005, pp. 223 – 242.

美贸易额是 500 万美元；到了 1973 年，增加到 8.8 亿美元。在两年时间里，美国成为中国最大的贸易伙伴。[1] 1978 年，兹比格纽·布热津斯基（Zbigniew Brzezinski）访问中国。他迫切希望团结中国以应对苏联压力。布热津斯基向中国领导人指出：我们时代的特征是苏联崛起为全球大国。苏联人在欧洲取得了政治上的优势，使中东问题激化，在南亚制造动乱，向印度洋进行渗透，并包围了中国。布热津斯基问中方需要什么武器装备。中方随即提供了一份清单。布热津斯基做出了回应：虽然美国现在还不能向中国出口一些武器，但美国会将清单提供给欧洲盟友，且不反对欧洲盟友出售上述武器。随行的美国国防部以及国家安全委员会官员还向中方提供了中苏边界的苏军布防情报及军事设施照片。[2] 在 1978 年，邓小平多次通过布热津斯基敦促美国放松对华技术出口限制。邓小平提到中国想进口三项高技术产品：美国的超级计算机、装有美国配件的日本高速计算机和扫描设备。[3] 在 1978 年 7 月，卡特总统的科学顾问弗兰克·普莱斯（Frank Press）率美国科学代表团访问中国。随行成员大都是美国科技界的领军人物。中美科学交流成为美国对华政策的重要组成部分。[4] 代表团也转达了美国愿意将多种受到限制的技术转让给中国的意愿，包括陆空红外线扫描设备。[5]

在中美技术合作的过程中，1979 年之所以重要，不仅是因为中美建交，更重要的是因为苏联在这一年入侵阿富汗。苏联的扩张主义

① Alexander Eckstein, *China's Economic Revolution*, Cambridge: Cambridge University Press, 1977, p. 256.
② 陶文钊：《中美关系史》（1972—2000），第 47—49 页。
③ 傅高义著，冯克利译：《邓小平时代》，北京：三联书店 2013 年版，第 316 页。
④ Michel Oksenberg, "A Decade of Sino-American Relations", *Foreign Affairs*, Vol. 61, No. 1, 1982, p. 184.
⑤ 陶文钊：《中美关系史》（1972—2000），第 51—52 页。

给美国带来更显著的安全竞争压力。美国更大规模放松了对华技术出口限制,其中不少涉及国防技术。① 苏联对美构成的安全竞争越紧迫,美国对华技术出口限制就越放松。1980 年 1 月,美国国防部长哈罗德·布朗(Harold Brown)访问中国。这是新中国成立以来,美国国防部长首次访问中国。在行前,卡特总统曾指示中美的技术合作不涉及军事领域。由于苏联入侵阿富汗,在布朗出访前的最后一刻,中美合作被定调为更全面的战略合作。② 在离开北京前,布朗向中方透露,卡特总统准备批准对华出售非致命军事设备(nonlethal military equipment)。③ 美国国务院解禁了近 30 种技术设备,包括防空雷达、无线电通讯设备、对流层通讯设备、运输直升飞机、卡车、电磁干扰设备等。④ 此时的美国更急切希望加固中美合作以应对苏联压力,放松对华技术出口限制是实现其战略意图的重要手段。

1980 年 4 月,美国商务部将对华出口控制从"Y 类"(对华沙条约集团)放宽到"P 类"。这是为中国专门设置的一个类别,并无实质意义。但美国政府通过这一政策调整传递了一个明确信号:在技术出口限制这一问题上,美国将中苏区别对待。⑤ 1980 年 7 月,美国商务部又一次放宽了对华技术出口限制。1980 年 9 月,美国国防部高

---

① Hugo Meijer, *Trading with the Enemy: The Making of US Export Control Policy toward the People's Republic of China*, New York: Oxford University Press, 2016, p. 52.

② Harry Harding, *A Fragile Relationship: The United States and China since 1972*, Washington, D.C.: Brookings Institution Press, 1992, p. 91.

③ Jonathan Pollack, *The Lessons from Coalition Politics: Sino-American Security Relations*, Rand Corporation, 1984, pp. 46 - 47.

④ 陶文钊:《中美关系史》(1972—2000),第 92 页。

⑤ Hugo Meijer, "Balancing Conflicting Security Interests: U. S. Defense Exports to China in the Last Decade of the Cold War", *Journal of Cold War Studies*, Vol. 17, No. 1, 2015, p. 11.

级代表团访问中国，与中方共同探讨中国吸收美国先进军事技术的可能性。这时已有 400 项非杀伤性武器的军事高技术获准向中国出口。①

在罗纳德·里根执政时期，美苏竞争达到一个新高度，同时，中美军事合作达到一个高点。② 与此相关的是，中美技术合作也随之达到高点。在加强与传统盟友关系同时，里根积极争取中国，以实施强硬的对苏政策。在里根眼中，苏联是一个"邪恶的帝国"，是美国"正与之交战的敌人"，对抗苏联成为里根政府对外政策的中心内容。③ 与中国合作的战略价值显著提升。在 1981 年，美国国防部评估：苏联在中蒙苏 3000 英里的边境部署了 47 个师。苏联每年需要为此花费 25% 的国防预算及 400 亿美元去应对中国。因此美国需要维持，在可能的时候提升中国对抗苏联的军事价值。④ 放松对华技术出口限制成为争取中国的重要政策工具。1983 年，美国政府决定进一步放宽对华出口控制。在 1983 年 5 月，里根决定在技术出口清单中，将中国置于与一些友好国家相同的"V 类"。这一类国家包括西欧、日本、澳大利亚等。在国家安全委员会下成立了一个执行小组，负责对华技术出口。在新的指导方针下，对华技术出口分为绿区、黄区和红区。在 1983 年，中国所需的技术有 75% 属于绿区。这些技术包括：计算机、微电路、电子设备、半导体生产技术等。对华出口绿区的技术，在美国商务部办理例行批准手续，就可以迅速审议

① Hugo Meijer, *Trading with the Enemy: The Making of US Export Control Policy toward the People's Republic of China*, pp. 62 - 63.

② Radha Sinha, *Sino-American Relations: Mutual Paranoia*, New York: Palgrave Macmillan, 2003, p. 74.

③ 沃伦·科恩著，王琛译：《剑桥美国对外关系史（第四卷）：苏联强权时期的美国 1945—1991》，北京：新华出版社 2004 年版，第 442—443 页。

④ Hugo Meijer, "Balancing Conflicting Security Interests: U. S. Defense Exports to China in the Last Decade of the Cold War", pp. 12 - 13.

通过。① 不过值得一提的是，美国政府仍对中国有所防范。在"V类"名单里，中国是惟一受到更多限制的国家。美国政府希望放松对华技术出口限制的同时不能危及美国及其盟友的安全。② 美国既需要团结中国这样一个大国来共同对付苏联，同时，对一个有强大军事力量和工业基础的中国，美国仍担心其发展会构成未来的竞争。

1984 年，中国国防部长张爱萍访问美国，与美国国防部长卡斯帕·温伯格（Caspar Weinberger）签署了两国军事技术合作协议。这是新中国建立以来，两国签署的第一项军事技术合作协议。中国可以用现金购买部分美国国防技术。协议中提到的主要合作项目有：生产反坦克导弹以对付中苏边境的苏军坦克，大口径炮弹的生产，改造中国歼-8战斗机的电子系统。双方还签署了和平利用空间技术协议，为后来中国发射亚洲一号通信卫星起到了启动和保障作用。③

因此，在 20 世纪 80 年代上半期，美国极大放宽了对华技术出口限制。在美国提交给巴黎统筹委员会的出口许可申请中，对华出口从 1982 年的 54% 上升到 1985 年的 95%。④ 其中，美国对华出口不乏国防技术产品。在 1982 年时，对华出口的国防高技术产品获得了 5 亿美元的销售许可；到了 1985 年，上升到 50 亿美元。双方技术合作乃至延续到支持中国改善歼-8战斗机，使用中国火箭发射美国卫星等。美国的格拉曼公司（Grumman Corp）主要承担了改进

① Hugo Meijer, *Trading with the Enemy: The Making of US Export Control Policy toward the People's Republic of China*, pp. 62 - 70.

② Hugo Meijer, "Balancing Conflicting Security Interests: U. S. Defense Exports to China in the Last Decade of the Cold War", pp. 13 - 21.

③ 陶文钊：《中美关系史》（1972—2000），第 180—181 页。

④ Hugo Meijer, "Balancing Conflicting Security Interests: U. S. Defense Exports to China in the Last Decade of the Cold War", p. 21.

中国歼-8战斗机这一项目。美方向中方提供的技术包括机载雷达、导航设备、电脑系统等。[①] 当时，苏联对美国的军事威胁还没有完全解除，日本又开始对美国的经济霸主地位构成新的挑战。因此，美国需要关注苏联和日本的挑战。而在 20 世纪 80 年代，尽管中国取得了较好的经济业绩，但是中国的经济总量还不够大，因此，高速的经济增长没有促发美国对中国的警惕。在 20 世纪 80 年代早期，中国的经济份额仅仅占美国经济总额的 3.5% 左右；即便到了 20 世纪 80 年代中期，中国的经济份额还不到美国的 5%；而到了 20 世纪 90 年代初期，中国经济总量也不过为美国经济的 6.3%。[②] 在这一时期，从战略需要来看，美国需要一个强大的中国来制衡苏联。加之自 20 世纪 70 年代末开始，中国从计划经济到市场经济的转型以及其他改革措施使得美国对中国的好感显著增加。不仅中美关系逐渐改善，中苏关系也逐渐改善。苏联在 20 世纪 70 年代末入侵阿富汗，陷入战争泥潭，国力损耗巨大，也开始寻求与中国改善关系。1982年，苏联领导人勃列日涅夫发表讲话，苏联完全承认中国对台湾的主权，苏联从未威胁中国的安全，苏联从未对中国有任何领土要求。这一时期国际形势的变化为中国的政策调整提供了有利的外部环境。

中国领导人的讲话很大程度上能折射出当时中国安全环境的改善。邓小平在不同场合，反复说明，我们多年来一直强调战争的危险，而十一届三中全会以后这样的论断应该改变，因为世界上制约战争的力量在发展，在较长时间里，维护世界和平是有希望的。1984年 11 月，邓小平宣布中国人民解放军裁军一百万，并以此阐述了不

---

① James Mann, *About Face: A History of America's Curious Relationship with China, from Nixon to Clinton*, New York: Alfred knopf, 1999, pp. 140 – 143.
② 根据《中国统计年鉴》1995 年公布的数据计算。

可能爆发大战的观点。[①] 1985 年 3 月，邓小平在会见日本客人时指出："现在世界上真正大的问题，带全球性的战略问题，一个是和平问题，一个是经济问题或者说发展问题。"同年，中央军委在北京召开扩大会议，邓小平在中央军委扩大会议上指出："在较长时间内不发生大规模的世界战争是有可能的，维护世界和平是有希望的……我们改变了原来认为战争的危险很迫近的看法。"邓小平指出，通过此次中央军委扩大会议，中国决策层完成了两个重要转变，第一是改变了原来认为战争的危险迫近的看法；第二是放弃反苏统一战线政策，不在"美中苏大三角"的思维框架中制定中国的对外政策。[②] 邓小平关于和平与发展是时代主题的论断深刻地影响了中国的内政和外交。此时，中国的领导人把以往"战争与革命"的时代主题予以重新界定，代之以"和平与发展"。

美国逐步放松了对华技术出口限制，这影响了中国对外经济政策与技术政策。在"文革"结束后，中国开始了一场"洋跃进"。中国领导人希望通过大规模购买西方技术，提升中国技术水平。[③] 在 1978 年五届人大第一次会议上，中国领导人还提出十年发展规划，包括建设百余个大型工业项目。[④] 此时，中国已签署的对外合同金额高达 70 亿美元，预计总金额高达约 400 亿美元。[⑤] 从西方

---

① 邓小平著：《邓小平军事文选》（第三卷），北京：军事科学出版社，中央文献出版社 2004 年版，第 266—267 页。

② 邓小平，《邓小平文选》（第三卷），北京：人民出版社 1993 年版，第 105 页。

③ Tianbiao Zhu, "International Context and China's Business-Government Relations", in Xiaoke Zhang and Tianbiao Zhu, eds., *Business, Government and Economic Institutions in China*, Basingstoke: Palgrave Macmillan, 2018, pp. 200 - 201.

④ 麦克法夸尔、费正清著，谢亮生等译：《剑桥中华人民共和国史——中国革命内部的革命：1966—1982》，北京：中国社会科学出版社 1998 年版，第 458—459 页。

⑤ Barry Naughton, *The Chinese Economy: Transitions and Growth*, p. 78.

大规模引进技术的尝试，带来了建国以来最严重的财政赤字。在1977年，中国的财政赤字为12亿美元；到1979年则高达45亿美元。[1]

因此在这一时期，随着国家安全环境得到改善，中国领导人开始让市场发挥更大的作用。分权化的、市场导向的、外向型的技术发展模式开始取代以往的技术发展模式，中国对技术自主性的强调逐渐淡化。在20世纪80年代和90年代前期，中国经历了一个"技术国际主义"时期。[2] 当时，中国官方和民间往往认为：只要利用好外资技术，就可以服务于中国技术进步。那个时期，计划经济下大量的自主创新项目被放弃，代之以技术引进，国产大飞机项目就是那个时期下马的。此外，核电技术、国产汽车等的自主创新政策也被逐渐更替，变成技术引进主导的技术路线。中国从美国以及其他发达国家进口相关技术设备，而中国的高新技术产业以及出口逐渐由外国公司占主导。中国公司严重依赖于外资设计、关键性部件以及设备。跨国公司也开始在中国大规模设立研发机构，如英特尔、微软、摩托罗拉、杜邦、宝洁以及通用汽车等著名跨国公司先后在中国建立了研发中心。2005年，外商投资企业占中国出口总额的58%，占高技术出口的88%。[3] 中国对外部技术的依赖在不断增加。而中国后来的安全形势的变化使得中国的技术政策又面临新的转向。

进入20世纪90年代以后，苏联解体，日本又开始经历长期的

---

① John Gittings, *The Changing Face of China: From Mao to Market*, Oxford and New York: Oxford University Press, 2006, pp. 54 – 55.

② 黄琪轩：《在剑与犁之间——安全环境对中国国有工业的塑造》，载《华东理工大学学报》（哲学社会科学版），2015年第3期，第85页。

③ Dieter Ernst and Barry Naughton, "China's Emerging Industrial Economy: Insights from the IT industry", in Christopher McNally, ed., *China's Emergent Political Economy*, New York: Routledge, 2008, p. 48.

经济低迷，中国的长期经济增长开始引来世界的注意。步入 21 世纪以后，随着中国经济的进一步成长，国际权力分布再次变化。这也推动了中美技术政策开始调整。在 2006 年的全国科技大会上，中国领导人提出了中国要走"自主创新"道路。"中国制造 2025"就是中国政府做出的重大战略部署。在新的历史时期，中国领导人日益强调要发展"战略性新兴产业"，建设"世界科技强国"；着力解决"卡脖子"技术，实现关键技术"自主可控"。本章后面将展示中国在世界舞台的崛起如何促成了其技术政策的调整，如何积极催生重大技术的孕育和发展。

第二节　崛起的中国及扩大的世界影响

随着中美关系的改善，中国有了通过学习强者、技术引进来补短板、强弱项、固优势的机会。同时，中国和不少发展中国家的不同之处在于：得益于改革开放前中国政府对工业化的稳步推进，得益于中国政府对技术自主的强调，中国建立了宽广的产业体系，积累了强劲的技术吸纳能力。中国在稳步迈向世界科技强国的征途上，缩小了和美国的实力差距。改革开放四十多年来，中国经济增长速度之快，持续时间之长，让世界各国开始改变对中国的认识。到了 20 世纪 90 年代，尤其是到了进入新世纪以后，中国经济业绩日益成为世界各国关注的焦点。随着大国实力分布的改变，中国技术进步的驱动也随之改变。

1993 年，国际货币基金组织决定修改计算世界各国财富计算方法，开始基于购买力平价（purchasing power parity，简称 PPP）来评估 GDP。这次评估让中国的 GDP 从世界第十上升为世界第三，略落后于日本。此时，美国已经感知到中国崛起，中国已在世界政治中日益显现。[①] 尽管此时美国也经历了新经济浪潮带来的快速增长，但是中国在经济增长上增量更明显。在 20 世纪 90 年代以后，中国经济高速发展让世界各国，包括美国看到了中国国家实力的快速提升。

除了 GDP，我们还可以从其他一些方面来看中国在权力增长上的优势。中国外汇储备原本长期不足，由于中国经济快速发展，出口快速增长，中国外汇储备开始实现了高速增长。1996 年底，中国外汇储备首次突破一千亿美元大关；2006 年 2 月底，中国外汇储备增长到 8536 亿美元，超过日本成为全球外汇储备最多的国家。而此时，美国外汇储备为 691.9 亿美元，排在世界第 15 位。与日本不同的是，日本外汇储备上升的过程相对缓慢，而中国外汇储备则在几年间实现了大幅度增长。这个显著的增量变迁给美国带来了巨大的心理冲击。此时，尽管美国也开始担心中国崛起，但由于日本对美构成的经济竞争压力尚未褪去，美国企业需要中国提供廉价中间技术产品，需要进入中国广大的市场。美国政府需要满足国内利益集团的诉求，因而放松对华技术进出口限制。在 1994 年初，美国商务部部长在公开场合一再强调：不加附带条件的对华最惠国待遇有助于维护美国的经济安全。对华贸易对美国国家安全至关重要。[②] 步入 21 世纪以后，有几项结构性的变化开始让美国对中国的崛起日益关

---

① 金俊远著，王军、林民旺译：《中国大战略与国际安全》，北京：社会科学文献出版社 2008 年版，第 83 页。

② James Mann, *About Face: A History of America's Curious Relationship with China, from Nixon to Clinton*, p. 294.

切。第一，日本经济挑战逐渐减退。在美国的积极应对下，到1994年，美国的硅片、半导体材料等高技术产业再度繁荣，重新占据世界市场主导地位。美国的办公、通信和计算机生产商重新确立了技术领先地位。相比之下，曾经一度强大的日本竞争者则显得混乱无序、灰心沮丧，明显处于技术上的守势。[①] 日本的相对衰落使得中国在世界政治的崛起日益引人瞩目。第二，美国反恐战争接近尾声。在2001年，美国遭受恐怖袭击。美国将战略重心放到反恐。随着美国反恐战争逐渐接近尾声，美国开始再度关注其他大国对其世界政治经济领导权的冲击。第三，随着中国不断深化改革开放，尤其是加入世界贸易组织后，中国经济获得新的发展活力。2000年，低收入国家产品在美国进口中的份额达到15%，到2007年攀升至28%，其中中国产品占增长总量的89%。美国购买中国商品的支出在总支出中的占比从1991年的0.6%上升到2007年的4.6%。2001年，中国加入世界贸易组织时，出现了中国对美出口显著增长的拐点。[②] 出口拉动的发展让世界更能感受到中国的崛起。

(一) 不断上升的中国影响力

随着中国的迅速崛起，中国对亚洲、非洲、拉丁美洲以及欧洲等地影响力显著增强。在一些地方，中国的影响力已经超过了美国。越来越多的国家，包括领导国美国开始认识到，中国是一支正在崛

[①] Michael Borrus, "Left for Dead: Asian Production Networks and the Revival of US Electronics", p. 2.

[②] David Autor, David Dorn and Gordon Hanson, "The China Syndrome: Local Labor Market Effects of Import Competition in the United States", *American Economic Review, Vol. 103*, No. 6, 2013, p. 2122.

起的世界性力量。

亚洲是七大洲中面积最大、人口最多的一个洲。过去几十年，亚洲地区总体上保持稳定，经济持续快速增长，成就了"亚洲奇迹"。身处亚洲的中国对亚洲各国的影响力不断提升。就中国在亚太的影响力而言，中国在不少亚太国家的经济影响力已经超过了美国。2008年的一项调查显示，美国民众认为中国对亚洲国家的经济影响力为7.6分，而美国仅仅有7分。日本认为中国在亚洲国家的经济影响力是8.2分，而美国仅有8分。而在韩国、印度尼西亚以及越南，这些国家仍认为美国对亚洲经济事务更具影响力。但是，美国领先中国的幅度并不高。韩国对中美双方经济影响力的评价，美国是8.4分，而中国则已有了8.1分；印度尼西亚的评价，美国有7.9分，而中国则已经有了7.6分；越南的评价，美国有8分，中国则已经有了7.7分。[①]

在2018年的一项调查则展示中国在亚洲国家的影响力持续增长，该调查通过问卷，让受访者回答这一问题：过去十年里，中国在世界是否扮演了更重要的角色？调查显示，有92%的韩国人认为中国扮演了更重要的角色，而只有42%的韩国人认为美国变得更重要；有79%的日本人认为中国扮演了更重要的角色，与此形成对照的是，只有16%的日本人觉得美国日益重要；有37%的菲律宾人觉得中国扮演了更重要的角色，而只有35%的菲律宾人认为美国日益重要。[②]

具体到中国和美国在亚洲贸易和投资的经济影响力，中国的影

---

① Christopher Whitney, *Soft Power in Asia: Results of a* 2008 *Multinational Survey of Public Opinion*, The Chicago Council on Global Affairs and East Asia Institute, 2008, p. 4.

② Richard Wike, "Trump's International Ratings Remain Low, Especially Among Key Allies", *Pew Research Center*, 2018, p. 38.

响力也在显著提升。在 2008 年，大部分亚洲国家的民众认为，在贸易和投资领域，中国在亚太的影响力已经和美国非常接近或者相当。如美国对日本的贸易与投资影响得分为 8 分，而中国则为 7.4 分；美国对韩国的贸易和投资影响力得分为 8.5 分，而中国则有 8.3 分。美国对越南的贸易与投资得分为 8.0 分，中国则获得了 7.5 分。在印度尼西亚，美国与中国在贸易投资领域影响力已经相当，同为 7.7分。就中美两国在亚洲政策的影响力而言，中国已经和美国相当。当被问及美国与中国在将政策贯彻到亚洲各国的有效性的时候，中国对亚洲各国的影响力也与领导国美国非常接近。而且受访的中国民众比较乐观，他们认为中国的政策能有效影响亚洲，中国得分为 7.8 分，而美国仅仅有 6.5 分。在其它国家，美国得分略高，但是两国的差距不显著，显示了中国在亚太的影响力与领导国美国已经不相上下。[①]

在 2000 年，东南亚的出口只有 5% 流向中国，16% 出口到美国。到 2020 年，东南亚出口到中国和美国的产品各占出口总额的 15% 左右。就中国与亚洲国家的贸易总额而言，中国日益增长的影响力变得更加明显。中国在亚洲的贸易量大约是美国的 2.5 倍，几乎是所有亚洲国家的最大贸易伙伴。[②] 因此，从亚洲各国来看，中国的经济影响力，包括政策影响力，已经和美国相当。中国作为一个迅速崛起的大国，已经在亚洲有着显著的影响力。

中国在非洲、拉丁美洲影响力也在显著上升，在非洲影响力已经超过美国。如表 6.1 所示，2007 年的一份调查显示，当受访民众被

---

① Christopher Whitney, *Soft Power in Asia: Results of a* 2008 *Multinational Survey of Public Opinion*, pp. 7 – 15.

② Susannah Patton, *China Is Beating the U. S. in the Battle for Influence in Asia*, The New York Times, 6 June 2022. https://www.lowyinstitute.org/publications/china-beating-us-battle-influence-asia

问及中国与美国的影响力在受访国家是否上升了的时候，在非洲，大多数国家受访者认为中国影响力在上升，这一比重高于美国。该年度的调查共涉及十个非洲国家，认为中国影响力上升高于美国的国家占七个。在马里，认为中国影响力上升的民众比美国多出 23 个百分点；而在象牙海岸，中国比美国多出 24 个百分点；在塞内加尔，中国多出 28 个百分点。

表 6.1　中国在非洲和拉丁美洲的影响力持续上升

	非洲				拉丁美洲		
	中国影响力在持续上升（%）	美国影响力在持续上升（%）	双方差距		中国影响力在持续上升（%）	美国影响力在持续上升（%）	双方差距
埃塞俄比亚	85	73	12	委内瑞拉	56	28	28
马里	81	58	23	智利	53	42	11
塞内加尔	79	51	28	墨西哥	50	53	−3
坦桑尼亚	77	69	8	巴西	48	59	−11
肯尼亚	74	66	8	秘鲁	38	57	−19
科特迪瓦	72	48	24	阿根廷	34	36	−2
尼日利亚	63	64	−1	玻利维亚	32	27	5
南非	61	51	10				
加纳	59	64	5				
乌干达	47	59	−12				

数据来源：The Pew Global World Attitudes Project，*Global Unease with Major World Powers*，47-Nation Pew Global Attitudes Survey，2007，p. 43。

中国积极向非洲国家分享技术，推动其经济成长与技术发展。中国帮助阿尔及利亚建设核电站，为埃塞俄比亚和吉布提提供现代电信设备，并为维护这些设备提供培训。[1] 与欧美国家相比，在非洲的中国企业，更愿意向非洲国家分享石油开采与冶炼技术。[2] 一位尼日利亚外交官表示："作为一个发展中国家，中国更了解我们……西方世界从来没有准备好转让技术，但中国却准备好了。[3] 随着中国的崛起，一些国家已经逐渐摆脱了对美国发展模式的迷信。在2019—2021年的一份调查显示，尽管有33%的非洲国家民众认为美国模式是最优的发展模式；同时有22%的非洲民众认为中国模式是最好的模式。在一些非洲国家，认为中国模式是最好的发展模式的受访者数量已经超过认为美国模式是最好的发展模式的受访者数量。如在贝宁，认为中国模式最优的占受访者的47%，而认为美国模式最优的只占24%；在布基纳法索，认为中国模式最优的占受访者的40%（美国为21%）；在马里，认为中国模式最优的占受访者的39%（美国为15%）；在坦桑尼亚，认为中国模式最优的占受访者的35%（美国为32%）。有63%的非洲民众认为中国的外部影响积极正面，比美国高出3个百分点。[4]

---

① Chris Alden,"*China's New Engagement with Africa*", in Riordan Roett and Guadalupe Paz, eds., *China's Expansion into the Western Hemisphere: Implications for Latin America and the United States*, Washington, D. C.: Brookings Institution Press, 2008, p. 218.

② Chi Zhang,"China's Energy Diplomacy in Africa: The Convergence of National and Corporate Interests", in Christopher Dent, ed., *China and Africa Development Relations*, London and New York: Routledge, 2011, p. 150.

③ Joshua Kurlatzick, *Charm Offensive: How China's Soft Power is Transforming the World*, New Haven and London: Yale University Press, 2007, p. 92.

④ Josephine Appiah, Nyamekye Sanny and Edem Selormey,"Africans Welcome China's Influence but Maintain Democracy", *Afrobarometer Dispatch*, No. 407, November 17, 2021, pp. 3 - 8.

2018 年的调查关注了四个非洲国家：和十年前相比，中美是否在世界政治中扮演更重要的角色。有 61% 的肯尼亚人认为中国扮演了更重要的角色（美国为 38%）；有 63% 的突尼斯人认为中国扮演了更重要的角色（美国为 41%）；有 60% 的南非人认为中国扮演了更重要的角色（美国为 31%）；有 61% 的尼日利亚人认为中国扮演了更重要的角色（美国为 27%）。① 2018 年，中非合作论坛，51 个非洲国家领导人抵达北京；同年，27 个非洲国家领导人（大约为北京峰会的一半多）去纽约参加联合国大会。

即使是在美国后院的拉丁美洲，即美国势力长期控制的地方，不少国家也看到中国势力在显著增长。从 1999 年开始，中国就与巴西在间谍卫星技术领域展开合作。中国向巴西提供火箭发射技术，以换取高分辨率、实时成像的数字光学技术。此外，利用巴西的空间跟踪和监视技术可提升中国在相关领域的军事技术水平。② 在 2004 年，中国和巴西签署协议，提升两国在科学、军事和技术交流领域的合作水平，70% 的合作资金和技术投入由中国提供。③ 中国和巴西合作一道发射卫星，被视为南南科技合作的典范。④ 如表 6.1 所示，在 2008 年，在委内瑞拉、智利以及玻利维亚，认为中国在当地

① Richard Wike, "Trump's International Ratings Remain Low, Especially Among Key Allies", p. 38.

② He Li, "Latin America and China's growing interest", in Quansheng Zhao and Guoli Liu, eds., *Managing the China Challenge: Global Perspectives*, London and New York: Routledge, 2009, p. 197.

③ Monica Hirst, "A South-South Perspective", in Riordan Roett and Guadalupe Paz, eds., *China's Expansion into the Western Hemisphere: Implications for Latin America and the United States*, p. 99.

④ Shixue Jiang, "The Chinese Foreign Policy Perspective", in Riordan Roett and Guadalupe Paz, eds., *China's Expansion into the Western Hemisphere: Implications for Latin America and the United States*, p. 37.

势力有所增长的民众比例已经超过美国，这种状况在委内瑞拉尤其明显，认为中国影响力上升的民众比认为美国影响力上升的民众多出 28 个百分点。2018 年的调查关注了三个拉美国家：和十年前相比，中国抑或美国是否在世界政治中扮演更重要的角色。其中，认为中国影响力日益增长的阿根廷民众为 57%（美国为 38%）；认为中国影响力日益增长的墨西哥民众为 52%（美国为 25%）；认为中国影响力日益增长的巴西民众为 50%（美国为 16%）。① 综上，随着中国的崛起，中国在非洲与拉美的影响力日益上升。

除了亚非拉，中国在传统欧洲强国、东欧和中东等国家和地区的影响力也在不断提升，甚至超过美国。当受访者被问及：中美两国哪国对受访国有很大的影响或者比较大的影响的时候，在 2008 年时，选择美国的占大多数，但当时中国的影响力对美国的挑战已经初见端倪。在俄国、东欧以及中东地区，选择中国的受访者不及一半。中东地区选择中国的比重尤其低下，如约旦只有 32% 的人选择了中国（美国为 89%）。这说明当时美国在中东地区仍然有很大的权力优势。而在英国、法国、德国等欧洲大国，超过半数的受访者选择了中国，但却落后于美国。例如在英国，选择中国的占 54%（美国为 88%）。② 但到了 2018 年，大部分欧洲国家已经看到中国的成长以及影响力的日益扩大。当回答"过去十年中，该国影响力是否扩大了"这一问题时，选择中国的法国人占比 78%，选择美国的则

① Richard Wike, "Trump's International Ratings Remain Low, Especially Among Key Allies", p. 38.
② The Pew Global World Attitudes Project, *Global Economic Gloom: China and India Notable Exceptions: 24-Nation Pew Global Attitudes Survey*, Pew Rearch Center, 2008, p. 6.

占比 21%；选择中国的德国人占比 73%，选择美国的则占比 34%。[①]
在 2019 年，认为中国是世界经济领导国的欧洲人占比 44%（选择美国的占 38%），此时中国比美国高出 6 个百分点。[②]

　　随着中国迅速崛起，中国不仅在世界各地影响力扩大，还影响到了美国本土。在美国民众眼中，中国已成为最有影响力的国家之一。2002 年的一份调查显示：在美国民众眼中，中国已经超过日本和俄国、欧盟，成为最具影响力的国家之一。在满分为十分的影响力评估中，美国得分为 9.1 分，中国得分为 6.8 分，欧盟得分为 6.7分，略低于中国；而经济大国日本则只有 6.6 分；俄国得分为 6.5分。美国民众感受到中国不仅作为一支重要的世界力量在崛起，而且对美国社会的影响日益深远。该调查显示，当受访者被问及中国是否已经影响到美国时，有 76% 的美国人已经看到了、感受到了中国的影响。[③] 2021 年，在美国民众眼中，中国国际影响力得分为 7.5分，美国的得分为 8.5 分。就经济实力而言，认为中国经济实力更强的占 40%，认为美国更强的占 27%；认为二者旗鼓相当的占 31%。[④]

　　总之，中国的迅速崛起，不仅在美国，而且在世界范围内都开始被日益感知到。越来越多的国家，包括领导国美国，开始认识到

① Richard Wike, "Trump's International Ratings Remain Low, Especially Among Key Allies", p. 38.
② Laura Silver, Kat Devlin and Christine Huang, *China' Economic Growth Mostly Welcomed in Emerging Market, but Neigbors Wary of Its Influence*, Pew Research Center, 2020, p. 15.
③ Chicago Council on Foreign Relations and The German Marshall Fund of the United States, *Worldviews 2002: American and European Public Opinion on Foreign Policy*, Ann Arbor: Inter-university Consortium for Political and Social Research, p. 48.
④ 2021 Chicago Council Survey Team, *A Foreign Policy for the Middle Class: What Americans Think*, Chicago Council on Foreign Relations, pp. 18–19.

中国是一支迅速崛起的世界性力量。

(二) 世界对中国国际地位的预期

在世界各国意识到中国迅速崛起同时，各国对中国未来发展态势也持相当乐观的估计。世界各国受访者认识到，中国在具有巨大存量实力同时，其增量也会有相当大变化。世界各国，包括美国在内，都预期中国在经济、科技、军事上都会有持续增长。不少国家预期中国会取代美国在亚太乃至世界的领导地位。因此，世界各国对中国未来权力增长的预期传递出世界政治权力转移的重要信号。

一份 2007 年的调查显示，当世界各个国家民众被问及"将来中国的经济总量是否会跟美国一样"时，几乎所有国家（除了印度）的大多数受访者都持肯定回答。拉丁美洲的秘鲁和阿根廷，绝大部分受访者（秘鲁为 76%，阿根廷为 61%）相信：在不久的将来，中国会和美国经济实力旗鼓相当，甚至超过美国。同样，在欧洲国家，如法国，大部分受访者（占 69%）认为中国经济实力会和美国一样甚至超过美国。这种趋势在俄罗斯以及东欧国家也比较明显。在俄罗斯看好中国的民众占 62%（看好美国的仅仅占 20%）。在亚洲，除了菲律宾和印度，其它国家都认为中国经济会赶超美国或者至少与美国相当。而对美国民众的调查显示，认为美国经济会始终领先中国的民众仅占受访者的 35%；认为中国经济总量将和美国相当的受访者占到 60%。[①] 随着时间的流逝，相关的议题与调查日益增加。

---

① Chicago Council on Foreign Relations, "World Publics Think China Will Catch Up with the US and That's Okay", *The Chicago Council on Foreign Relations*, 2007, pp. 1 - 16.

2022 年美国哈佛大学发表的《伟大的中美经济竞争》（The Great Economic Rivalry：China vs the US）报告展示，到 2025 年，按购买力平价计算，中国占全球 GDP 的 20%；而美国占 15%。[①] 世界各国都看好中国的经济，认为中国快速的经济发展会让中国经济赶超现在的领导国美国。

具体到技术领域，包括中国受访者在内的世界各国受访者对中国技术实力的预期也积极乐观。如表 6.2 所示，2006 年的一份调查显示：中国民众认为中国的技术实力会显著上升，民众预期在未来十年，中国技术进步会超过德国、日本等国家，中国技术会在十年内从 7.2 分上升到 7.9 分，上升幅度最大，排名第二，仅次于美国。

表 6.2 中美两国民众对世界各国技术进步的评估（2006）

中国民众对世界各国技术进步的评估				美国民众对世界各国技术进步的评估			
国别	当前得分	十年后得分	变化	国别	当前得分	十年后得分	变化
中国	7.2	7.9	0.7	中国	5.5	6.1	0.6
美国	8.5	8.6	0.1	美国	7.6	7.3	−0.3
印度	5.8	6.4	0.6	印度	3.8	4.6	0.8
韩国	7.1	7.4	0.3	韩国	3.8	4.5	0.7
日本	7.5	7.7	0.2	日本	6.9	7	0.1
德国	7.4	7.6	0.2	德国	5.3	5.6	0.3

数据来源：The Chicago Council on Foreign Relations，*World View 2006*：*The United States and the Rise of China and India*，The Chicago Council on Foreign Relations，2006，p. 24，p. 34。

[①] Graham Allison, Nathalie Kiersznowski and Charlotte Fitzek, *The Great Tech Rivalry: China vs the U. S.*, Boston: Belfer Center for Science and International Affairs, 2022, p. 11.

这表明中国民众对中国技术进步的前景感到相当乐观。而中国民众对美国技术实力提高的预期则相对较差，从 8.5 分上升到 8.6 分。

在 2006 年时，美国民众也预期中国在未来十年会有重大的技术进步。美国民众在评估当前世界科技和新产品领先者时，美国在 2006 年得分为 7.6 分，中国为 5.5 分。但是当对十年后世界各国技术实力进行评估时，美国民众给美国的评估为 7.3 分，中国则为 6.1 分。评估表示，美国民众认为中国的科技实力在十年内会显著上升，而美国科技实力却会下降。美国民众预期，十年后，中国技术实力会超过技术大国德国。2021 年底，哈佛大学教授格雷厄姆·艾利森等人发布了《伟大的科技竞争：中国对美国》（The Great Tech Rivalry：China vs the U. S.）报告。该报告对中国技术成长也做出了全面的评估和预期，指出：中国将在人工智能、5G、量子计算、半导体、生物技术和绿色能源等技术领域挑战美国优势地位。[①] 总体而言，中国与美国民众对中美双方技术评估显示，中美两国民众都预期中国会有快速的技术变迁。中国技术实力增长快于领导国美国，中国会逐渐成为世界技术大国。

此外，世界各国对中国的世界政治综合影响力的预期也积极乐观。在 1999 年对世界各国领导人与民众的一份调查显示，当受访者被问及："未来十年，哪些国家将在世界政治中扮演更为重要角色（多选）？"的时候。世界各国领导人选择中国的比重占到了受访者的 97%（选美国的占 71%）；世界各国民众选择中国的比重占了 69%（选美国的占 79%）。可以看出，在 20 世纪 90 年代末期，对中美两

---

① Graham Allison, Kevin Klyman, Karina Barbesino and Hugo Yen, *The Great Tech Rivalry: China vs the U. S.*, Boston: Belfer Center for Science and International Affairs, 2021, pp. 5 - 30.

国的实力预期进行比较，更多的世界各国领导人估计中国影响力会超过美国，中国将扮演更为重要的角色。[1]

中国和美国在未来谁是世界政治的领导国？就中国未来在亚太地区的领导地位而言,2008年的一份调查显示：68%的美国民众表示中国未来会成为亚洲国家的领袖；同时有80%的中国民众,55%的日本民众,78%的韩国民众,71%的越南民众认为中国未来会成为亚洲国家的领袖。仅仅有印度尼西亚对此的估计偏低（35%）。这说明绝大多数亚太国家，预期中国会成为未来亚洲领袖。[2] 如表6.3所示，同年的一份调查显示，当美国民众被问及中国是否会取代美国，成为世界超级大国的时候。已经有相当一部分的美国民众（占34%）认为，中国终将超过美国，成为世界超级大国。而即便是美国的盟友，它们中的大部分国家，包括德国、西班牙、法国、澳大利亚也有超过半数的受访者相信中国会取代美国成为世界超级大国。就中国民众而言，也有超过半数的中国民众（53%）认为，中国能够取代美国成为领导世界的超级大国。因此，我们不难看出，大部分发达国家以及中国的民众，都预期中国能取代美国的领导国地位。[3] 因此，我们可以看出，世界各国都看好中国经济，也看好中国技术实力的成长。

[1] John Rielly, *American public opinion and U. S. foreign policy 1999*, Chiago: The Chicago Council on Foreign Relations, 1999, p. 11.

[2] Christopher Whitney, *Soft Power in Asia: Results of a* 2008 *Multinational Survey of Public Opinion*, pp. 4 - 5.

[3] 另外，在2011年，有46%的美国民众认为中国将要超过或者已经超过美国成为世界超级大国；而有45%的民众则认为这样的情况不会发生。见 Andrew Kohut, *China Seen Overtaking U. S. as Global Superpower: 23-Nation Pew Global Attitudes Survey*, Pew Research Center, 2011, p. 1。

表 6.3　中国是否会取代美国的世界领导权（2008）

	将会取代	已经取代	不会取代	不知道
美国	31	5	54	10
德国	52	9	35	4
西班牙	52	5	35	8
法国	51	15	34	0
英国	48	7	36	9
俄国	28	8	45	19
波兰	26	12	46	15
土耳其	28	6	38	28
约旦	24	15	52	9
埃及	20	14	55	10
黎巴嫩	17	10	56	17
澳大利亚	53	5	34	9
中国	53	5	23	19
韩国	43	4	49	4
巴基斯坦	34	11	20	35
日本	23	8	67	2
印度	22	18	33	27
印度尼西亚	22	5	55	18
阿根廷	34	9	34	23
巴西	33	11	42	14
墨西哥	29	22	35	14
坦桑尼亚	38	7	40	15
尼日利亚	31	13	36	20
南非	24	8	34	34

数据来源：The Pew Global World Attitudes Project, *Global Economic Gloom: China and India Notable Exceptions, 24-Nation Pew Global Attitudes Survey*, p. 42。

因此，中国的崛起引起美国的关注。首先，中国是一个大国；其次，中国发展迅速；其三，世界各国都相信中国能成功崛起。大部分国家，包括美国在内，都相信中国会在未来成为区域与世界的领导国家。这传递了在未来世界政治将会出现权力转移的信号。

第三节　崛起的中国与美国的技术限制

美国政治学者马克·泰勒指出：美国害怕中国，不仅因为中国国土广阔，而且在美国人看来，中国的政治制度也异于西方，或者中国有不同的文化和历史。实际上，之前美国根本不害怕中国，因为中国没有能力与美国进行经济竞争，也没有能力将其军事力量投放到中国国土以外。而如今中国的工业化和现代化使得其规模、政治意识形态和文化差异对美国造成了潜在威胁。自主科技能力的发展对中国的崛起起着不可替代的作用。没有科技，中国仍然是那个令人充满好奇、对美国不甚满意却自身不够强大、乃至令人不屑一顾的地方。[①]

(一) 中美两国对彼此的认知

随着中国的迅速崛起，中美两国利益分歧增加。很多美国人把中国经济增长、军事实力的增强等看成负面影响。2005年的一份报告显示，当美国民众被问及"当中国经济和美国相当的时候，是积极的方

---

① 马克·泰勒：《为什么有的国家创新能力强》，第33—34页。

面多还是消极的方面多",有 33% 的美国民众认为消极方面多,仅有 9% 的美国民众认为积极方面多。对中国经济影响持消极态度的美国民众大约是持积极态度的 4 倍。[1] 2005 年,有 40% 美国民众认为中国经济冲击对美国是件坏事,而到 2007 年,受访者的这种看法上升了 5 个百分点,上升到 45%。[2] 我们不难看出,越来越多的美国民众把中国经济崛起看作消极事件而非积极事件。在美国人眼中,中国政府积极倡导的"亚投行"、金砖国家开发银行、人民币国际化、"一带一路"倡议、全球发展倡议等都被视为对美国世界经济主导权的冲击。

对于中国军事实力的增长,中美两国之间也存在重大的分歧。报告显示,当受访者被问及"中国的军事实力增长对你的国家而言是好事还是坏事"的时候,大部分美国民众认为是件坏事,而且认为是坏事的受访者比重在上升,仅仅在 2007 年到 2008 年一年间,认为中国军力增长是坏事的美国受访者比重就从 68% 增加到了 82%,在短短一年间增长了 14%。[3] 在美国民众眼中,问题不仅在军事实力与军事开支的绝对量,而且在相对量。哈佛大学 2022 年的一份报告展示,在 1996 年时,美国军事开支是中国的 19 倍;到了 2006 年,变成 8 倍;到了 2020 年,变成 3 倍。[4] 总体而言,美国对中国军事实力的增长,持相当消极的态度,而且对中国军事实力增长持消极态度的受访者比例,增长也最快。

① World View 2006, *The United States and the Rise of China and India*, The Chicago Council on Foreign Relations, 2006, p. 38.

② The Pew Global World Attitudes Project, *Global Unease With Major World Powers*, 47-*Nation Pew Global Attitudes Survey*, 2007, p. 43.

③ The Pew Global World Attitudes Project, *Global Unease with Major World Powers*, 47-*Nation Pew Global Attitudes Survey*, 2007, p. 43.

④ Graham Allison and Jonah Glick-Unterman, *The Great Military Rivalry: China vs the U. S.*, Boston: Belfer Center for Science and International Affairs, 2022, p. 24.

此外，由于中国崛起对能源的需求增加，中美双方在能源问题上也分歧明显。中国崛起对能源需求加大，这也让美国警惕。2006年的一份调查显示，为了保障能源安全，中国美国双方乃至愿意发生冲突。当受访者被问及能源问题是否会导致亚洲潜在冲突的时候，41%的美国人回答有可能，49%的美国人则回答非常有可能。39%的中国人回答有可能，而45%的中国人回答非常有可能。当受访者被问及，为了保护能源储备，该国是否有权利发动战争时，63%的中国受访者回答是，而47%的美国受访者回答是。此外，同样一份调查显示：38%的中国民众认为，美国在亚洲的势力影响了中国的核心利益；而29%的中国民众认为，美国的经济竞争影响了中国的国家利益。在亚洲问题上，更多的美国受访民众（占了44%）认为中国在制造麻烦，而绝大部分中国人（80%）却认为中国在起积极作用。就权力分享而言，美国认为中国权力太大，中国则认为中国应该得到更多的权力。从美国民众对中国影响力的评价来看，中国在世界政治享有的影响力应该为4.6分，而现在中国实际所具有的影响力为6.4分，超过了中国应该分享的世界权力。而美国民众预计：未来十年内，中国的权力影响力还在增长，会达到6.8分。而与此同时，美国民众认识到，美国影响力却会下降，从目前的8.5分下降到8.0分。而中国人看来，中国现有的权力为7.8分，而中国应该分享更多的世界权力，为8.9分。中国民众预计：十年后，中国未来权力增长会达到8.3分。而中国民众则认为，美国应该拥有的国际影响力为7.1分，现在却拥有了8.6分。美国分享了太多的世界权力；未来十年，美国的影响力会下跌，跌至8.3分。[①]

---

① World View 2006, *The United States and the Rise of China and India*, p. 70, pp. 35 - 39.

在世界范围来看，中国并不认可美国在世界的领导权，中国需要积极履行国际义务，在世界政治中发挥更积极的影响。2002年的一份调查显示，大部分美国公民（83%）认为，美国非常需要（42%）或比较需要（41%）做世界的领导者。① 而中国人看来，美国在世界政治中的势力过大。有68%的中国受访民众相信，美国需要将权力分享给其它国家以解决国际问题。② 大部分中国人（61%）认为，美国作为世界警察行事不负责任。同时，大部分中国人（77%）也认为，美国作为世界警察过多地对世界各国指手画脚，其扮演世界警察的角色已经过头了。③ 中国还反对美国在世界各地驻扎军事基地。59%的中国民众认为，美国在国际社会的所作所为比较不负责或者非常不负责。④ 而美国应该从现在的霸权主义立场撤退。63%的中国民众认为，美国在世界范围内的军事基础过多，美国应该减少它在世界各地的军事基地。⑤

因此，就世界权力的分享而言，中国和美国都认为自己在世界政治中应承担更多责任，应发挥更重要的作用，对方却获得了太多权力。中国对世界的影响力低于中国意愿。同时中国美国双方都预

---

① Chicago Council on Foreign Relations and The German Marshall Fund of the United States, *Worldviews 2002: American and European Public Opinion on Foreign Policy*, p. 22.

② *World Public Opinion* 2007, *Globalization and Trade Climate Change Genocide and Darfur Future of the United Nations US Leadership Rise of China*, The Chicago Council on Global Affairs, 2007, p. 28.

③ World View 2006, *The United States and the Rise of China and India: Results of a* 2006 *Multination Survey of Public Opinion*, The Chicago Council on Foreign Relations, 2006, p. 51.

④ *World Public Opinion* 2007, *Globalization and Trade Climate Change Genocide and Darfur Future of the United Nations US Leadership Rise of China*, p. 30.

⑤ World View 2006, *The United States and the Rise of China and India*, The Chicago Council on Foreign Relations, 2006, p. 52.

期，未来中国对世界的影响力会加强。随着中国迅速崛起，中美之间在经济实力、军事实力、能源、世界权力等方面存在诸多分歧。中美双方对安全形势的判断开始有了变化。

（二）中美两国对安全形势的判断

随着中国的崛起，美国人认为崛起的中国没有照顾到美国利益；美国民众对中国感情温度呈逐渐下滑的趋势；同时，美国日益把中国当作竞争对手而不是合作伙伴，对中国敌对情绪在上升。中美对安全形势的判断在逐步改变。

进入新世纪以后，中国资深外交官吴建民接受香港文汇报专访时谈到，他在访问美国、欧洲、日本的过程中，注意到了三个"第一次"出现的问题："一、西方一些精英人士质疑中国是否要放弃邓小平韬光养晦，有所作为的方针，中国是否还会继续走和平发展的道路？这在过去是没有的，是第一次。二、美国中期选举期间出现了二十九个针对中国的电视广告，说明有人有意识地将矛头引向中国，这是第一次。三、在中美出现摩擦时，过去美国企业界会站出来为中国讲话，现在美国企业界却保持沉默，这也是第一次。"①

事实上，早在 2000 年以前，美国对中国的不满情绪就已经开始显现。在 1995 年，当时美国的精英层已经感到：与日本相比较，中国会带来更大的挑战。当时,57% 的美国民众和 46% 的美国领导人认为：中国的强大对美国是一个重要的威胁。此时，认为中国是美国的威胁的美国领导人已经是把日本看作威胁的两倍多。随着中国的

---

① 张建华、杨帆、葛冲：《专访资深外交官吴建民》，香港：文汇报,2011 年 1 月 10 日。

崛起，美国对中国的好感在下降，美国受访者对中国的感情温度计开始低于以前的竞争对手俄国和日本。在1999年时，有项调查用温度计来测量感情，低于50度表示态度不友善。这份问卷展示，美国民众对中国的感觉是47度，已经低于美国昔日最大的对手俄国（49度），二者相差两度。[①]

而2000年以后，这种对比就更明显。在2002年的调查显示，美国民众对中国的好感温度是48度，而对俄国的好感温度却是55度，二者相差七度。而到了2004年，美国对中国的感情温度计已经下跌到了44度，到2008年进一步下跌到了35度。美国对中国的好感呈现稳步下跌的趋势。从2002年到2008年的六年间，美国民众对中国的冷热程度从48度跌至35度。[②] 而美国民众对中国的敌对情绪也呈现同一走向。在2005年，对中国持负面看法的美国民众占比为35%，到2015年为54%，到了2022年为82%。在2022年，美国共和党内对中国持负面看法的占到89%；在民主党内占到79%。在2022年，有三分之二的美国民众把中国视为重要威胁。[③]

另外，在战略上，2017年12月，《美国国家安全战略报告》首次将中国确立为战略竞争对手（rival）和"修正主义国家"（revisionist country）。这是自1987年发布《美国国家安全战略报告》以来，美国政府首次将中国称为主要威胁。2018年1月，《美国国防战略报告》将中国称为"敌手"（adversary）；紧接着，美国总统唐纳德·特朗普（Donald Trump）在其《国情咨文》中，将中国

① John Rielly, *American Public Opinion and U. S. Foreign Policy 1999*, pp. 21 - 28.
② Christopher Whitney, *Soft Power in Asia: Results of a* 2008 *Multinational Survey of Public Opinion*, p. 8.
③ Laura Silver, Christine Huang and Laura Clancy, *China's Partnership with Russia Seen as Serious Problem for the U. S.*, Pew Research Center, 2022, pp. 5 - 10.

视为"挑战美国利益、经济和价值观的'对手'",并指出美国对华竞争开始上升到世界秩序之争。[①] 面对中国在世界政治中的迅速崛起,美国对此可能带来的安全方面的忧虑在加深。

而中国也呈现相应的变化趋势。2006 年的一份报告显示,更多中国人(52%)说美国是对手而不是伙伴,更多中国人(59%)认为美国是一个不负责任的大国。[②] 2008 年的调查显示,当被问及美国是敌是友的时候,仅仅只有 13%的中国民众认为美国是伙伴。[③] 在2023 年,中国外交部发布了《2022 年美国民主情况》,指出:"美国公然违反《联合国宪章》宗旨和原则以及国际关系基本准则,四处发动战争,制造分裂冲突。美国建国以来 240 多年历史中,仅有 16年没有打仗,堪称世界历史上最好战的国家。"[④]

概言之,随着中国的迅速崛起,中国与美国之间存在的摩擦与不满情绪都在上升。在国家安全的驱使下,美国开始倾向于扩大国防,尤其是国防科研的开支。这将在后一章进一步展示。而中国对军事技术以及军事科研的重视也日益加强。2019 年,中国国防部发布的《新时代的中国国防》白皮书指出:"在新一轮科技革命和产业变革推动下,人工智能、量子信息、大数据、云计算、物联网等前沿科技加速应用于军事领域,国际军事竞争格局正在发生历史性变化。以信息技术为核心的军事高新技术日新月异,武器装备远程精确化、

---

① The White House, "President Donald J. Trump's State of the Union Address", January 30, 2018, https://www. whitehouse. gov/briefings-statements/president-donald-j-trumps-state-union-address

② World View 2006, *The United States and the Rise of China and India*, The Chicago Council on Foreign Relations, 2006, pp. 56 - 57.

③ The Pew Global World Attitudes Project, *Global Economic Gloom: China and India Notable Exceptions: 24 -Nation Pew Global Attitudes Survey*, p. 38.

④ http://news. china. com. cn/txt/2023-03/20/content_ 85178860. htm.

智能化、隐身化、无人化趋势更加明显，战争形态加速向信息化战争演变，智能化战争初现端倪。""中国特色军事变革取得重大进展，但机械化建设任务尚未完成，信息化水平亟待提高，军事安全面临技术突袭和技术代差被拉大的风险，军队现代化水平与国家安全需求相比差距还很大，与世界先进军事水平相比差距还很大。"白皮书进一步指出："加快实施科技兴军战略，巩固和加强优势领域，加大新兴领域创新力度，一些战略性、前沿性、颠覆性技术自主创新取得重要进展，成功研制天河二号超级计算机等一批高技术成果。"①总之，中美两国都在技术上加强变革，以应对变化的安全环境。

（三）美国加强对华技术限制

国际局势的变化推动了中国与美国技术走向的变迁。随着中国的迅速崛起，美国加强对华技术进出口控制是美国对中国崛起的一个反应。

在世界政治中，领导国为维系自身霸权，常常加强对崛起国的技术出口限制。随着中国崛起，即便是美国的商业集团愿意出口高新技术给中国，美国政府也会从国家安全考虑对技术出口给予诸多限制和控制。出于国家安全考虑，以往美国政府已经通过了的技术转让计划被否决。在 2001 年上半年，中芯国际（SMIC）准备在上海投资十五亿美元建一个芯片厂。然而，随着小布什政府上台，中芯国际从美国应用材料公司申请的两项电子光束系统技术遭到技术出口阻挠。最终，公司不得不放弃引进这两项技术。

---

① http://www.scio.gov.cn/zfbps/32832/Document/1660314/1660314.htm。

不少美国大公司纷纷抱怨美国政府加强了对华技术出口限制，较以往措施更加严厉，审批时间显著延长。商界想要获得技术出口证书需要费尽周折。在 2001 年，平均每项技术出口证书的申请时间约为 77 天，比 2000 年要多出半个月时间。有时，获得一项技术出口证书的申请时间长达三个月乃至一年。[①] 2006 年 7 月，美国政府公布了一份对华出口管制的草案，进一步扩大了对华出口管制范围。草案新增 47 项出口限制，对技术出口的审批程序更加复杂。[②] 2004 年，美国从中国进口的高技术产品达到 460 亿美元；而出口到中国的高科技产品仅为 90 亿美元，不足进口的五分之一。在高科技产品上的逆差几乎占当时美国对华贸易逆差的三分之一。[③]

到了唐纳德·特朗普当选总统以后，美国相应的政策调整更为显著。在 2017 年初，美国总统科技顾问委员会（President's Council of Advisors on Science and Technology，简称 PCAST）指出：中国芯片业已对美国企业和国家安全造成严重威胁。该委员会建议阻止中国收购美国半导体技术和芯片企业，限制中国对美芯片投资、出口，并积极扩大美国和其他国家的合作以实施对华限制。[④] 此时美国政府对华技术政策的调整不仅涉及出口限制，还包含了新的内容，即进口限制。2017 年 8 月，美国总统特朗普授权美国贸易

① "US Tech Export Control Hurts its Business in China", *People Daily*, August 27, 2002. http://en. people. cn/200208/27/print20020827 _ 102177. html.
② 梅新育：《美国是否已经放松对华出口管制》，《人民日报》（海外版），2007 年 2 月 28 日。https://finance. sina. com. cn/review/20070228/07173362292. shtml.
③ "US Tech Export Control Hurts its Business in China", *People Daily*, August 27.
④ President's Council of Advisors on Science and Technology, "Report to the President: Ensuring Long-Term U. S. Leadership in Semiconductors", January 2017. https:// obamawhitehouse. archives. gov/sites/default/files/microsites/ostp/PCAST/pcast _ ensuring _ long-term _ us _ leadership _ in _ semiconductors. pdf.

代表对中国的技术转移、知识产权、技术创新等展开 301 条款调查。美国布鲁金斯学会（Brookings Institution）的一份研究报告指出：美国决策层已达成了新的跨党派共识，意识到了中国的威胁并将采取积极行动对抗中国。[①] 美国政府对来自中国的战略竞争担忧日益加剧，对华技术政策开始呈现更大幅度的调整。

　　美国政府日益加紧了对华技术出口限制。一个标志性事件发生在 2018 年 4 月，美国商务部宣布，在未来七年内，禁止中国的中兴通讯向美国企业购买敏感产品。在 2018 年 8 月，美国商务部以国家安全为名，将 44 家中国企业和研究机构列入出口管制的实体清单。同年 10 月，美国政府对从事芯片和半导体生产的中国企业福建晋华集成电路有限公司下达出口禁令，旨在切断美国企业与其技术往来。2018 年 11 月，美国商务部列出了 14 个"具有代表性的新兴技术"清单，试图强化技术出口限制。2019 年 5 月，美国商务部又将华为及其 68 家子公司列入实体清单，禁止美国企业在没有许可证的情况下向华为提供商品和服务。2019 年 10 月，美国商务部又将中国 20 家政府机关以及 8 家高技术企业列入出口管制实体清单。2019 年 11 月，美国商务部发布了《确保信息通信技术与服务供应链安全》的法规草案，加强对信息通信技术领域的出口管制。在 2020 年初，美国政府还就通用公司向中国供应大型民用客机发动机展开辩论。

　　值得注意的是，美国政府试图说服盟友一道执行其对外技术政策。例如，美国希望盟友和其一道拒绝华为的电信网络产品。这样做的主要目的是为了抑制华为等中国高技术企业在相关技术领域的

---

① Richard Bush and Ryan Hass, "The China Debate is Here to Stay", Brookings Institution, 2019.

领先优势。目前，世界主要国家对进口华为技术产品已形成迥异的政策立场。有些国家表示跟随美国限制华为，有些国家则指出没有考虑对华为设限。[①]

美国调整对外技术政策，不仅需要靠自身的经济体量限制竞争者，还需要积极争取重要合作者以实现其战略目标。例如，拜登政府上台后，基本上延续了特朗普政府对华基本定位和政策思路，更为强调盟友、伙伴等美国主导的小集团网络。2021年，美日韩在华盛顿举行三边国家安全顾问会议，美国意在联合日韩整合全球半导体产业链。美、欧、日、韩等的64家企业成立"美国半导体联盟"（Semiconductors in America Coalition，简称SIAC），覆盖整个半导体产业链。波士顿咨询公司（Boston Consulting Group）的一份研究报告指出：实施对华技术禁运将撼动美国半导体产业在世界经济中的领导地位，致使美国产品的世界市场占有率降低18%，收入减少37%。[②] 这些貌似不合情理的现象背后，是大国政治的逻辑在起作用。当中国迅速崛起的时候，美国政府对国家安全的考虑就可能大于经济收益的考虑。这正是美国政府不顾商界的反对、增加对华技术出口控制的原因。

同时，美国还加强了对华技术进口限制。2018年3月，美国政府宣布对来自中国等地区的钢铁和铝制品加征关税。到2018年4月，美国的政策调整有了显著变迁，其限制开始指向中国的高技术产品。美国政府宣布对来自中国的航空、航天、信息和通讯技术等高技术

[①] Jonathon Marek and Ashley Dutta, "A Concise Guide to Huawei's Cybersecurity Risks and the Global Responses", *The National Bureau of Asian Research*, October 3, 2019.

[②] Boston Consulting Group, *How Restrictions to Trade with China Could End US Semiconductor Leadership*, 2020,

行业的 1300 余种商品加征 25% 的关税。2018 年 6 月，美国政府再次升级了对华高技术进口限制，宣布对《中国制造 2025》中提到的高技术产品加征 25% 关税。此次政策调整实现了宽领域设限：价值高达 500 亿美元，涵盖了十个技术门类，涉及的高技术产品多达 1102 种。2018 年 7 月，美国政府进一步对中国 818 个类别 340 亿美元的进口产品加征关税。

一个国家高技术产品的发展往往需要海外市场积累资金、积累经验、积累技术能力。美国对华开始实施技术进口限制，和当年美国对日本逐渐封闭市场的逻辑类似。技术进口限制的一个重要目的在于阻止竞争者通过庞大的海外市场实现规模经济，阻碍竞争者的高技术产业成长。

当中国迅速崛起的时候，美国基于国家安全的考虑加强对华技术进出口限制在一定程度上刺激了中国对技术自主性的诉求。在 21 世纪初，"神州"五号成功发射以后，曾出现了这样评论：为什么"神州"五号能够上天？"因为美国人不卖给我们'神州'五号技术，如果美国人真要卖给中国航天技术，中国航天也搞不上去了。"[①] 这从一个侧面反映出世界政治中的领导国出于维系自身霸权需要，对崛起国实施的技术出口限制能显著改变崛起国对技术自主性的诉求。

第四节　大国竞争与中国"自主创新"

大国竞争背景下，中美双方互动让"安全困境"问题更凸显，让

---

① 李国杰：《高技术与中国》，载路甬祥：《科学与中国：院士专家巡讲团报告集》（第二辑），北京：北京大学出版社 2006 年版，第 146 页。

中国日益意识到：作为一个迅速崛起的大国，需要加强自主研发，发展与中国国际地位相当的技术能力，保障核心技术的自主可控，服务国家的安全需求。

（一）20世纪90年代中国的安全与技术

在苏联解体以后，中国对技术自主性的诉求经历了逐渐提升的过程。这一时期中国政府对技术自主性的诉求，和外部安全环境的变化有着紧密的关联。20世纪90年代初的海湾战争中，高技术武器不断呈现在世人面前。1993年初，在回顾海湾战争的教训后，中国军队和政府呼吁做出两个改变：首先，在军事斗争准备上，由应付一般条件下的局部战争向打赢现代技术特别是高技术条件下局部战争转变；其次，在军队建设上，由数量规模型向质量效能型、由人力密集型向科技密集型的转变。[1] 1995年5月颁布的《中共中央国务院关于加速科学技术进步的决定》首次提出在全国实施科教兴国的战略。同年，中国共产党第十四届五中全会把实施科教兴国战略列为今后十五年直至二十一世纪加速中国现代化建设的重要方针之一。1996年，中国八届全国人大四次会议正式提出了国民经济和社会发展"九五"计划和2010年远景目标，"科教兴国"成为中国的基本国策。从某种意义上来看，这一基本国策的制定是改革开放后，中国开始强调技术自主性的重要起点。1997年3月，中国政府启动了"国家重点基础研究发展计划"，即973计划，旨在解决国家战略需

---

① John Wilson Lewis and Xue Litai, "China's Search for a Modern Air Force", *International Security*, Vol. 24, No. 1, 1999, pp. 83 – 84.

求中的重大科学问题。

伴随着这些变化，从 20 世纪 90 年代中期开始，中国制定了更有针对性的产业政策，优先考虑某些行业，尤其是电子产业的发展。在 1996 年台海危机以后，中国政府越来越关注中美之间的技术差距，更加强调军事现代化，从机械化发展到基于网络和软件的信息化。① 步入新世纪以后，这个趋势就更明显。从中国政府的会议与政策、军方论述、中国学者的言论中，我们可以看到中国自主创新的意愿在不断增强。1999 年，一架美国 B - 2 轰炸机向中国驻南斯拉夫大使馆投掷精确制导炸弹，三名中国记者身亡，约 20 人受伤。这次轰炸让中国领导人认识到了隐形技术和精确制导炸弹的重要性。② 1999 年，中国政府在人民大会堂举行表彰大会，表彰为研制"两弹一星"做出突出贡献的科技专家。中国对两弹一星科技专家的表彰滞后了很多年。早在 1964 年，中国科学家就成功研制出中国的第一颗原子弹；而早在 1967 年，中国的科学家就成功研制出中国的第一颗氢弹；1970 年，中国第一颗人造卫星发射成功。中国政府在多年后对研制两弹一星的科学家予以表彰，传递了这样的信息：中国技术自主性的意愿再度提升，中国政府尤其重视国防技术的自主性。时任中共中央总书记、国家主席、中央军委主席的江泽民发表讲话，他指出了维护国家主权和安全，就必须不断提高科技实力和国防实力。他还指出，中国在技术上需要始终瞄准国际先进水平，大力实施科教兴国战略，要通过努力使中国的科技事业实现新的飞跃。这

---

① Nan Li, "The Party and The Gun: Civil-military Relations", in Gungwu Wang and John Wang, eds., *Interpreting China's Development*, Hackensack: World Scientific Publishing, 2007, p. 58.

② David Shambaugh, *China Goes Global: The Partial Power*, New York: Oxford University Press, 2013, p. 220.

是新时期，中国政府技术自主性意愿提高的一个重要表现。

2000 年，国务院颁布《国家科学技术奖励条例》，设立国家科学技术奖。中国官方宣称：设立该奖的目的，是为了奖励在科学技术进步活动中做出突出贡献的公民、组织，调动科学技术工作者的积极性和创造性，是为了加速中国科学技术事业的发展，提高中国的综合国力。而值得注意的是，其中的"国家最高科学技术奖"会报请国家主席签署并颁发证书和奖金，获奖者的奖金额为 500 万元人民币。设立如此巨额的奖金是中国政府在新的时期，对技术自主性的诉求提升的又一重要体现。而随着中国的进一步崛起，中国政府技术自主性的意愿更进一步提升。

进入 21 世纪以来，中国政府、学界、民众自主研发的意识在不断增强。在 2006 年，中国政府召开全国科技大会；2010 年，中国政府出台加快培育和发展战略性新兴产业的决定；2012 年，党中央、国务院召开全国科技创新大会；2015 年，中国政府印发了《中国制造 2025》；2016 年 5 月，中共中央总书记习近平发表《为建设世界科技强国而奋斗》讲话；2022 年，在党的二十大报告中，提出到 2035 年"实现高水平科技自立自强，进入创新型国家前列"。中国技术自主性诉求在不断提升。

（二）新世纪以来中国对技术自主性的诉求

步入新世纪以后，中国政府对技术自主性的诉求显著提升。2006 年初，中国召开了全国科技大会，这次会议对技术创新的基调与以往中国的技术政策有很大的不同。在这次会议上，中国政府开始强调走中国特色自主创新道路，建设创新型国家。当时一直强调中国需要自主创新、需要积累技术能力的北京大学教授路风应邀参加了大会。路风的研究和当时强调发挥中国"比较优势"，大力发展"劳动密集型"产业的学者有着显著的政策差异。

在2006年的全国科技大会上，时任中共中央总书记、国家主席、中央军委主席的胡锦涛发表了讲话——《坚持走中国特色自主创新道路为建设创新型国家而努力奋斗》。从胡锦涛的发言来看，我们就能发现，这次会议的特点就是对技术自主性的极度关注和强调，中国政府对技术自主性的认同进一步提高。会议指出要把"提高自主创新能力摆在全部科技工作的首位"，"把增强自主创新能力作为国家战略，贯穿到现代化建设各个方面，激发全民族创新精神，培养高水平创新人才，形成有利于自主创新的体制机制"。中国政府技术自主性意愿的提升得到了更明显的体现。中国政府意识到，中国需要技术自主性，就需要培养人才。会议也指出中国要培养"国际一流的科技尖子人才、国际级科学大师和科技领军人物，特别是要抓紧培养造就一批中青年高级专家"。[1] 为贯彻中央的自主创新精神，中宣部、科技部共同组织了自主创新报告团奔赴各地巡回演讲。自主创新报告团的成员有大型技术工程的负责人、大型技术项目的工程师、在自主创新上有所建树的政府官员以及主张自主创新的大学教授。他们巡回在全国各地做报告，以激发各地的自主创新意愿。[2] 同时，中国科学院、中共中央宣传部、教育部、科学技术部、中国工程院和中国科学技术协会又联合组织了一个"科学与中国"院士

① 胡锦涛：《坚持走中国特色自主创新道路为建设创新型国家而努力奋斗》，2006年全国科技大会发言。
② 张景安：《激扬创新精神：中宣部科技部自主创新报告团演讲录》，北京：知识产权出版社2006年版，第158—161页。

专家巡讲团。首场报告在中国首倡"民主与科学"的北京大学举行。报告团先后在全国二十多个省市举办了近 2000 场专题报告，邀请了近 200 位院士、专家参与，作了 260 人次的巡讲报告、电视访谈或电视录像。[1]

2008 年末，在对神舟七号进行表彰的会议上，中国国家主席胡锦涛指出，"必须始终坚持自力更生、自主创新，牢牢掌握我国科技发展的主动权"。[2] 这再次表明了中国领导层对中国坚持自主创新以保障中国国家安全这一政策的认同。在 2012 年的全国科技大会上，胡锦涛总书记再次强调："坚持自主创新、重点跨越、支撑发展、引领未来的指导方针，全面落实国家中长期科学和技术发展规划纲要，以提高自主创新能力为核心，以促进科技与经济社会发展紧密结合为重点，进一步深化科技体制改革，着力解决制约科技创新的突出问题，充分发挥科技在转变经济发展方式和调整经济结构中的支撑引领作用，加快建设国家创新体系，为全面建成小康社会进而建设世界科技强国奠定坚实基础。"并提出："进一步提高自主创新能力，大力培育和发展战略性新兴产业。"[3] 全国科技大会与中央政府派往全国各地的自主创新报告团，是中国政府技术自主性诉求提高的重要体现，也是中央政府对地方官员以及中国民众进行宣传与动员的重要方式。

中国各级政府、军队以及民众对"自主创新"的认同日益提升。政府官员在不少场合就强调：国际安全的考虑让中国加强了自主创

① 北京大学出版社还将诸多演讲整理加以出版，参见路甬祥：《科学与中国：院士专家巡讲团报告集》，北京：北京大学出版社 2006 年。
② https://www.gov.cn/ldhd/2008-11/07/content_1142680.htm.
③ https://www.most.gov.cn/ztzl/qgkjcxdh/qgkjcxdhttxw/201207/t20120704_95383.html.

新。如科技部有官员就指出："真正的核心技术是买不来的。冷战期间，美国等 17 个西方国家通过'巴统'协定，限制向社会主义国家出口战略物资和高技术，列入清单的有军事武器装备、尖端技术产品和稀有物资等三大类上万种产品。冷战结束以后，以美国为首的西方 32 个国家又订立了新的'瓦森纳协议'，继续限制并且不断强化所谓敏感技术的出口。近年来，针对我国连续发生的美国劳拉公司和休斯公司火箭发射事件、以色列预警机和'哈比'无人侦查机事件、欧盟对华军售解禁问题等，都反映出一些西方国家已经把对华技术控制作为扼制中国和平发展的一个重要手段。实践表明，真正的核心技术是很难通过正常贸易得到的。在核心技术领域，一个伟大而自尊的民族决不能幻想别人的恩赐！"① 又："真正的核心技术是买不来的。这是从当代国际发展的现实得出的结论。在一个似乎到处在强调自由贸易的世界中，真正的关系国计民生、国家安全的核心技术却是很难通过正常贸易得到的。作为一个有着自身特殊国情的发展中大国，解决自身经济社会发展重大问题的技术基础和能力，主要应当依靠我们自己的力量来建立。越来越多的事例表明，一些西方国家已经把对华技术控制作为遏制中国崛起的重要手段。"② 从上面中国政府官员的言论中，我们可以看到随着中国的迅速崛起，越来越多的中国政府官员开始摒弃技术国际主义的幻想，而国际安全的考虑是驱使中国政府加强自主创新意愿的重要动力。

---

① 梅永红是科技部政策法规与体制改革司副司长，参见梅永红：《自主创新与国家利益》，载张景安：《激扬创新精神：中宣部科技部自主创新报告团演讲录》，第 8—9 页。
② 上述发言者是胥和平，时任科技部办公厅调研室副主任，参见胥和平：《以自主创新理解发展》，载张景安：《激扬创新精神：中宣部科技部自主创新报告团演讲录》，第 44—45 页。

在安全的考虑下，中国国防部门自主创新的意愿也在提升。2009 年初，中国政府发表了国防白皮书——《2008 年中国的国防》。国防白皮书强调，尽管中国军队需要进行信息技术的升级换代，但是中国军队需要确保技术的自主性。《白皮书》宣称："坚持自力更生、自主创新，优先发展适应一体化联合作战需要的信息化武器装备，有重点有选择地改造升级现有装备。"由于需要确保军事技术的升级与技术自主性，军队对人才的重视也大大加强。白皮书宣称：中国军队需要"采取有效措施重点吸引保留科技领军人才、学科拔尖人才和技术专家人才"。

白皮书提到二炮近年来在人才建设方面的成绩，"第二炮兵把人才建设放在优先发展的战略地位……形成了以工程院院士、导弹专家、指挥军官和操作技术骨干为主体的人才队伍"。[①] 这正表明了随着中国的崛起，中国政府对军事技术人员要求提高，对军事技术人员日益重视。负责中国战略导弹的二炮司令员靖志远和政委彭小枫发表文章，也展示了二炮近年来对研发和技术人才的重视。文章指出："二炮拥有了自己的国家工程院院士和一大批国家级科技专家，作战部队拥有一支素质较高、结构合理的指挥、操作队伍和一支由导弹技术专家、技术尖子、技术骨干组成的技术人才队伍……科研力量的攻关能力不断提高，近十年来就有 483 项成果获国家和军队科技进步一、二等奖，一批重大成果填补了国家和军队空白。"同时，文章还对技术创新提出了要求，提出既要保障技术的自主性，又要保障技术的前沿性，"要牵引武器装备创新，依靠科技进步推

---

① 中华人民共和国国务院新闻办公室，《2008 年中国的国防》，2009 年 1 月发布。http：//www. scio. gov. cn/xwfbh/yg/2/Document/882774/882774. htm.

进自主创新，高起点研发主战武器装备，着力突破具有战略性、前沿性、基础性的核心关键技术，努力构建适应信息化条件下局部战争要求的武器装备体系"。①

而在 2009 年 3 月，中国国防部部长又向日本客人表示：中国不能永远没有自己的航空母舰。中国军方已经开始关注航母等重要军事技术的自主性。这是在新的安全形势下，中国军方技术自主性诉求提高的表现。

中国学界和企业家阶层对中国需要加强高端技术自主性的认识也在不断提高。中国科学家开始意识到技术自主性，尤其是与国家安全相关的技术自主性的重要性。这些学者都强调在新的安全形势下，需要加强中国的自主创新。2004 年，中国科学院举行了第十二次院士大会，中国工程院举行了第七次院士大会，两院院士最为关注的话题是：在中国科技发展的进程中，缺乏"自主创新的核心技术"，始终是中国的一个致命弱点。大多数院士们认为，"中国高技术产业发展的现状无法令人乐观：产业技术的一些关键领域存在较大的对外技术依赖，不少高技术含量和高附加值产品主要靠进口。在信息、生物、医药等产业领域的核心专利上，中国基本上受制于人；在一些关键技术，尤其是具有战略意义的重大装备制造业，如航空设备、精密仪器、医疗设备、工程机械等高技术含量和高附加值产品，中国主要都是依赖进口；而在国家安全领域，一些重大武器装备和急需的关键元器件只能依赖进口，处处存在被别人'卡脖子'的危险。甘子钊院士曾经考察过国内的一些集成电路企业，它

① 靖志远、彭小枫：《建设中国特色战略导弹部队——改革开放 30 年第二炮兵建设发展回顾与实践》，载《求是》，2009 年 3 期。

们的特征是：核心技术深度依赖国外厂商，一旦国外停止供应核心技术，十五天之内只能停产。"①

参与核武器研制的科学家贺贤土就指出："一些跟国防有关的核心的高科技，西方国家不会卖给我们。"他对中国依赖于外国技术予以很大质疑，他指出："现在我们的经济发展得很不错，势头也很好，高科技的生产已经占了较大比重。但是，大量的产值是合资企业生产的，是外面的公司在我们这里生产的高科技产品的产值。这虽然对发展我们的经济十分重要，但如果我们深入地想一想，就包含了某种风险在里面。一旦有风吹草动，外资可能会大批撤走，他的厂房可以留给你，机器可以留给你，但是核心的技术，他没有告诉你，这样生产就会受很大影响，甚至停顿。即使你能生产，但是知识产权不是你的，人家就会卡你。另外，在国防上，我们买了人家很多飞机、兵舰，自己没有掌握关键技术，受制于人，这也是很危险的事。因此在这一点上，我感到有某种危机感，只有真正掌握核心的技术，我们才不怕。20世纪60年代，前苏联撤走了以后，不光是核武器，整个国家很多大项目就处在停顿状态，建设受到较大影响。"② 空间信息技术专家童庆禧院士也指出，国家的安全形势让中国需要注重技术的自主性。他指出：从美伊战争来看，"伊拉克基本上没有任何可以获得现代信息的手段，所以只能被动挨打……处于盲目状态的伊拉克在这场战争中也只能接受失败的结果，而这是一开始就注定了的结局"，他进一步指出："美国对台海两边的军事

---

① 浦树柔、戴廉：《两院院士：缺乏自主创新核心技术是中国软肋》，中国新闻网，2004年6月7日。https://www.chinanews.com/news/2004year/2004-06-07/26/445594.shtml。

② 贺贤土：《参加核武器研制的经历与体会》，载路甬祥主编：《科学与中国：院士专家巡讲团报告集》（第一辑），第71页。

侦察，也从不甘寂寞。他们通过各种设备，将海峡两岸的军事设施，特别是大陆方面的军事设施公之于众……我们必须认识到技术落后，可能就会被动。"① 李仁德院士也从安全的角度强调中国需要研发卫星导航系统，他指出，"在现代化战争和国防建设中，数字地球具有十分重大的意义……而且数字地球是一个典型的平战结合，军民结合的系统工程，建设中国的数字地球工程符合我国国防建设的发展方向。"②

对中国需要自主研发芯片的呼声也日益提高。中科院计算所微处理器技术研究中心主任胡伟武强调："中国是个大国，文化和意识形态与西方发达国家有很大的差异，核心技术是买不来的，更是拿市场换不来的。"核心的信息技术关系国家安全。胡伟武指出："目前信息战已成为威胁敌对国安全的重要手段，如果我们不掌握信息领域的核心技术，我们的指挥系统、武器装备、金融中心等关系到国家安全和社会稳定的领域和部门就难以有真正的安全，我们的国家安全必将受到严重威胁。"他指出："龙芯处理器的研发成功，标志着我国已经掌握了高性能通用处理器的核心技术。从此，我国的信息产业就有了腾飞的基础，中国的信息安全也就有了基本保障！"③ 中国学界也有不少人认识到，中国强调自主创新，在新的国际形势下更多是一笔政治账而非经济账。路风教授论及中国的 TD-SCDMA 电信自主技术标准的时候也是持类似的看法。他指出："政治决断要

---

① 童庆禧：《空间信息技术与社会可持续发展》，载路甬祥主编：《科学与中国：院士专家巡讲团报告集》（第一辑），第 146—147 页。
② 李德仁：《数字地球与"3S"技术》，载路甬祥：《科学与中国：院士专家巡讲团报告集》（第一辑），第 119 页。
③ 胡伟武：《为了"龙芯"的跳动》，载张景安：《激扬创新精神：中宣部科技部自主创新报告团演讲录》，第 63—64 页。

求在政治层次上做出决策,如果不做,中国的国家战略利益就会受到重大威胁。因此,这件事在战略决策上是没有商量余地的,至于技术和财力可行性的问题只能包括在有关政治决断的考虑之中。"路风教授一直倡导中国需要自主研制大飞机,他说:"大飞机项目的成功还会使中国的空中力量发生质的飞跃,使中国在军事上更为安全。因此,由大飞机项目所推动的航空工业技术能力的跃升,将不仅足以使中国在世界经济中的地位发生结构性变化,而且将为保证中国的政治独立和国家主权提供强大的手段。这是一个强国之项目。"①

　　企业界对大飞机项目的认识也如出一辙。南方航空前副总裁表示,从国家战略角度看,中国必须研制自己的飞机,"不研发不生产就永远是空白,一旦有外交、政治等问题牵涉,国家就很被动"。这种论调也是强调,中国的国家安全,让中国政府需要考虑技术自主性的政治账。而有人甚至坦言:"我并不看好国产大型民用飞机的商业前景,因为航空公司显然会采购技术上已非常成熟的波音、空客的产品。但从国家利益上说,中国必须走出这一步。"由于安全的需要,中国工程院院士、一航集团的刘大响表示,大飞机必须要立足于国内,自主研制,尤其是动力系统,最终飞机一定要有"中国心"。② 因此,从中国官方、学界以及企业界等方面的意见来看,随着中国的迅速崛起,中国各界对技术自主性重要性的共识在不断增强。而这些共识推动了中国重大技术投入的显著增加,在一些领域已经初见成效。

---

① 路风:《走向自主创新:寻求中国力量的源泉》,桂林:广西师范大学出版社 2006 年版,第 403 页,第 330 页。
② 关于上述新闻报道,参见《国务院批准大型飞机立项　将建大型客机股份公司》,新华网,2007 年 3 月 18 日。

2012 年中国共产党召开了十八大，中国领导人对"自主创新"、"加快实现高水平科技自立自强"的强调更进一步提升。在 2017 年中国共产党的十九大报告中，提出中国到 2035 年跻身创新型国家前列的战略目标。在 2022 年的二十大报告中，再次强调："以国家战略需求为导向，集聚力量进行原创性引领性科技攻关，坚决打赢关键核心技术攻坚战。"①

　　习近平总书记在多个场合反复强调中国需要走"自主创新"的道路。2014 年，习近平总书记指出："我国科技创新基础还不牢，自主创新特别是原创力还不强，关键领域核心技术受制于人的格局没有从根本上改变。只有把核心技术掌握在自己手中，才能真正掌握竞争和发展的主动权，才能从根本上保障国家经济安全、国防安全和其他安全……不能总是指望依赖他人的科技成果来提高自己的科技水平，更不能做其他国家的技术附庸，永远跟在别人的后面亦步亦趋。我们没有别的选择，非走自主创新道路不可。"2015 年，习近平总书记强调："我国发展到现在这个阶段，不仅从别人那里拿到关键核心技术不可能，就是想拿到一般的高技术也是很难的……所以立足点要放在自主创新上。"2020 年，习近平总书记再度强调："实践反复告诉我们，关键核心技术是要不来、买不来、讨不来的。"2022 年，习近平总书记指出："科技自立自强是国家强盛之基、安全之要。"2023 年，习近平总书记指出，"努力突破关键核心技术难题，在重点领域关键环节实现自主可控。"②

---

① https://www.gov.cn/xinwen/2022-10/25/content_5721685.htm。

② 中共中央党史和文献研究院、中央学习贯彻习近平新时代中国特色社会主义思想主题教育领导小组办公室编：《习近平新时代中国特色社会主义思想专题摘编》，北京：党建读物出版社、中央文献出版社 2023 年版，第 141 页，第 190—194 页。

中国领导人的反复表态，中国各界的积极支持，展示中国对自主创新道路的高度认同，走自主创新道路已在中国社会形成共识。

（三）推动科技自立自强的举措与成效

在中国自主创新意愿增强的同时，中国政府也开始出台一系列政策，以走自主创新道路，推动经济高质量发展，加快实现高水平科技自立自强。诸多政策密集出台，中国的自主创新已取得了重要成绩。

为了促进自主创新，中国政府在法律法规方面作出了很大的努力。2007 年中国政府修订了《中华人民共和国科学技术进步法》。修订后的《科学技术进步法》把新时期国家发展科学技术的方针战略上升为法律。与 1993 年的科技进步促进法相比，新修订的科技进步法明确提出一些内容，如"实行自主创新"、"构建国家创新体系，建设创新型国家"，新的法律还从财政、金融、税收、政府采购等各方面为自主创新提供支持。而为了确保技术上的自主性，国家开始提供财政投入的保证。"国家加大财政性资金投入……推动全社会科学技术研究开发经费持续稳定增长。"新的法律规定："县级以上人民政府应当把科学技术投入作为预算保障的重点……应当保证科学技术投入增长幅度高于本级财政经常性收入的增长幅度。"这就从立法上保证对科学技术的投入，并要求地方政府的配合。

同时，新的法律表现出中央政府对技术进步的统筹协调。"国务院科学技术行政部门负责全国国家高新技术产业开发区事务的统筹协调和对国家高新技术产业开发区的业务指导和监督检查。"强调中央政府的统筹协调，这是新的科技法的一个重要特征。新的科技进步法还规定，根据经济社会发展和国家安全的重大战略需求，在新兴交叉前沿领域建设学科交叉的国家实验室，这是在科学技术领域，政府作用拓展的重要体现。为了保障新的科技进步法的实施，中央政府从立法角度加强了政绩考核与分配奖励。新的法律强调，"对国有企业负责人的业绩考核，应当将技术创新投入、创新能力建设等纳入考核的范围"。这是政绩考核体系中容纳激励因素，通过政绩考核来鼓励自主创新。新的法律也规定，根据各类科学技术活动特点建立科学技术人员分配激励机制。

同时，新的科技进步法从立法来保证政府对自主技术的采购。"对境内公民、法人或者其他组织自主创新的产品、服务或者国家需要重点扶持的产品、服务，在性能、技术等指标能够满足政府采购需求的条件下，政府采购应当购买；首次投放市场的，政府采购应当率先购买。"由于政府的采购对保障高科技产品的市场极其重要，因此，新通过的技术进步法对政府采购的强调，为保障中国技术市场的政府规模起到了极其重要的作用。修订科技进步法，意味着中国政府的自主创新战略在中国的法律上已经有了明显的体现。

2022 年 1 月，新修订的《中华人民共和国科学技术进步法》正式实施。在新修订的法律中，提出"走中国特色自主创新道路，建设科技强国"、"推动关键核心技术自主可控"。伴随着法律的颁布实施，相关的举措密集出台。

2006 年 2 月中国政府颁布了《国家中长期科学和技术发展规划纲要》（2006—2020）。① 该纲要共安排了十六个科技重大专项，重点安排了八个技术领域的二十七项前沿技术，十八个基础科学问题，

---

① http://www.gov.cn/jrzg/2006-02/09/content_183787.htm。

并提出实施四个重大科学研究计划。此后，为了保障纲要的顺利实施，国务院印发了实施这一纲要的若干配套政策。《纲要》指出：到2020年，中国科学技术发展的总体目标是："自主创新能力显著增强，科技促进经济社会发展和保障国家安全的能力显著增强，为全面建设小康社会提供强有力的支撑；基础科学和前沿技术研究综合实力显著增强，取得一批在世界具有重大影响的科学技术成果，进入创新型国家行列，为在本世纪中叶成为世界科技强国奠定基础。"纲要提出，经过十五年的努力，要实现一些具体的目标，如："掌握一批事关国家竞争力的装备制造业和信息产业核心技术，制造业和信息产业技术水平进入世界先进行列"；"国防科技基本满足现代武器装备自主研制和信息化建设的需要，为维护国家安全提供保障"；"涌现出一批具有世界水平的科学家和研究团队，在科学发展的主流方向上取得一批具有重大影响的创新成果，信息、生物、材料和航天等领域的前沿技术达到世界先进水平"；"建成若干世界一流的科研院所和大学以及具有国际竞争力的企业研究开发机构，形成比较完善的中国特色国家创新体系"。这些都与中国的国家安全与技术自主性息息相关。《纲要》还对高等教育的发展提出了新的要求，指出："加快建设一批高水平大学，特别是一批世界知名的高水平研究型大学，是我国加速科技创新、建设国家创新体系的需要。"而中国加大对高等教育的重视和人力资本投入正是在权力转移背景下，技术竞争的需要。

以往"技术国际主义"的政策倾向，在《纲要》里面受到了强烈的质疑。"只引进而不注重技术的消化吸收和再创新，势必削弱自主研究开发的能力，拉大与世界先进水平的差距。事实告诉我们，在关系国民经济命脉和国家安全的关键领域，真正的核心技术是买不来的。"出于国家安全的考虑，新的纲要开始强调要加强技术自主性，降低对外技术的依存度。纲要提出："到 2020 年，全社会研究开发投入占国内生产总值的比重提高到 2.5% 以上，力争科技进步贡献率达到 60% 以上，对外技术依存度降低到 30% 以下，本国人发明专利年度授权量和国际科学论文被引用数均进入世界前 5 位。"中国政府希望短期内大幅度降低对外技术依存度，降到三分之一左右，是中国政府自主创新意愿极大提高的体现。为了保证自主研发的空间，中国政府对一些外国技术需要加以限制。中国政府的文件指出："定期发布禁止和限制引进的重大技术装备和重大产业技术目录，防止盲目重复引进。"[①] 同时为保证自主研发，纲要提出在未来十五年，中国研发的投入需要大幅度增长，研发经费占 GDP 的百分比，从 2005 年的 1.35%，提高到 2020 年的 2.5%。

《纲要》的自主创新论调在第二年召开的中国共产党第十七次代表大会上也得到了进一步强调。本次大会提出，提高自主创新能力，建设创新型国家，是国家发展战略的核心，是提高综合国力的关键；明确要求坚持走中国特色自主创新道路，把增强自主创新能力贯彻到现代化建设各个方面。尤其值得注意的是，《纲要》所列举的中国未来发展的十六个重大技术专项中，大部分与国家安全息息相关。之所以要列重大专项是由于中国国力有限，实施自主创新需要很高成本。因此，政府列举了一些重大专项。"按照有所为有所不为的原则，集中优势力量，启动一批重大专项，力争取得重要突破，提高国家核心竞争力。"这些重大专项包括了核心电子器件、高端通用芯

---

① 参见《中共中央、国务院关于实施科技规划纲要增强自主创新能力的决定》，https://www.gov.cn/gongbao/content/2006/content _240241.htm。

片及基础软件、极大规模集成电路制造技术及成套工艺、新一代宽带无线移动通信、高档数控机床与基础制造技术、大型先进压水堆及高温气冷堆核电站、大型飞机、高分辨率对地观测系统、载人航天与探月工程等。重大技术专项覆盖面相当广泛，涉及信息、能源、航天等战略产业，为保障中国的国家安全起到了重要的作用。

当中国政府明确走自主创新道路后，中国政府研发经费显著增加。从 20 世纪 90 年代后期开始，中国研发就增长迅速。从占比上看，中国研发金额占 GDP 的比重从 1996 年的 0.6% 迅速上升到了 2005 年的 1.34%，在十年内翻了一番。从增速上来看，20 世纪 90 年代末以来，中国的研发支出增长快于 GDP 的增长速度，在 2000 年到 2006 年期间，中国研发支出的平均增长为 22.4%，远远快于经济增长。①

2012 年以后，中国政府的研究投入继续保持上升势头。2021 年中国研究与试验发展（R&D）经费投入总量为 2.8 万亿元，比 2020 增长 14.6%，已连续 6 年保持两位数增长。中国 R&D 投入呈现大体量、高增长特点。从增长速度看，2016 年至 2021 年，中国 R&D 经费年均增长 12.3%，明显高于美国（7.8%）、日本（1%）、德国（3.5%）和韩国（7.6%）等发达国家 2016 年至 2020 年的增速。从投入强度看，中国 2021 年 2.44% 的研发投入水平在世界主要国家中排名第 13 位，超过法国（2.35%）、荷兰（2.29%）等创新型国家。②

在增加整体研发投入的同时，中国政府也加大了重要科技项目

---

① 国家统计局、科技部编：《中国科技统计年鉴》（2008），北京：中国统计出版社 2008 年版，第 325 页。

② http://www.gov.cn/xinwen/2022-08/31/content_5707595.htm。

的投入。进入 2000 年以后，国家自然科学基金的拨款增长与国家重点基础研究的拨款远远高于中国的经济增长。在 2009 年初，中国政府又提前启动了六千亿元的科技重大专项投入。[1] 到 2022 年，国家自然科学基金财政预算达到 330 亿元。[2]

如果说进入 21 世纪以后，大国都增加了研发投入，那么与其它大国相比，中国的研发投入最显著。如果说中国大幅度增加研发投入是经济增长的自然反应，那么无论从中国技术投入的增长比率（远远高于经济增长），还是从技术投入的方向上来看（与国家安全相关的研发开始日益显现），技术投入不仅是经济逻辑。中国研发经费的大幅度扩展要放在国际安全局势变迁的背景才能更好地理解，而相关的技术努力已取得可见的成效。

在 2013 年，即大约十年前本书第一版出版时，关于中国技术成效的资料还很匮乏。书中指出："值得注意的是，中国的技术进步与当年日本一样，缺乏世界范围的原创性。尽管如此，大规模技术投入和采购对技术的改进、技术人才的培养、技术能力的积累都意义重大，也为今后重大的、原创性技术的出现铺平了道路。""面临国际形势的变化，尽管中国在技术政策上所做出的回应时段还比较短，很多技术产出还没有明显地显示出来。但是，从已有的技术产出以及大量的研发投入来看，我们可以大致预测：随着中国的进一步崛起，中国会提升对技术自主性的诉求；政府也会相应加大对科学技术的干预；中国的军事技术也会迈上一个新台阶；中国对基础科学、人力资本的投入会持续增加；在以后的一段时间里，中国会有更显

---

① 国家统计局、科技部编：《中国科技统计年鉴》（2008），第 250 页。
② https://www.nsfc.gov.cn/publish/portal0/tab440/info84550.htm。

著的技术变迁。"① 在修订第二版时，由于中国迅速崛起，中美安全形势的变化，近年来中国在重大技术上做出了诸多努力，在很多领域已经有了显著成效。

在空间科技方面，中国取得了重大的技术进步。2003 年 10 月，中国发射并回收"神舟"五号载人飞船，首次取得载人航天飞行的成功，突破了载人航天基本技术，成为世界上第三个独立开展载人航天的国家。2005 年 10 月，神舟六号飞船成功地进行了一次双人五天的太空飞行，航天员首次进入轨道舱生活并开展科学试验活动，并顺利返回地面。② 2008 年 9 月，中国又发射了神舟七号载人飞船，并成功实现了太空行走。这次是中国首次实施的空间出舱活动。时任国家主席胡锦涛到指挥中心观看了出舱活动，并与宇航员通话。2004 年 1 月，中国正式批准绕月探测工程立项，将中国第一个月球探测工程命名为"嫦娥一号"工程。2007 年，嫦娥一号成功发射，中国迈出了探月工程的第一步。到 2020 年，嫦娥五号携带月壤样品成功返回地球，探月工程不断取得重大进展。2021 年，中国成功发射"祝融号"，开始探索火星。2021 年，中国又成功发射首颗太阳探测科学技术试验卫星"羲和号"；同年，"天和"核心舱成功发射，中国空间站建造进入全面实施阶段。③

此外，中国的北斗系统也在稳步推进。2000 年 10 月，中国自行研制的第一颗导航定位卫星"北斗导航试验卫星"在西昌卫星发射

---

① 黄琪轩：《大国权力转移与技术变迁》，上海：上海交通大学出版社 2013 年版，第 195 页。
② 上述材料参见，国务院新闻办公室发布的《2006 年中国的航天》白皮书全文。https://www.ncsti.gov.cn/kjdt/ztbd/jjhtkjzwftmx/bps/202203/t20220328_63896.html。
③ 中华人民共和国国务院新闻办公室：《2021 中国的航天》白皮书，2022 年 1 月。https://www.gov.cn/zhengce/2022-01/28/content_5670920.htm。

中心发射成功。中国致力于建设北斗卫星导航系统，掌握自主研发能力，力图打破美、俄在卫星导航领域的垄断地位以更好地保障国家安全。"北斗一号"是中国独立自主研发的卫星导航系统。从 2017 年起，北斗系统以两年半时间 18 箭 30 星的速度完成全球星座部署。在《新时代的中国北斗》白皮书中指出："北斗卫星导航系统（以下简称北斗系统）是中国着眼于国家安全和经济社会发展需要，自主建设、独立运行的卫星导航系统。"[1]

中国政府在 20 世纪 90 年代就日益重视信息技术的发展。近年来，在信息科技方面，中国技术进步也成就显著。中国已经研制出先进的 CPU 芯片，研制出许多重要的应用芯片，逐步结束了中国计算机以及中国的电子产品无芯的历史。中国自主研发的魂芯系列、龙芯系列、神威系列、飞腾系列、申威系列、鲲鹏系列、海光系列、兆芯系列、星光系列、北大众志系列等芯片不断涌现。中国在光刻机技术领域也不断向前迈进。中国已经研制出超级的大型计算机。在世界最快的 500 台计算机排名中，在 2001 年时，中国还不在名单上。2010 年，经过改进的"天河一号"实测运算速度超越了美国橡树岭国家实验室的美洲虎超级计算机，成为当时世界上最快的超级计算机。在 2022 年，世界最快的 500 台计算机排名中，中国占据 162 台，比欧洲多 31 台，比美国多 36 台。[2] 中国的集成电路、新型显示、5G 等领域技术创新密集涌现。超高清视频、虚拟现实、先进计算、人工智能、大数据等领域发展步伐进一步加快。根据世界贸易

---

[1] 中华人民共和国国务院新闻办公室：《新时代的中国北斗》，2022 年 11 月。http：//www. gov. cn/zhengce/2022-11/04/content _ 5724523. htm。

[2] https：//www. statista. com/statistics/264445/number-of-supercomputers-worldwide-by-country/.

组织 2019 年全球价值链报告,在当前的全球价值链中,中国信息通讯技术的国际供应与需求已成为和美国旗鼓相当的、并驾齐驱的一个中心。①

在能源技术领域,中国也不断取得新的成绩。太阳能等新能源产业是美国的新兴产业。在中国企业大规模进入该技术领域后,美国太阳能光伏企业面临极大压力。美国一家名为索林卓(Solyndra)的企业其主要投资者撤资了。该企业损失了 11 亿美元的投资,上千个工作岗位随之消失。同时,美国政府也难以收回 5.35 亿美元的担保贷款。索林卓认为来自中国企业的"不公平竞争"致使其陷入困境,对中国企业提起了诉讼。从英特尔公司分离出来的另一家太阳能光伏企业光谱瓦特(Spectrawatt)也面临类似境遇。美国联邦和州政府为其提供了 3200 万美元的资助,但该企业最终破产。他们认为导致破产的一项重要因素来自中国企业的竞争。中国的宁德时代等企业日益引领着新能源车的动力电池系统、储能系统,也日益吸引来自世界各国的目光。

2011 年,中国"蛟龙"号载人深潜在下潜实验中突破 5000 米水深大关。中国载人深潜器取得重大突破,成为继美、法、俄、日之后,世界上第五个掌握 3500 米以上大深度载人深潜技术的国家。此外中国的"海翼"号系列水下滑翔机、深海原位拉曼光谱探针等不断涌现。2016 年,"海斗"号无人潜水器最大潜深达万米,中国深海科考进入万米时代。2020 年,"海斗一号"潜入到地球最深区域——

---

① World Trade Organization, *Global Value Chain Development Report 2019: Technological Innovation, Supply Chain Trade, and Workers in a Globalized World*, 2019, p. 33. https://www.wto.org/english/res_e/booksp_e/gvc_dev_report_2019_e_prelims.pdf.

马里亚纳海沟。

中国在交通运输、造船、大型民用客机制造等领域也成果丰硕。在 2010 年 12 月，在京沪高铁枣庄至蚌埠间的先导段联调联试和综合试验中，中国新一代高速动车最高时速达到 486.1 公里。中国高铁刷新世界铁路运营试验最高速。截至 2019 年，中国高速铁路列车最高运营速度 350 千米/小时，居全球首位。2011 年 8 月，经过中国改造的航空母舰"辽宁舰"试航成功，2012 年交付中国海军。"辽宁舰"航母为中国的航母研发提供了进一步的平台和基础。山东舰、福建舰航母相继交付中国海军。中国新一代军用大型运输机运-20于 2013 年首飞成功；2023 年，中国的国产大型民用客机 C919 迎来商业首航。2023 年上映的电影《长空之王》从一个侧面展示了中国自主研制的新一代隐身战斗机歼-20。在诸多技术领域，中国取得了重大技术进步。

2022 年，中国共产党的二十大报告总结了中国在相关领域的突破："加快推进科技自立自强，全社会研发经费支出从一万亿元增加到二万八千亿元，居世界第二位，研发人员总量居世界首位。基础研究和原始创新不断加强，一些关键核心技术实现突破，战略性新兴产业发展壮大，载人航天、探月探火、深海深地探测、超级计算机、卫星导航、量子信息、核电技术、新能源技术、大飞机制造、生物医药等取得重大成果，进入创新型国家行列。"① 如图 6.1 所示，在同一时期，从世界主要大国投入的研发经费来看，尽管美国仍然领先，中国的研发经费投入已迅速赶超了法、德、英、日等国家。且从增长速度来看，其他大国如法、德、英、日等国家的变动幅度

① https://www.gov.cn/xinwen/2022-10/25/content_5721685.htm.

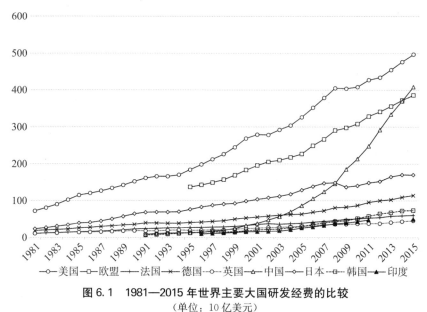

图 6.1 1981—2015 年世界主要大国研发经费的比较
（单位：10 亿美元）

资料来源：National Science Board. *Science and Engineering Indicators 2018*, Arlington, Va.：National Science Foundation, 2018, Part4, p. 42。

则远不及中国。

因此，要解释随着中国的崛起，中美技术政策的调整，离不开国际安全形势变化的逻辑。中国作为一个大国迅速崛起，其技术轨道的走向与以往崛起的大国有着很多的共性。对重大技术变迁而言，能力和意愿都很重要。而世界政治中的领导国与挑战国既有能力，又有意愿推动技术革新。领导国与挑战国是世界政治中的大国，是技术潜力最强劲的国家，因此它们有能力；无论是进攻抑或是防御，都依靠关键技术，因此它们也有意愿。大国权力转移不断驱动着重大技术的变迁。崛起的中国正致力于走自主创新道路，建设世界科技强国。

当前，不少研究者关注呼之欲出的"第四次工业革命"。重大技术变迁无疑会加剧这个世界的变化，无论是在国际安全领域，还是在国际政治经济领域，第四次工业革命都在深刻改变国际关系。在此过程中，不仅孕育着繁荣与希望，还带来了不确定性与挑战。技术变迁的一个关键词就是"不确定性"，在权力转移背景下，崛起的中国既有能力，也有意愿来应对第四次工业革命带来的诸多"不确定性"，在"不确定"的世界中寻求秩序与繁荣。在大国竞争加剧的背景下，在"新的动荡变革期"，迈向世界科技强国的中国定能引领新一轮世界技术革命。

第七章

战后美国霸权战略与技术变迁

二战后，美国成为了世界政治的领导国。一般而言，国际秩序主要通过均势战略、霸权战略与制度战略来维系。[①] 均势战略和霸权战略是世界政治中的大国常常交替使用的大战略。面对崛起国的挑战，一个身处世界霸权的国家常常实施霸权战略，以寻求建立和维护地区与全球秩序。此秩序能反映并强化霸权国家的价值观与利益诉求，进而维护其霸权地位。

第一节　美苏竞争下美国的国内政治经济

在美国处于领导国的时期，它经历了几次大国崛起对其领导权构成的冲击。美国政府均在技术政策上做出相应回应，以维系自身的领导权地位。在这几个崛起国中，苏联对美国构成的挑战以安全竞争为主，乃至冲击了美国主导的资本主义世界秩序，此时美国的技术政策有更显著的回应。而日本的崛起与苏联相比，更多的是经济竞争为主，因此美国的技术政策回应力度会相应减弱，回应的方向也与对苏联的回应有别。当前，面对中国的迅速发展，美国政府也积极做出政策调整，以做出回应。最直观的表现就是美国联邦政府研发开支的消长。从美国联邦政府研发资金投入波动的情况来看，战后美国联邦政府对研发资金的投入呈现周期性的波动。而这三次

---

① 约翰·伊肯伯里著，门洪华译：《大战胜利之后：制度、战略约束与战后秩序重建》，北京：北京大学出版社 2008 年版，第 20 页。

增加研发资金投入的时段，都与崛起国迅速崛起的时期相吻合。当面临大国迅速崛起影响到自身霸权地位时，试图实施霸权战略的美国每次都会显著提升联邦政府对研发的支出。由于冷战时期的资料最为丰富，美国对苏联的技术反应亦为"典型案例"，本章以苏联崛起时期美国政府对此做出的技术反应为主要案例，并将日本和中国崛起时期美国政府的技术反应作为辅助案例。

(一) 美国对挑战国技术进步的敏感性

从 20 世纪 50 年代中期到 60 年代，与美国相比较，苏联经济增长取得了很大的优势。因此，美国在科学和技术上做出的反应就是：政府对研发的投入有了显著的增长，并一直持续到 20 世纪 60 年代中期。而有研究者观察到，二战后的这个时期"美国政府启动了有史以来第一次对大学的大规模资助"。[①] 当苏联对美国的挑战减弱，美苏关系逐渐缓和时，美国联邦政府的研发投入呈下滑趋势。当苏联的安全竞争减弱后，美国面临日益严峻的来自日本的经济竞争，到 20 世纪 80 年代，美国对此做出的反应与前期大体相同，就是政府对研发的资助再度大幅度上升。步入 21 世纪以后，随着中国的日益发展，尤其是中国步入"新时代"以后，美国政府又开启了新一轮的联邦政府介入研发，以进行新一轮的霸权护持。

日本和中国崛起对美国构成的竞争不如当时苏联崛起对美国构成的竞争严峻。日本竞争驱动的研发波动明显弱于苏联。而为应对

[①] Gunter Heiduk and Kozo Yamamura, *Technological Competition and Interdependence: The Search for Policy in the United States, West Germany, and Japan*, Seattle: University of Washington Press, 1990, p. 7.

中国竞争，美国政府启动的《2022 年芯片与科学法案》等大规模投资计划还没有充分展开。几次崛起国对美国的挑战在程度上是有所差别的。由于苏联对美国的挑战更明显，当时记载的资料更丰富，因此我们本章主要分析苏联对美国的挑战。

作为世界政治领导国的美国，总是遇到不同崛起国的崛起，因此它的研发支出尽管有所起落，但其经费总额总是居高不下。美国巨额的研发经费当然与其巨大的经济规模密切相关；而美国的世界政治领导国地位也促使了美国研发经费的增长。而我们还可以看到，在 20 世纪 80 年代日本崛起的时候，日本的研发经费大幅度上升；而进入 21 世纪，尤其是步入"新时代"以后，中国的研发经费也开始大幅度上升。此外，法国、德国、英国等国家的研发经费没有大幅度波动，相对比较稳定。这也是由于它们在世界政治中的地位所决定的。在第四章我们看到，在苏联作为崛起国的时期，苏联自主研发的意愿增强了，技术进步政府规模的扩展推动了苏联大量高端技术的出现。而在同一时期，美国的这一意愿也增强了，技术进步的方向也相应转变。与苏联一样，美国技术进步政府规模的扩展也来自对国家安全的反应，尤其是对苏联取得的领先技术的回应。

以往，巨大水体的阻隔，尤其是大洋的阻隔可以让大国的权力投射限定在一个区域而非全球。[①] 这在一定程度上缓解了大国之间的冲突。而二战后，技术进步使得大国的机动性（mobility）增强，权力投射随之扩展，大洋阻隔也难以有效降低大国的跨洋行动。二战后，技术进步对经济增长的贡献显著增强，国家经济发展速度和崛

---

① John Mearsheimer，*The Tragedy of Great Power Politics*，p. 41.

起速度远远快于往常。苏联作为后发展国家，通过国家集中干预的方式来迅速实现工业化。① 这种依靠国家集中干预的方式以实现快速经济增长的发展模式更容易被外界所感知。因此，如前所述，不仅现存权力分布的变化导致了国家行为的变化；二战以后，大国增量的变化幅度与变化速度也会极大改变大国间的预期，进而改变国家行为。由于二战后苏联权力增长迅速，这让美国预期苏联有可能在不久的将来主导世界。因此，美国开始积极应对苏联在未来的挑战。1947 年，美国外交官乔治·凯南（George Kennan）提出通过政治和经济手段来"遏制"苏联共产主义的扩张。而与此同时，由于大国的对抗离不开国家科技实力的发展，因此，通过国家干预来赢得技术上的优势就提上了美国政府的议事日程。

而当美苏双方持有的核力量已经到达了相互确保摧毁（mutual assured destruction）的时候，美苏竞争并非如理论预期认为"核革命"会导致：有了核保护的大国不再重视盟友关系；降低军备竞赛的烈度；对地缘战略的重视下降。相反，"核革命"以后的美苏一如既往地重视盟友关系，军备与技术竞争的烈度还在升级。② 有研究者展示，随着技术进步，世界政治经历了"情报革命"（intelligence revolution）与"精确革命"（accuracy revolution），这可能会削弱"核革命"带来的"威慑"力量。在冷战前后，美国大幅度提高了情报能力。空间雷达能持续监视他国移动导弹，地面传感器以及隐形

---

① Alexander Gerschenkron, *Economic Backwardness in Historical Perspective: A Book of Essays*, pp. 5 – 30.

② Keir Lieber and Daryl Press, *The Myth of the Nuclear Revolution: Power Politics in the Atomic Age*, Ithaca: Cornell University Press, 2020, pp. 1 – 30.

无人机也为锁定、摧毁对手的核设施提供了基础。^① 同时，大国间摧毁对方核设施的可能性与准确性极大提高。在 1985 年，美国对载有核弹头的洲际弹道导弹的命中率为 50% 左右；到了 2017 年，这一命中率已经接近 80%。伴随隐形无人机、网络地面传感等技术的发展，一个大国的核武器库即便今天看来是安全的，未来也可能变得脆弱，变得容易受到摧毁性打击。^② 即便拥有核武器的大国，其"二次打击能力"也可能被"情报革命"与"精确革命"削弱。

因此，美苏两国在权力转移时期，双方均大规模地对技术进行投入以确保自身安全。如米尔斯海默所言："军事技术的不对称扩散"使得国家不会同时获得新技术。这意味着创新者往往比落后者获得重大的，尽管是暂时的优势。^③ 一项新的重大技术突破可以迅速改变两国之间的进攻—防御平衡。因此，美苏双方具有相当强烈的意愿进行大规模的技术投入。作为领导国的美国，对崛起国苏联的技术进步相当敏感。苏联在技术上取得的任何进展，往往都能引起美国情报部门的注意。美国情报部门需要评估苏联现有的科学技术能力；他们也需要评估苏联未来可能达到的科学技术能力（比如预测苏联超级计算机项目的研发进展）；他们还需要评估苏联可能研发出的高端武器；他们也密切关注苏联在空间领域取得的重大进步。由于苏联每一步重大的技术进步都构成了对美国安全新的威胁，因

---

① Austin Long and Brendan Green, "Stalking the Secure Second Strike: Intelligence, Counterforce, and Nuclear Strategy", *Journal of Strategic Studies*, Vol. 38, No. 1 - 2, 2015, pp. 38 - 73.

② Keir Lieber and Daryl Press, "The New Era of Counterforce: Technological Change and the Future of Nuclear Deterrence", *International Security*, Vol. 41, No. 4, 2017, pp. 9 - 49.

③ John Mearsheimer, *The Tragedy of Great Power Politics*, pp. 231 - 232.

此苏联的技术进步也极大地推动了美国政府对技术的投入与采购。

这里的典型案例就是 1957 年苏联人造卫星上天对美国的冲击。在 1957 年 10 月，苏联成功发射了世界上第一颗人造地球卫星史普尼克。这一科学事件给美国带来了重大的影响。对美国的天文学学科而言，这是具有重要意义的时刻。在苏联发射人造地球卫星之前，美国在研发方面的投入大致占 GDP 的 1.5%，政府和私营部门的投入数量大体相当。十年后，美国在研发方面的投入超过 GDP 的 3%，其中约 70% 由联邦政府提供。具体到美国国家科学基金，其预算从 1957 年的 1.73 亿美元增加到 1967 年的 12 亿美元。① 在 20 世纪 50 年代中期，美国的天文学还是物理学下面一个最小的分支学科，还不到三百位研究人员。由于苏联在空间领域取得的技术优势对美国构成了新的挑战，美国政府开始大规模资助这个学科。大量资金注入使美国的天文学得到了前所未有的发展。为了确保在太空竞赛中的领先地位，美国政府自 1958 年开始对月球研究进行大量资助。这些资助为美国高校天文系的建立奠定了基础。美国政府还资助建造新型的、高精度的天文望远镜；鼓励在传统天文系下面发展新兴交叉学科。在美国政府的支持下，芝加哥大学和亚利桑那大学的天文学系发展迅速。② 可以说，苏联的人造卫星推动了美国一个学科的发展。

此外，苏联的人造地球卫星还成就了美国登月计划，促成了人类登上月球。早先，美国很多机构和航空公司对火箭技术进行了大

---

① Linda Weiss, *America Inc.: Innovation and Enterprise in the National Security State*, p. 32.

② Ronald Doel, "Evaluating Soviet Lunar Science in Cold War America", *Osiris*, Vol. 7, 1992, pp. 262 - 263.

规模投资，这些机构里就有美国加州帕萨迪纳市（Pasadena）的喷气式推进实验室（Jet Propulsion Laboratory）。该实验室向美国政府提交报告，打算将火箭送上月球。艾森豪威尔总统内阁成员和科学技术顾问最初都反对这项提议。他们认为探月计划是花哨的奇技淫巧而不是经过深思熟虑的对苏战略。由于苏联发射了人造卫星，美国民众对苏联人造卫星史普尼克的发射表现得歇斯底里，埋怨美国政府绩效不佳、脆弱得不堪一击。国家安全考虑与民意消解了反对派的意见。1958 年 3 月 27 日，美国国防部长尼尔·麦克尔罗伊（Neil McElroy）向外界透露：艾森豪威尔总统赞成登月计划。麦克尔罗伊宣称：总统不仅希望看到从太空轨道探索地球的研究，还希望启动探月计划以获得月亮的相关数据。总统还希望美国科学家能近距离考察月球。[①] 因此，对苏联发射的第一颗人造卫星史普尼克的反应极大化解了以往技术推进的阻力，促成了美国探月计划等新的重大技术项目的启动。

从上面的案例我们看到：在权力转移时期，美国对苏联技术进步的敏感使得苏联的一颗卫星引发了美国政府对一个基础学科的大量投入；带来了美国一个基础学科的快速发展；也带来了相关科研项目的启动。在权力转移时期，美国技术进步的政府规模在显著扩展。

美国对苏联技术进步的敏感性还体现在美国对国防技术外溢的严格限制，包括对苏联技术出口的限制和国防技术向民用部门外溢的限制。美国为了遏制迅速崛起的苏联，在商品贸易和技术贸易领

---

① Daniel Kevles, *The Physicists: The History of a Scientific Community in Modern America*, New York: Vintage, 1979, pp. 386 – 387.

域进行封锁。为了削弱苏联的军事实力与经济实力，美国对苏联进行了长达四十年的出口控制。[1] 而美国对军用技术往民用技术外溢的限制也非常明显。尽管美国政府这一倾向不如苏联严重，但是与其它时段相比较，在美苏竞争的高峰时段，国家安全的考虑使得美国政府禁止技术从军事部门外溢到民用部门。如仪表制造等行业，尽管民用部门可以从技术外溢中获得丰厚利益，但是美国政府实施种种限制来防止技术外溢。[2] 学者约翰·埃里克（John Alic）指出：从20世纪60年代晚期开始，美国军用技术和民用技术是隔绝的，这样的军民隔离损害了美国经济。[3] 可见权力转移时期的国际压力还对美国国内的经济模式产生了显著影响。

当时的科学家和研发人员也有效利用了美国政府对苏联技术进步的敏感。申请美国政府对集成电路计划进行资助的当事人道格拉斯·沃肖尔（Douglas Warschauer）如是说："我相信，集成电路的计划要做得极其简单。计划要简单得让那些提供资金的人都看得懂，这样才能获得资助。从我的经验来看：那些军队里的人根本不懂具体的细节。我敢肯定他们不懂……你只要向他们展示：你能消除苏联带来的威胁，你就能获得拨款。"[4] 而事实上，道格拉斯·沃肖尔从美国空军那里获得了两百万美元的拨款。

因此，战后美国的技术进步是在没有大战发生、美苏却存在严

---

① Michael Mastanduno, *Economic Containment: CoCom and the Politics of East-West Trade*, Ithaca: Cornell University Press, 1992, pp. 1 – 30.

② Ronald Amann and Julian Cooper, *Industrial Innovation in the Soviet Union*, New Haven: Yale University Press, 1982, p. 253.

③ John Alic, *Trillions for Military Technology: How the Pentagon Innovates and Why It Costs So Much*, New York and Houndsmill: Palgrave Macmillan, 2007, p. 73.

④ Ernest Braun, *Revolution in Miniature: The History and Impact of Semiconductor Electronics Re-explored*, p. 95.

峻安全竞争的时期发生的。即便没有大战，面对崛起的苏联，美国政府还有如此强烈的意愿进行重大技术变迁。冷战不仅仅是一场军备竞赛，也是一场科学和技术竞赛，美国和苏联都集中了资源来获得技术优势。[1] 美国政府的行为背后离不开美苏之间权力转移背景下国际冲突的逻辑。在国际安全环境变化的情况下，美国政府部门和社会也有相应变迁。

(二) 美国军工复合体的兴起

在美苏权力转移时期，苏联加强了军备建设，这也影响了美国，使得美国选择更多地生产军用物资而不是民用物资。[2] 尽管在资本主义国家中，美国以自由市场经济模式著称，但在权力转移时期美国国内政治经济体制开始呈现明显的政府主导色彩。在这个时期，美国形成了一个比较特殊的政治经济集团——军工复合体。美国的政府机构也做出了相应调整，如增设了不少专门机构以促进技术变迁。美国政府也加大了对高校基础研究的资助。因此，苏联的挑战带来了美国国内政治经济体制的一系列变化。有研究者指出，面对苏联威胁，在国防科研部门的支撑下，美国政治经济成为"隐蔽的发展型政府"（hidden developmental state）；[3] 还有研究者展示这一时期

---

[1] Linda Weiss, *America Inc.: Innovation and Enterprise in the National Security State*, p. 37.

[2] Minoru Okamura, "Estimating the Impact of the Soviet Union's Threat on the United States-Japan Alliance: A Demand System Approach", *The Review of Economics and Statistics*, Vol. 73, No. 2, 1991, pp. 200-207.

[3] Fred Block, Matthew Keller and Marian Negota, "Revisiting the Hidden Developental State", *Politics & Society*, Vol. 52, No. 2, 2023, p. 4.

美国逐渐形成和发展出了"国家安全国家"（national security state）。[①] 从某种意义上说，这一体制促进了美国重大技术的产生。我们先来看美国军工复合体的形成。

在 1953 年，美国总统德怀特·艾森豪威尔（Dwight Eisenhower）就表达了他的忧虑：造出的每一支枪、下水的每一艘战舰、发射的每一枚火箭说到底意味着偷窃了那些衣不蔽体、食不果腹的人们……为造一艘驱逐舰，我们可以为八千多人盖新的住宅。[②] 艾森豪威尔总统抱怨一个利益集团在崛起，将过度的资源投向军事技术用途。这一时期，美国形成了军工复合体（military-industrial complex）；美国政府增设了专门的机构以促进重大技术变迁；同时，美国政府加大了对美国高等院校的资助。

所谓军工复合体，就是由美国政府部门，尤其是国防部门、军工企业和国防科研机构等所组成的庞大利益集团。美国军队为自身利益，要求不断改进武器装备；美国政客为自身选票，力促扩大军事开支以促进选区内军事基地建设，为选区内军工企业提供更多就业机会；军工企业需要更多政府拨款以及军事产品订单；军事科研机构需要更多科研经费。正是这些利益相关者形成了一个特殊利益团体、一个复合体。早在 19 世纪晚期 20 世纪初期，尤其是在 1880 到 1905 年间，随着美国在世界政治中迅速崛起，美国贸易扩张，美

---

① Linda Weiss, *America Inc.: Innovation and Enterprise in the National Security State*, 2014, p. 23.

② 约翰·加迪斯著，时殷弘等译：《遏制战略：战后美国国家安全政策评析》，北京：世界知识出版社 2005 年版，第 141 页。

国国内就开始涌现出了军工复合体的雏形。[①] 二战后，美国安全形势变化又为这个利益集团提供了发展空间。这个庞大的利益集团渗透到美国政治经济生活各个方面。

当时就有学者看到，军工复合体给美国带来了深刻的影响。它的影响不仅是经济上、政治上的，甚至是精神层面上的。它的影响遍及美国每一座城市、每一个州以及美国每一个政府办公室。军工复合体已如此强大，以至于它主导了政府部门，使得美国政府部门作出不理智决策，不断叫嚣要对苏联发动先发制人的攻击。[②] 在军工复合体的推动下，美国军事投入，尤其是国防科技投入不断上升。美国军队急剧扩张，军事工业则一再增长到二战时水平。在研制完成原子弹以后，军方决定研制氢弹，加速研制导弹，并决定将飞机产量提高五倍，将装甲车产量提高四倍。更为重要的是，一个庞大的利益集团使"战时预算水平将永远维持下去"，创造出一个永恒的战争经济体。从 1945 年到 1970 年，美国政府在军事上的开支达到1.1 万亿美元，这一数额超过了美国 1967 年所有产业和住宅价值总和。同时，由于庞大的军事开支，美国工业体系中成长出庞大的国防工业体系。1945 年到 1968 年，美国国防部的工业部门提供了价值高达 440 亿美元的产品和服务，价值超过了通用电气公司、杜邦公司和美国钢铁公司销售额的总和。[③] 和美国军工复合体在 19 世纪末出现端倪的背景类似，苏联迅速崛起推动权力转移时期的大国竞争，

---

① Ben Baack and Edward Ray, "The Political Economy of the Origins of the Military-Industrial Complex in the United States", *The Journal of Economic History*, Vol. 45, No. 2, 1985, pp. 369 - 375.

② D. S. Greenberg, "Who Runs America? An Examination of A Theory that Says the Answer is a 'Military-Industrial Complex'", p. 797.

③ 戴维·诺布尔：《生产力：工业自动化的社会史》，第 5 页。

二战后美国军工复合体的形成和发展，离不开美苏权力转移的国际安全背景。正是这种体制，把资源集中分配到军事科研领域。面对苏联挑战，美国也调整并建立了一系列政府机构以促成政府对技术进步的干预。

（三）美国政府机构的调整与兴建

在对技术进步需求比较迫切的情况下，美国新成立了一系列机构，专注于军事技术的发展。美国国防部的规模有了很大的扩展，在 20 世纪 50 年代到 60 年代，美国国防部（DOD）和国家航空航天管理局（NASA）的资助几乎占到了所有产业研发资金的一半。[①] 美国原子能委员会以及国防部为美国大学提供特殊经费，以促进对其有益的研究。空军和海军成为美国大学基础研究最重要资助者。美国政府不仅调整了以往的政府机构，还新成立了一些科研机构以促进技术进步。美国海军成立了海军研究局（Office of Naval Research，简称 ONR）。

范内瓦·布什（Vannevar Bush）在《科学——没有止境的前沿》中指出：基础科学是科学的资本。二战后美国的基础科学不能再依赖欧洲。[②] 这是布什在 1945 年提交给美国总统的报告。1950 年，美国政府继而又成立了国家科学基金（National Science Foundation，简称 NSF）以整合美国科研资源，更好地为科学研究提供资助。在苏联发射人造地球卫星后的 1958 年，美国又成立了美

---

① Gunter Heiduk and Kozo Yamamura, *Technological Competition and Interdependence: The Search for Policy in the United States, West Germany, and Japan*, p. 8.
② 范内瓦·布什：《科学——没有止境的前沿》，第 46 页。

国国家航空航天局（National Aeronautics and Space Administration，简称NASA）以应对苏联空间领域的挑战。同年，美国政府还成立了国防部高级研究计划署（Advanced Research Projects Agency，简称ARPA）以推动美国军事技术发展，该计划署在冷战时期发挥了重要作用。我们先来看一下美国海军研究局的情况。

1946年，在国会授权下，美国海军建立了海军研究局。这是美国政府建立的第一个对科研进行监管的政府机构。在名义上，美国国会授权它对所有海军资助项目进行管理。海军研究局的监管包括内部监管和外部监管。内部监管是对海军实验室进行监管；而外部监管则包括对外部研究机构、大学以及国防项目承包商进行监管。到1948年底，海军研究局雇了一千多名科学家，资助了40%的美国基础研究。美国海军研究局还负责与各个大学签订海军研究合同。在1948年，这个研究局负责了金额高达四千三百万美金的研究合同。① 很快，海军研究局就成为一个"和平时期最大的合营企业，这个合营企业是由政府与大学合作建立的"。② 战后最重大的技术变迁之一，计算机的研发就离不开海军研究局的资助。当时，海军对早期计算机的研究还属于保密状态，自动化领域还没有一个期刊，研究者也缺乏稳定的交流渠道。当时计算机学科研究人员之间交流困难重重。在1951年、1954年以及1956年，美国海军研究局就自动化项目程序组织了一系列研讨班。这些活动促进了这一新

---

① Kenneth Flamm, *Creating the Computer: Government, Industry and High Technology*, p. 42.

② 戴维·诺布尔著：《生产力：工业自动化的社会史》，第16页。

学科共同体的形成，也促进了新兴技术的思想交流。[①]而美国空军很快就效仿了海军的做法。美国空军开始大规模资助美国大学。空军资助的研究主要集中于计算机命令、控制和通讯系统。此外，美国空军资助还涉足飞机导弹的研制、制导系统以及机床自动化等工业自动化项目。

1950 年，美国建立了国家科学基金，以协调和资助全美的科研活动。美国国家科学基金的委员会成员由美国总统任命，按学科建立各种委员会；另外根据研究某种特殊问题需要，建立了一些特别委员会。在苏联发射人造地球卫星之前，美国国家科学基金调动的资金并不充裕。在 1957 年以后，美苏的竞争让美国国家科学基金的预算不断上升。在 1956 年，美国国家科学基金的预算仅为 1600 万美元，到 1959 年就跃升至 1.33 亿美元；到 1963 年更增至 3.2 亿美元。让美国保持基础科学的领先优势，赢得对苏技术竞争成为美国国家科学基金最大的"卖点"。[②]美国国家科学基金的建立因此需要放在大国权力转移的背景下，这是美国为确保对苏联技术领先优势做出的必要反应。1968 年以后，美国国家科学基金每年要向总统以及国会提交一份关于美国科学及其各学科发展情况的报告。

在成立了美国国家科学基金以后，为了应对苏联在空间领域的挑战，美国又成立了美国国家航空航天局。1957 年，苏联成功地把世界上第一颗人造卫星送入轨道。这一事件在美国的媒体、公众以及

---

① Mina Rees, "The Computing Program of the Office of Naval Research, 1946 - 1953", *Annals of the History of Computing*, Vol. 4, No. 2, 1982, p. 120.

② Toby Appel, *Shaping Biology: The National Science Foundation and American Biological Research, 1945 - 1975, Baltimore:* The Johns Hopkins University Press, 2000, p. 68, p. 104。

国会的议员中激起了巨大的反响。他们看到美国已经在空间竞赛中被苏联甩开，对美国构成了极大威胁。美国政府的一个反应就是在1958 年建立一个新机构——美国国家航空航天局。这个新机构合并了以前的国家航空咨询委员会（National Advisory Committee for Aeronautics）及其下属实验室。而国家航空咨询委员会研究机构包括俄美斯（Ames）研究中心、刘易斯（Lewis）研究中心、兰利（Langley）航空实验室等。这些研究机构与美国陆军及海军等相关科研单位一道并入新成立的美国国家航空航天局。在此后的几年，为整合研究力量与苏联竞争，国家航空航天局又合并了几个实验室和研究机构，以有效管理民用和军事空间项目。这些被合并的机构包括喷气推进实验室、弹道导弹陆军条例机构（The Army Ordinance Ballistic Missile Agency）等。[①] 美国国家航空航天局通过科研课题、项目合同、研究计划等形式与国防部、高等院校、企业的研究机构保持密切联系。它的建立为推动美国在航空航天领域的技术进步起到了重要作用。1967 年，美国国会又指示美国国家航空航天局成立航空航天安全咨询小组（Aerospace Safety Advisory Panel，简称 ASAP），以展开对太空计划安全与风险评估。美国航空航天局还成立了太空计划咨询委员会（Space Program Advisory Council）及技术研究咨询委员会（Research and Technology Advisory Council）等机构。1977 年，这些机构全部整合为美国国家航空航天局咨询委员会（NASA Advisory Council，简称 NAC）。

1958 年，在苏联成功发射卫星造成的国家安全威胁下，成立的

---

① Vernon Ruttan，*Is War Necessary for Economic Growth? Military Procurement and Technology Development*，p. 60.

机构还有国防部高级研究计划署。[①] 为了在信息技术上取得技术优势，国防部高级研究计划署在 1962 年成立了信息处理技术办公室（Information Processing Techniques Office）。这个办公室在成立之初的年预算为 700 万美元。此后八年时间里，信息处理技术办公室的预算翻了四番。国防部向美国大学注入很多科研资金，尤其重点资助研究实验室的建立。这些资金流向麻省理工学院、斯坦福大学、加州大学伯克利分校、犹他州立大学以及卡内基梅隆大学等研究型大学，带动了相关基础研究和应用技术的发展。[②] 美国政府对计算机研发的资助也带动了一些科研副产品的发展，这些科研副产品包括互联网、芯片以及个人电脑等。

美国海军研究局、美国国家科学基金、美国航空航天局、国防部高级研究计划署等新机构的建立，在自由市场经济的美国集中了科研资源，极大地推动了美国的科技进步。

（四）美国高校和基础科学的发展

在苏联强大的竞争压力下，二战后美国政府开始大规模资助研究型大学的建设，并大规模资助基础科学的研究。"这是有史以来，美国政府第一次大规模地调动国家机器，为大学科研提供资助。"[③]

---

① 安妮·雅各布森著，李文婕、郭颖译：《五角大楼之脑：美国国防部高级研究计划局不为人知的历史》，北京：中信出版集团 2017 年版，第 35—62 页。
② Glenn Fong, "ARPA Does Windows: The Defense Underpinning of the PC Revolution", *Business and Politics*, Vol. 3, No. 3, 2001, p. 225; Arthur Norberg and Judy O'Neill, *Transforming Computer Technology: Information Processing for the Pentagon, 1962 - 1986*, Baltimore: Johns Hopkins University Press, 1996.
③ Gunter Heiduk and Kozo Yamamura, *Technological Competition and Interdependence: The Search for Policy in the United States, West Germany, and Japan*, p. 7.

美国政府通过提高对大学资助比重、资助新兴学科发展、资助大学研究项目、支持大学扩充研究人员和增加购买科研设备、为研究生提供奖学金等举措，显著促进了美国高等教育的发展和基础科学的进步。

首先，美国政府对大学资助的力度加大。在美苏权力转移时期，美国联邦政府资助的研发投入介于研发总额的二分之一到三分之二之间。美国大学所从事的基础研究很大部分是由美国政府来资助的。[①] 在安全威胁下，美国大学所获得的资助很多来自于美国国防部门。不少美国院校把握住冷战契机，赢得了快速发展。有研究记录了当时斯坦福大学的情况：面临苏联对美国挑战，斯坦福大学的管理层认识到这是一个很好的契机，大学不应该等着政府机构来提供资助。斯坦福的副校长弗兰德里克·特曼（Frederick Terman）去美国东部拜会美国海军研究局的代表，并拜会美国海军部舰艇航空局、国家航空咨询委员会和空军信号公司代表。特曼表达了斯坦福大学想要为国家服务的决心，并很快获得了回报。战后第一年，斯坦福大学获得了军方 50 万美元的研究合同。斯坦福大学的故事仅仅是众多故事中的一个。在 1960 年，来自美国联邦政府的资助已超过这些"冷战大学"研究经费的一半。在斯坦福大学，39% 的运转经费来自于联邦资助，其中 80% 以上又给了工程和物理方面的研究。[②]在 1975 年，美国联邦政府支付了研究型大学科学与工程研发资金的67%，而州政府支付了 9.7%。[③] 在美苏权力转移的背景下，美国不少研究院校很大程度上依赖于美国政府部门，尤其是国防部门对它

---

① David Mowery and Nathan Rosenberg, *Paths of Innovation: Technological Change in 20th-Century America*, p. 31.

② 贝卡·洛温著，叶赋桂、罗燕译：《创建冷战大学：斯坦福大学的转型》，北京：清华大学出版社 2007 年版，第 120 页，第 181 页。

③ 马克·卡扎里·泰勒：《为什么有的国家创新能力强》，第 92 页。

们的资助。麻省理工学院也极度依赖美国政府合同，它们指望美国政府为其迅速扩张的预算提供经费。麻省理工学院几乎成了美国国防部下属的科研机构。[①]

有研究者将斯坦福大学作为"冷战大学"的典型代表之一。早在 20 世纪 40 年代末期，美国军方对斯坦福大学科学和工程研究的资助已经成为工学院和物理系的主要经费来源。在 1947 年，斯坦福大学工学院所获得的军方合同资助已经超过了大学所提供的经费；到了 1948 年，工学院所获得的军方合同资助已经达到五十万美元。而在 20 世纪 40 年代末，斯坦福大学电子工程系在微波管、无线电传送、雷达等领域的研发合同资助超过了五十万美元。美国军方还为该系的 30 位博士提供资助。斯坦福大学物理系将微波技术用于核物理仪器的开发研究，获得军方丰厚的资助，而微波实验室所获得的经费最多。到了 20 世纪 50 年代，军方的研发资助又有了进一步增长。因此，美苏权力转移的政治经济环境对美国研究型大学产生了深远的影响。人们观察到，美国军方对麻省理工的资助几乎一夜间翻倍，军方还在麻省理工建立了负责空军预警系统研发的林肯实验室（Lincoln Laboratory）；军方还在加州理工学院建立了喷气推进实验室，作为军方导弹研究的场所，其预算在 1950 年到 1953 年间翻了一倍，达到了一千一百万美元。军方对斯坦福大学电子学科的资助也在 1950 年到 1952 年间增加了三倍。[②]乃至有研究称美国已经出现军事-工业-学术复合体（Military-Industrial-Academic Complex）。这些大学实验室各有侧重，麻省理工学院林肯实验室主

① 戴维·诺布尔：《生产力：工业自动化的社会史》，第 127 页。
② 贝卡·洛温：《创建冷战大学：斯坦福大学的转型》，第 144 页，147 页。

要负责防空技术；加州大学伯克利分校的劳伦斯利弗莫尔实验室（Lawrence Livermore Laboratory）主要负责核技术的研发；斯坦福大学应用电子实验室（Applied Electronics Laboratory）则侧重于电子通信与电子对抗技术。[①] 在苏联崛起时期，无论是美国的军事研发，还是美国对大学的资助都在显著上升。1950 年，美国国防部的研发预算为五亿美元，而 1951 年就上升到了 15 亿，1952 年为 16 亿。[②] 而这些与国防相关的研发，有很大一部分流向了美国大学。在 1948 年，美国国防部在科研活动上的支出占联邦政府对大学支出的 60%。到 1960 年，这一比例上升到了 80%。[③]

同时，在美苏权力转移时期，美国政府还积极支持美国高校发展新兴学科。二战爆发以前，迅速崛起的德国在空气动力学领域取得了领先地位。当时德国哥廷根大学（University of Gottingen）的路德维希·普朗特（Ludwig Prandtl）对流体力学的研究为飞机技术的发展奠定了基础。而以后，美国加州理工、斯坦福以及麻省理工等大学在这个领域的研究者大都曾师从普朗特。他们移居美国后，美国空气动力学有了相当大的发展。无论是这些科学家向美国迁居还是该学科的进一步发展均离不开当时美国政府的协助。正是在战后美苏权力转移的背景下，美国政府需要对飞机进行改进。国家安全需要使得空气动力学在美国有了更进一步的发展。此外，联邦政府还资助美国大学建立计算机技术等新兴学科。为促进半导体研究，在美国政府资助下，大学开始开设大量新兴课程，设立新的研究生项目，这些

① Stuart Leslie, *The Cold War and American Science: The Military-Industrial-Academic Complex at MIT and Stanford*, p. 8.
② 贝卡·洛温：《创建冷战大学：斯坦福大学的转型》，第 144 页，147 页。
③ 戴维·诺布尔：《生产力：工业自动化的社会史》，第 16 页。

举措为半导体工业培养人才。美国联邦政府还资助了很多与国防相关的研究生项目。[1] 总之，当时美国不少新兴学科，如空气动力学、冶金以及电子学、飞机引擎设计等是在军方资助下发展起来的。[2]

美国联邦政府还帮助扩充科研人员。为进行高质量研究，联邦政府帮助科研机构购买设备和器材。政府还为年轻学者提供奖学金，鼓励学生科研。著名的 GI 法案，就旨在为美国退伍军人提供大学教育奖学金。美国国家科学基金以及美国国家原子能委员会则为研究生提供奖学金。在美国政府大规模资助下，美国高等教育有了极大发展，同时也促进了美国基础科学大规模发展。比较明显的体现就是二战后，美国科学家开始在诺贝尔奖项中独占鳌头。就化学而言，从 1940 年到 1994 年间，全世界有 65 位化学家获得了诺贝尔化学奖，而美国的化学家就包揽了 36 个奖项。[3]

除了上述变化，在权力转移背景下，美国政府介入技术进步又体现在政府对研发的资助与对技术产品的采购上。美国联邦政府对研发的资助以及联邦政府对新技术产品的大规模采购，对美国新兴产业与高科技产业发展产生了深远影响。

第二节　美国政府作为科研资助者

二战后，美国新技术革命是围绕着电子技术产品出现的。这些

---

[1] 关于空气动力学在美国兴起的材料，参见 David Mowery and Nathan Rosenberg, *Paths of Innovation: Technological Change in 20th-Century America*, p. 135.

[2] 戴维·诺布尔：《生产力：工业自动化的社会史》，第 7 页。

[3] David Mowery and Nathan Rosenberg, *Paths of Innovation: Technological Change in 20th-Century America*, p. 35, p. 71.

产品的研发与生产最初都聚焦美国国家安全。美国军方需要发展飞机、弹道制导系统、通讯系统、控制设备、工业控制设备、高速电子计算机以及控制网络（如半自动地面防空警报系统），这些设备都需要晶体管。因此，美国以晶体管为代表的电子产业有了巨大发展。[1] 美国政府在推动重大技术变迁出现的过程中，扮演的重要角色是作为技术的资助者与采购者。

(一) 美苏竞争时期美国政府对半导体的资助

美国政府作为研发资助者的角色，主要体现在：在面临苏联、日本以及日益崛起的中国竞争时，美国联邦政府对研发的支出不断攀升。在苏联崛起时期，美国政府对关键核心技术的资助尤其显著。有研究指出，从 1940 年到 1995 年，美国政府对研发的投资占据了美国研发金额的大部分。与历史上美国政府支出相比，战后美国研发金额上升明显；与其他经合组织国家相比，美国研发金额也是独一无二的。[2] 在研发方向上，美国政府还急剧扩展了军事科研投入。二战后，美国联邦政府对军事研发的支出至少占到了美国联邦研发支出的三分之二。[3] 正是美国政府大规模研发投入带来了对技术瓶颈的新突破，孕育了新的产业集群。约瑟夫·熊彼特（Joseph Schumpeter）强调发明永远在那里，创新需要将已有发明商业化。熊彼特指出创新的第三个方面即为新产品开辟一个新的市场，"就是

---

[1] 戴维·诺布尔：《生产力：工业自动化的社会史》，第 8 页。

[2] David Mowery and Nathan Rosenberg, *Paths of Innovation: Technological Change in 20th-Century America*, p. 30.

[3] National Science Board, *Science and Engineering Indicators* 2004, Arlington: National Science Foundation, NSB 04 – 1A.

有关国家的某一制造部门以前不曾进入的市场，不管这个市场以前是否存在过"。[①] 事实上，大量发明并非给定的，重大发明涌现需要大规模资金投入，否则技术商业化也成了无源之水。此外，技术的商业化同样需要大规模资金投入，否则也难以为继。而且技术开发也不仅是满足普通消费者需求，高端技术的开发往往离不开政府需求。二战后美国联邦政府对研发投入经历了三次起伏。除了考虑崛起国的迅速成长，我们还需要考虑控制政党轮换、国内经济状况等因素对美国政府这三次技术投资造成的影响。

我们可以说，美国政党轮换对研发投入没有显著影响。在民主党执政的 1961 年到 1968 年，美国经历了研发经费的上升期，而推动这次研发经费的起点，却是在共和党时期。根据美国国家科学基金公布的数据，至少早在 1953 年，即共和党执政时期，美国政府就已大规模扩大政府研发投入。而美国民主党执政的 1977 年到 1980 年，美国也经历了研发经费的上升；到 1981 年共和党执政时期，美国研究经费非但没有下降，反而上涨。美国政府研发经费由于里根总统的"星球大战"计划而推到一个新的高峰。到了 1988 年，美国仍然是共和党执政，美国政府对研发的资助却开始大幅度下降。到 1993 年民主党执掌政权也继续削减研发经费。而到 2000 年，共和党执政时期，又开始了新一轮的上升；在拜登执政以后，美国政府对研发的资助再度上升。因此，无论是民主党执政时期（1961 年—1968 年；1977 年—1980 年）还是共和党执政时期（1953 年—1960 年；1969 年—1972 年；1981 年—1987 年），美国都经历了研发经费的大幅度上升；同样，无论是民主党执政时期（1993 年—2000 年）

---

① 约瑟夫·熊彼特著，何畏等译：《经济发展理论》，北京：商务印书馆 1990 年版，第 74 页。

还是共和党执政时期（1973 年—1976 年；1988 年—1992 年），美国也都经历了政府研发经费的下跌。美国国内政治中的政党轮换对美国政府的研发经费变动没有显著影响。

另外一个可能影响美国政府研发经费的因素就是美国经济发展的波动。战后，美国 GDP 的波动不大，从 1953 年到 2001 年的数据来看，美国经济增长大体是一条比较平稳的曲线。而美国政府资助的研发却呈现比较明显的三次波动。因此，美国研发波动比美国经济的波动显著。美国经济对美国研发经费的变化没有显著影响。而二战后，美国经历了朝鲜战争和越南战争。在朝鲜战争期间，美国政府的研发投入在大幅度上升；在越南战争期间，美国研发经费却出现了下滑。因此，我们可以大体上排除政党轮替、经济形势以及局部战争对美国研发投入的影响。步入 20 世纪 80 年代以后，总体来看美国联邦政府对研发的资助比重呈下降趋势，企业资助上升。1960 年，美国联邦政府投入的研发经费大致是私营企业的两倍；到 2000 年，产业界所占份额是政府两倍多。[①] 1993 年，美国国防部邀请产业界领袖到五角大楼吃"最后的晚餐"，告知国防采购会大规模下降。[②] 这除了因为美国企业在经济中扮演了更重要的角色外，就是因为苏联挑战逐渐褪去以后，美国面临的安全竞争烈度慢慢下降，让美国政府对研发的资助意愿下降。

美国研发经费波动的背后还有其它更重要的原因。在美苏竞争时期，美国政府对半导体的资助则是大国权力转移时期大国政府推动重大技术变迁的典型案例。

---

① Linda Weiss, *America Inc. : Innovation and Enterprise in the National Security State*, p. 99.

② William Lynn III, "The End of the Military-Industrial Complex: How the Pentagon Is Adapting to Globalization", *Foreign Affairs*, Vol. 93, No. 6, 2014, p. 106.

二战后，美国以电子产业为代表的新产业集群的出现离不开美国政府的资助。一位从业者回忆道，五角大楼的决策主导了美国电子工业的进程。直到 1959 年，超过 85％的电子产品的研发是由美国联邦政府资助的。[1] 到 20 世纪 60 年代，联邦政府的资助仍很明显。到 1964 年，仍有将近三分之二的电子设备产业的研发费用来自美国政府。[2] 从二战后的半导体与晶体管，再到后来的计算机以及飞机等技术研发过程来看，美国政府研发投入极大地促进了这些技术的进步。

二战后最重大的技术突破之一是贝尔实验室研制的晶体管。朱利叶斯·里利菲尔德在 20 世纪初率先提出了场效应晶体管的概念，并于 1925 年在加拿大获得了专利权，一年之后，又在美国获得了专利。显然，贝尔实验室没有发明晶体管，他们只是改造了晶体管。[3] 1947 年威廉·肖克利（William Shockley）、约翰·巴顿（John Bardeen）和沃尔特·布拉顿（Walter Brattain）成功地在贝尔实验室制造出第一枚晶体管。但如果细究美国晶体管的历史，我们就不难发现：美国早期晶体管研发也离不开政府资助，尤其是来自军队的资助。对该项目的研发来自于美国政府对半导体材料的大型研发计划，这项计划最初目的在于开发雷达探测器。[4] 在晶体管研制前期，贝尔实验室接受了大量政府研究资助。如在 1943 年，美国贝尔实验室研发经费中有 83％是来自政府项目。[5] 即便在晶体管发明出

① Kenneth Flamm, *Creating the Computer: Government, Industry and High Technology*, p. 16.
② 戴维·诺布尔：《生产力：工业自动化的社会史》，第 8 页。
③ 瓦克拉夫·斯米尔著，李凤海、刘寅龙译：《国家制造：国家繁荣为什么离不开制造业》，北京：机械工业出版社 2014 年版，第 89 页。
④ Kenneth Flamm, *Creating the Computer: Government, Industry and High Technology*, p. 16.
⑤ 戴维·诺布尔：《生产力：工业自动化的社会史》，第 11 页。

来以后，如果没有政府资金持续注入，也很难将其潜力开发出来。晶体管出现早期，人们估计它可能仅仅对助听器有所帮助。《时代》周刊并没有把这一发明放在显著位置，只予以了小篇幅的报道。[①] 在晶体管出现以后，贝尔实验室仍接受大量政府资助以开发晶体管。在1953年，美国陆军的通讯部队工程实验室对贝尔实验室晶体管的资助接近其研发投入的百分之五十。[②]

有研究者指出：尽管军队对半导体技术进步所起到的作用有所争议，但很少有人会怀疑军队对半导体发展投资巨大，而这些资金至少加速了半导体研究的推进。军方对半导体在军事上的前景预期非常乐观，持续地资助半导体、晶体管的改进。从早期晶体管的发明到半导体的改进、从集成电路的军事应用到商业的应用，美国陆军的通讯部队都进行了引导并提供了主要资助。在1955年，美国政府对半导体的研发支出为320万美元，而为了改良晶体管和二极管，美国政府所投入的经费为490万美元。[③] 在1949年到1958年期间，超过四分之一的贝尔实验室半导体研发预算来自国防合同拨款。[④] 上述事实表明，不仅晶体管、半导体的发明离不开政府资助，这些技术的改良也离不开政府资助。而美国政府的慷慨资助，恰恰是在美苏权力转移时期由国家安全理由来驱动展开的。

---

① Nathan Rosenberg, 'Uncertainty and Technological Change', in Ralph Landau, Timothy Taylor and Gavin Wright, eds., *The Mosaic of Economic Growth*, pp. 334 – 353.

② Vernon Ruttan, *Is War Necessary for Economic Growth? Military Procurement and Technology Development*, p. 101.

③ Ernest Braun, *Revolution in Miniature: The History and Impact of Semiconductor Electronics Re-explored*, p. 8, p. 71.

④ Kenneth Flamm, *Creating the Computer: Government, Industry and High Technology*, p. 16.

(二) 美苏竞争时期美国政府对计算机的资助

不仅晶体管、半导体的研发离不开美国政府资助，美国计算机的发展也受益于冷战时期的军事开支。更远地说，美国计算机是受益于军费所资助的半导体研究。[①] 尽管电子计算机的历史可以追溯到法国的巴贝奇以及德国数学家莱布尼兹。但第二次世界大战的武器研制才是电子数字计算机诞生的契机。当人们说到世界上第一台电子数字计算机，大多会认为是 1946 年面世于美国宾夕法尼亚大学摩尔电工学院的"ENIAC"计算机。这台计算机最初目的是用于计算弹道轨迹以及原子弹爆炸分析。该机器体积庞大，占地面积 170 多平方米，重约 30 吨，消耗近 100 千瓦电力。而这样的庞然大物，是美国第一代计算机的开始，它的资助者来源于美国陆军。国防部直接拨款为这一技术研发提供大部分经费，大部分资金的注入为改进产品和提高研发能力提供了重要条件。[②]

而从表 7.1 我们可以看到，美国第一代计算机的发展，几乎无一例外是受美国军方支持，其中海军作用最明显，其次是美国空军。当时最重要的项目多半来自海军和空军资助。计算机的研发成本巨大，像 1951 年麻省理工的旋风计算机每台造价高达四百万到五百万美元。如果离开美国海军和空军联合资助，要为这样大的项目筹资是难以想象的。早在 1944 年，麻省理工学院启动了这个旋风计算机

---

① David Mowery and Nathan Rosenberg, *Paths of Innovation: Technological Change in 20th-Century America*, p. 135.

② Kenneth Flamm, *Creating the Computer: Government, Industry and High Technology*, p. 16.

项目，旨在为美国海军提供通用飞机模拟器。

表 7.1　美国第一代计算机及研发资金来源

项目名称	预计每台成本（千美元）	资金来源	开始时间
ENIAC	750	陆军	1945
哈佛马克二代	840	海军	1947
Eckert-Mauchly BINAC	278	空军	1949
哈佛马克三代	1,160	海军	1949
NBS 过渡性计算机（SEAC）	188	空军	1950
ERA 1101（Atlas 一代）	500	海军以及 NSA	1950
Eckert-Mauchly UNIVAC	400—500	陆军通过统计局；空军	1951
MIT 旋风计算机	4,000—5,000	海军，空军	1951
普林斯顿 IAS 计算机	650	陆军，海军；RCA；AEC	1951
加州大学 CALDIC	95	海军	1951
哈佛马克四代计算机	—	空军	1951
EDVAC	467	陆军	1952
雷神飓风（RAYDAC）	460	海军	1952
ORDVAC	600	陆军	1952
NBS/UCLA 和风计算机（SWAC）	400	海军、空军	1952
ERA 后勤计算机	350—650	海军	1953
ERA 1102	1,400	空军	1953
ERA 1103	895	海军以及 NSA	1953
IBM 海军条例研究计算机	2,500	海军	1955

资料来源：Kenneth Flamm, *Creating the Computer: Government, Industry and High Technology*, p. 76。

飞机模拟器可以为海军培训飞行员节省花销，并为飞机领航员提供数据。在 1944 年，海军拨款 7.5 万美元以启动该项目。一个为期 18 个月的研发计划制定出来，耗资近 90 万美金。而战后美苏安全形势则让麻省理工学院的旋风计算机获得的资助再上新台阶。由于安全形势的变化，又有新的政府机构加入了资助队伍。1949 年，苏联核试验成功让美国空军认识到了问题的严重性。美国空军担忧苏联空军可能携带原子弹到达美国领空，袭击美国本土。1950 年朝鲜战争爆发使得美国空军认识到空间防御问题更加紧迫。美国空军开始和海军一道资助麻省理工的旋风计算机项目。在 1951 年，旋风计算机项目总共花销了 90 万美金，而空军资助了 60 万美金，剩下的资金来自海军。自此以后，对旋风计算机的控制权从美国海军转到了美国空军手中。[1] 美国空军开始主导旋风计算机的研究议程，使得旋风计算机最终变为数字计算机。

　　IBM 海军条例研究计算机每台造价也超过了两百万美元，这个项目也是由海军资助完成的。哈佛马克三代计算机每台造价高达一百万美元，最终是由美国海军资助得以完成。ERA 1102 计算机每台耗资也高达一百四十万美金，最终是由美国空军资助。IAS 自动高速电子数字通用计算机是在约翰·冯·诺依曼（John von Neumann）主持的普林斯顿大学高等研究院里诞生的。高等研究院在 1951 年制造出了这台新式计算机。而冯·诺依曼获得了美国陆军、海军、空军以及原子能委员会的支持。[2] 此外，美国海军研究办公室以及美国国家标准局资助建立了加州大学洛杉矶分校（UCLA）

① Kenneth Flamm, *Creating the Computer: Government, Industry and High Technology*, pp. 53 - 55.
② 戴维·诺布尔：《生产力：工业自动化的社会史》，第 60—61 页。

计算分析研究所，这个研究所对计算机事业的发展作出了重要贡献。[1] 在计算机的发展史上，美国空军、海军、国家科学基金以及美国国防部高级研究计划署都曾力促计算机的研究，这些政府部门的支持是计算机技术进步的关键。[2]

和计算机技术相关的是互联网技术。互联网研发可以追溯到 20 世纪 60 年代晚期美国国防部的美国公共能源协会网络（American Public Power Association Network，简称 APPANET）项目，即阿帕网。[3] 1990 年 2 月，阿帕网退出服役，互联网"军用"时代结束了，取而代之的是飞速扩张而且日渐可靠的民用网络。[4] 而互联网之所以能走向寻常百姓家，离不开美苏权力转移时期美国政府的大力资助，也离不开苏联挑战褪去后军用技术的日益民用化。

除了半导体、晶体管、计算机、互联网以外，二战后最重要的交通工具之一——飞机的改进也离不开大量的政府资助。1964 年，在美国飞机工业中，90%的研发经费来自政府拨款，其中最主要的资助者是美国空军。飞机制造需要精密机床，为满足飞机制造业的需求，美国政府又大力资助美国机床业。在 1950 年到 1957 年，美国机

---

① Mina Rees, "The Computing Program of Office of Naval Research, 1946 – 53", pp. 110 – 111.

② Glenn Fong, "ARPA Does Windows: The Defense Underpinning of the PC Revolution", p. 214.

③ Sidney Reed, Richard Van Atta and Seymour Deitchman, *DARPA Technical Accomplishments, Volume 1: An Historical Review of Selected DARPA Projects*, Alexandria: Institute for Defense Analysis, 1990, pp. 20 – 21; Jeffrey Hart, Robert Reed and Francois Bar, "The Building of the Internet: Implications for the Future of Broadband Networks", *Telecommunications Policy*, Vol. 16, No. 8, 1992, pp. 666 – 689.

④ 乔尼·赖安著，段铁铮译：《离心力：互联网历史与数字化未来》，北京：电子工业出版社 2018 年版，第 121 页。

床产业的研发经费提高了八倍，而这是在政府资助下完成的。[①] 五角大楼对巨型 C-5A 运输飞机的研发资助带来了当时飞机引擎的改进，而这个引擎至今仍然是很多商用飞机的来源。而波音 707 飞机的部分研发资金来源于对喷气式驱动军用坦克 KC-135 的研发经费。[②]

因此，从这些事实来看，无论是大型研究项目的启动，还是对已有技术进行大规模改进，都离不开美国政府的资助。政府加大对技术的投入是美苏竞争时期美国政府介入技术进步的重要方面。

第三节　美国政府作为科技产品的采购者

在美苏竞争时代，美国政府不仅作为关键技术的资助者，同时还作为新产品的采购者，美国政府的采购对推动新技术的开发也起到了相当重要的作用。美国政府资助了大量的技术研发，而研发出的产品最终走向市场。冷战时期美国的技术采购项目引发了产业技术的快速提升，如微电子和信息技术（计算机、软件、半导体、互联网等），以及航空航天、飞机、通信卫星、全球定位系统等。[③] 由于高端技术产品在面市早期造价过高，普通消费者很少能够承受如此高的造价，例如，机械计数器在 20 世纪 30 年代就已经出现，但当时每台需要 1200 美元。这个价格相当高昂，相当于当时几辆家庭

---

① 戴维·诺布尔著：《生产力：工业自动化的社会史》，第 7—9 页。

② David Mowery and Nathan Rosenberg, *Paths of Innovation: Technological Change in 20th-Century America*, p. 67.

③ Linda Weiss, *America Inc.: Innovation and Enterprise in the National Security State*, p. 78.

汽车的价格，普通消费者难以承受。而到 20 世纪 50 年代，电子计算器的价格已大幅度下降。即便如此，一台计算器的价格也相当于当时一辆汽车价格的四分之一。对普通消费者而言，这样的价格还是过于昂贵，很难进入普通消费者家庭。[①] 而在美苏权力转移时期，美国政府机构便成了高端技术的购买者。美国国防部和国家航空航天管理局就表示：他们会成为不少高端技术产品的购买者。[②] 琳达·维斯乃至指出：直到 20 世纪 60 年代末，美国政府中和国家安全紧密相关的机构一直是最先进技术产品（尤其是飞机、半导体、计算机硬件、软件）的"主要用户"，有时甚至是唯一用户。[③] 政府部门的许诺有效化解了企业投资高技术的风险，促使企业更好地稳定预期、收回成本、赚取利润。美国政府机构的购买保障是美国技术进步的重要动力。正是由于政府大量采购，为美国技术改良做了贡献。无论是晶体管、半导体、计算机还是其他关键技术产品，都离不开基于安全需要的政府采购。

（一）政府采购半导体和晶体管

美国政府不仅资助了半导体和晶体管，还曾是该技术产品的最重要消费者。就电子行业的整体情况而言，20 世纪 50 年代美国政府支出占电子产业市场的大部分。如表 7.2 所示，在 1952 年，美国

---

① Ernest Braun, *Revolution in Miniature: The History and Impact of Semiconductor Electronics Re-explored*, p. 188.

② Gunter Heiduk and Kozo Yamamura, *Technological Competition and Interdependence: The Search for Policy in the United States, West Germany, and Japan*, p. 8.

③ Linda Weiss, *America Inc. : Innovation and Enterprise in the National Security State*, p. 78.

政府需求占了电子产业产出的近 60%。大规模需求对拉动美国电子产业的发展作用巨大。到了 20 世纪 50 年代后期，美国政府需求总量有所下跌，政府采购份额仍超过电子产品产量的一半。就电子产品的具体门类如半导体、晶体管、计算机等政府采购来看，美国政府采购对这些重要技术的开发起到了积极的推动作用。

表 7.2　美国电子产品的消费者群体

年份	销售总额（百万美元）	政府份额%	消费者份额%
1952	5210	59.5	25.0
1953	5600	57.7	25.0
1954	5620	55.2	25.0
1955	6107	54.6	24.6
1956	6715	53.5	23.8

资料来源：Electronic Industries Association, *Electronic Market Data Book*, Washington D. C. , 1974, p. 2。

在 20 世纪 50 年代，晶体管极为昂贵，高昂的价格限制了它们的商业运用。[①] 如果没有大量政府采购的介入，很难想象这个产业的后续发展。贝尔实验室的附属工厂西电公司（western electrics）生产的全部产品都销往军队。[②] 如果没有庞大的军事需求，贝尔实验室是很难大规模投资晶体管研究和技术开发的。1952 年，当时晶体管的生产厂家生产了九万枚晶体管，而军队几乎将它们全部买下。而且军队对价格毫不计较，更多关注的是晶体管的性能是否可靠。阿波

---

① Ernest Braun, *Revolution in Miniature: The History and Impact of Semiconductor Electronics Re-explored*, p. 67.
② Kenneth Flamm, *Creating the Computer: Government, Industry and High Technology*, p. 16.

罗计划的芯片销售将仙童公司从一家小型的初创企业转变成为一家拥有 1000 名员工的公司，其销售额从 1958 年的 50 万美元飙升至两年后的 2100 万美元。[1] 即便进入 20 世纪 60 年代，美国政府采购仍然占据了晶体管的最重要市场。

我们从表 7.3 可以看到，在 1962 年，晶体管的平均价格为 50 美元。当时，国防采购占到了所有晶体管产出的全部，占据了 100% 的市场份额。随着技术改进，晶体管价格开始下降，民用需求也逐渐涌入。即使如此，国防需求对晶体管研发仍然相当重要。在 20 世纪 60 年代中后期，国防需求仍然占据了晶体管需求的一半以上。同时，正是由于大规模的国防需求，使得半导体和晶体管有了进一步改进的机会。

表 7.3　晶体管的政府采购

年份	平均价格（美元）	国防生产占总产出份额 %
1962	50	100
1963	31.6	94
1964	18.5	85
1965	8,33	72
1966	5.05	53

资料来源：David Mowery and Nathan Rosenberg, *Paths of Innovation: Technological Change in 20th-Century America*, p. 133。

就半导体而言，如表 7.4 所示，在 20 世纪 60 年代以前，半导体的军事用途占其价值相当大的比重，在 1960 年时接近 50%。到了

---

① 克里斯·米勒：《芯片战争：世界最关键技术的争夺战》，第 27 页。

1961 年，美国军队作为半导体最大购买者开始下降。[①] 即便到了这个时候，美国军队的作用仍然很重要。仅美国的空间项目就耗费了3300 万美元的半导体产品；而军队对半导体的需求一共占了 1.19 亿美元。因此，当时军方是半导体最大需求主体。直到 1963 年，美国军队仍然占了很大购买份额，而即便是美国企业对半导体的购买，很多还是为军方供给材料。

表 7.4　美国半导体需求客户

（单位：百万美元）

军队		产业		消费者	
空间项目	33.0	计算机	41.6	汽车收音机	20.6
飞机	22.8	通讯	16.0	便携收音机	12.6
导弹	20.3	检测	11.7	器官和助听器	7.3
通讯	16.8	控制	11.5	电视	0.3
地面系统	10.8	其它	11.5	共	40.8
战略系统	8.8	共	92.3		
其它	7.6				
共	119.2				

资料来源：Ernest Braun, *Revolution in Miniature: The History and Impact of Semiconductor Electronics Re-explored*, p. 80。

（二）政府对计算机、软件的采购

美国政府也是早期计算机的消费者。美国最早的计算机都是销售到美国联邦政府部门，尤其是美国国防部门和情报部门。美国第

[①] Ernest Braun, *Revolution in Miniature: The History and Impact of Semiconductor Electronics Re-explored*, pp. 70 - 82.

一台采用动态触发器电路的电子计算机是在美国国家标准局（National Federal Bureau of Standards）资助下研制的，美国政府作为消费者对其制成品进行采购。与此同时，其它几项重要计算机产品也出售给了联邦政府机构。[1] 约翰·莫奇利（John Mauchly）和约翰·埃克特（John Eckert）成立了世界上第一家电脑公司，并设计了一部民用计算机——通用自动电子计算机（UNIVAC）。这台计算机开创了应用同一设计方案生产多台计算机的先河。而这一产品的早期的消费者就是美国标准局以及其它政府机构。IBM 于 1953 年制成的 IBM701 计算机，是专门为美国国防部制造，因此被称为"国防计算机"。该计算机的主要用户均为国防部门或军事航空航天公司。[2] 而在 20 世纪 50 年代末以及 60 年代，美国军事需求带来的对计算机产品的采购刺激了大量新企业进入该行业。[3]

同时，美国软件业的故事也如出一辙。美国软件业最大客户就是美国联邦政府部门，尤其是美国国防部。早在 1956 年，兰德公司为美国防空系统承担部分电脑程序设计任务，建立了系统开发公司（System Development Corporation，简称 SDC）。由于需要为美国的军事项目 SAGE 防空系统开发软件，国防承包商纷纷涌入软件开发，仅兰德公司下面的系统开发公司就雇佣了 1200 名员工。[4] 到 1960 年，美国防空系统开始扩大。系统开发公司开始接受其它与国

---

① David Mowery and Nathan Rosenberg, *Paths of Innovation: Technological Change in 20th-Century America*, pp. 137 – 139.

② 托马斯·黑格、保罗·塞鲁齐著，刘淘英译:《计算机驱动世界：新编现代计算机发展史》，上海：上海科技教育出版社 2022 年版，第 30 页。

③ David Mowery and Nathan Rosenberg, *Paths of Innovation: Technological Change in 20th-Century America*, pp. 160 – 161.

④ 马丁·坎贝尔-凯利、内森·恩斯门格著，蒋楠译:《计算机简史》，北京：人民邮电出版社 2020 年版，第 169 页。

防相关的电脑程序设计项目,并逐渐做大。到 1963 年,这个公司已有了 5700 万的年度收益,其合同主要来自美国空军、国家航空航天局和美国民防局(The Office of Civil Defense)、美国国防部高级研究计划署以及其它国防和国防相关项目。① 我们还需要注意到,不仅软件早期发展离不开当时美国的军事采购,即便是到了 20 世纪 80 年代早期,美国国防部对软件的采购还占到美国软件贸易的一半。② 因此,美国计算机、软件等新兴产业集群的出现,离不开这些技术的早期消费者——美国政府部门,尤其是美国国防部门。

(三) 政府采购机床与飞机

二战后,美国的精加工与航空发展十分迅速。而与此相关的机床业与航空制造业发展也离不开美国政府采购。战后一段时间,美国机床行业也从战争期间的高峰跌入低谷。美苏冷战使美国机床行业恢复了生机,在苏联赢得权力增长优势的情况下,美国政府采购的增长使得美国机床业再度急剧发展。由于美国空军力促飞机制造业发展,带来了对机床大量的需求。美国政府再一次成为该行业最大客户。因为机床产业最大的主顾——美国国防部在华盛顿特区,美国全国机床制造商协会便将其总部从克利夫兰搬迁到华盛顿特区。③

---

① Martin Campbell-Kelly, *From Airline Reservations to Sonic the Hedgehog: A History of the Software Industry*, Cambridge: MIT Press, 2003, p. 41.
② David Mowery, "The Computer Software Industry", in David Mowery and Richard Nelson, eds. , *Sources of Industrial Leadership: Studies of Seven Industrie*, Cambridge: Cambridge University Press, 1983, p. 145.
③ 戴维·诺布尔:《生产力:工业自动化的社会史》,第 9 页。

而跟机床业相关联的是美国飞机制造业。1907 年，美国军方决定以 25000 美元的价格购买莱特兄弟的一架飞机。美国军方要求飞机要能够承载两人，时速要达到每小时 40 英里，同时至少要在空中飞行一个小时。一战结束后的 20 世纪 30 年代，莱特兄弟之一的奥维尔·莱特说：飞机已经死了，战争如此可怕，没有人想再来一次。[①]莱特兄弟也看到失去了安全压力就意味着失去市场。事实上，二战再次为美国的飞机发展提供了难得的机遇。二战期间，美国飞机行业的就业人数达到顶峰，为一百三十四万五千人；1946 年，其就业人数迅速回落到二十三万七千人。

而由于战后美苏的权力竞争，美国政府需要确保技术和军事优势，增加了对飞机的采购，也极大扩充了该行业。在 1946 年，美国政府对飞机的采购就占据了该行业产出的二分之一。随着军事上对飞机需求的增大，到了 1953 年，美国军用飞机吨位已经占到飞机总吨位的 93%，而民用飞机比重仅仅占 7%。此时，飞机需求方最主要来自政府部门。由军方制定技术规格，制造水平也取决于美国军方要求。当时麻省理工学院设计的数值控制技术主要用于飞机制造业。美国空军对这一项目提供了大量资助。通用电气公司的约翰·达彻（John Dutcher）指出："这类精致设备是由美国空军支撑起了全部市场。"[②]美国航空公司负责人也相信，国家安全和军事目标是飞机生产的首要目标，这和以往的经济目标不同。飞机制造商的这种考虑正体现了当时美国政府对技术政策介入力度的加大。为安全

---

① 哈罗德·埃文斯、盖尔·巴克兰、戴维·列菲：《美国创新史：从蒸汽机到搜索引擎》，第 192 页，第 198 页。
② 上面关于美国飞机制造业的情况，参见戴维·诺布尔：《生产力：工业自动化的社会史》，第 6 页，第 257 页。

竞争服务，飞机制造商更多地考虑飞机的性能而非成本，这样才能获得来自政府的订单。而这样的考虑却在很大程度上促进了技术瓶颈的突破。

第四节　政府介入与技术瓶颈的突破

政府作为高新技术的资助者和采购者，对技术成本并不是那么敏感；相反，在安全驱动下，政府却对产品的性能相当敏感，这有利于提高技术产品的精度。同时，政府资助与采购也比较集中，这有利于技术瓶颈的突破。因此，政府的介入，尤其是政府资助与政府采购，很大程度上促成了以往技术瓶颈的突破，推动了重大技术变迁。从美苏权力转移时期，美国政府推动重大技术变迁的诸多方面，我们可以发现相关的机制。

出于国家安全考虑，美国政府不断强调技术的精确性。当时的决策者执迷于高科技产品以及资本密集型产品的生产，以确保产品绩效。此时国家安全的计算大于经济理性的计算，政治账重于经济账。在安全竞争加剧的背景下，为满足军事任务需求，如战斗灵活性、战术优越性以及战略反应与控制，美国政府对当时高端技术性能相当重视，而对技术成本却不太在意。自美国国防部成为美国机床业最大买主以后，机床业对其他买主削减价格的要求就不那么敏感了。政府对精度的要求，促进了美国精加工的发展。

在国家安全考虑下，美国政府对精确性的要求达到相当严格的地步。1962年，美国飞往金星的"水手一号"火箭爆炸，这是由于助推器的控制程序"漏掉了一个字符"。核弹和载人航天的导航代码只要出现一次错误，就会导致整个任务失败。因此，美国国家航空航天局投入了大量资金和人力来应对挑战，来提升软件的可靠性。[1] 在 20 世纪 60 年代初，美国导弹的雷达系统平均 5—10 小时就会出现一次故障。美国在越南战场发射的导弹，有 66% 出现了故障，只有 9.2% 能击中目标。美国军方加强了晶体管制造的技术水平并将两个晶体管和激光传感器配置到了高精度的炸弹中，制成了精准打击武器。[2]

美国空军在研究高性能战斗机的过程中，对飞机部件的加工提出极其精密的要求。新型飞机的各种复杂部件只允许有极小的尺寸误差，而传统加工手段却难以满足如此严格的要求。因此美国军方耗费巨资鼓励技术人员研发远程控制技术，以彻底消除"人工误差"与不确定性。在国家安全的名义下，数字控制系统的研发得到大笔资助。当事者回忆说，"当时人们对精确性的狂热达到了极点；人们要求技术必须达到极尽所能的精度，要求部件达到的精细程度比现在高十倍乃至二十倍。任何设备，只要在精确性方面出一点点差错，人们就会认为它不值得尝试。"政府对飞机生产进行更为严密的控制，以满足军事要求。当时飞机飞行前的生产设计所耗费的时间是以前的二十七倍；技术人员比重从 1945 年的 9% 提高到了 1954 年的 15%；管理人员的数量则增加了近一倍。[3] 正是在美苏竞争的背景下，美国政府对精确性的要求，促进了美国技术往高端、精加工的方向发展。因为只有少数高校和企业能够承担如此精密和严苛的科

---

[1] 托马斯·黑格、保罗·塞鲁齐：《计算机驱动世界：新编现代计算机发展史》，第 123 页。
[2] 克里斯·米勒：《芯片战争：世界最关键技术的争夺战》，第 61—63 页。
[3] 戴维·诺布尔：《生产力：工业自动化的社会史》，第 5—6 页、第 10 页、第 100—101 页、第 196 页。

研和生产。在国家安全的驱动下，美国政府集中资源进行资助与采购，这样的集中投入为突破以往的技术瓶颈提供了可能性。

美国政府对高校、企业的资助和产品采购相当集中。如在1950年，超过90%的联邦研发由国防部和原子能委员会（Atomic Energy Agency）控制。[①] 到20世纪60年代早期，这一比重有所下降，但美国国防部和美国原子能委员会仍控制了美国研发经费的一半以上，超过50亿美元。[②] 这种对研发资源的集中控制为政府进行集中资助提供了便利。例如，有研究者强调冷战时期美国的国防政策强有力地集中在一些地区，例如硅谷，推动了美国新兴创新中心的崛起。[③] 同时，政府集中掌控的资源也密集投向一些资质较高的大学与企业。在20世纪50年代，联邦政府在学术研究方面的支出翻了两番以上。到1960年，联邦政府在学术研究和大学附属研究中心花费了近10亿元。如此巨额的投入集中到了美国的主要大学，其中79%的资金投给了20所大学，这些大学包括斯坦福、伯克利、加州理工、麻省理工、哈佛大学等。如果再把上述大学的范围缩小，在20世纪60年代初期，联邦政府对大学研发资助有一半以上被美国六所大学瓜分。反过来，这些大学办学经费有一半以上是由联邦政府资助。[④] 诺布尔的研究也发现：在美苏竞争时期，最大的科研合同承包者都是那些最优秀的大学。19%的大学获得了研究经费的三分之二。而美国政府对企业研发资助也是类似状况。据统计，当时，政

---

① David Mowery and Nathan Rosenberg, *Paths of Innovation: Technological Change in 20th-Century America*, p. 135.

② 贝卡·洛温著：《创建冷战大学：斯坦福大学的转型》，第120页，第2页。

③ Stuart Leslie, *The Cold War and American Science: The Military-Industrial-Academic Complex at MIT and Stanford*, pp. 71 – 75.

④ 贝卡·洛温著：《创建冷战大学：斯坦福大学的转型》，第180页。

府科研合同的总额高达 10 亿美元，而获得这些合同的有 200 家企业，其中 10%的企业则获得了 40%的经费。[1] 集中的资源控制有利于把资源集中到有限的机构，集中力量克服技术瓶颈，使美国企业和大学的科研有了长足的、标识性的进步。

晶体管、计算机的研发都是很显著的例子。晶体管在面世初期非常昂贵而且性能不稳定。由于军方需要将晶体管用于飞机、导弹控制、制导、通讯系统和计算机，因此需要改良晶体管性能。美国军方选定了重点企业和院校进行资助。军方通过持续资助，使得晶体管克服了最初的困难。计算机研发历程也是如此。1950 年，美国政府对计算机研发的资助达到了 1500 万美金到 2000 万美金，而且资助相当集中。在 20 世纪 40 年代晚期和 50 年代早期，麻省理工的旋风计算机项目每年耗资 150 万到 200 万。而 ERA 计算机计划的花费则是旋风计算机的三倍。据保守估计，这两个项目就占到了军方对计算机资助经费的一半，大约耗资 1400 万到 2100 万美金。[2] 正是资助集中以及集中采购，为以往技术瓶颈的解决和实现重大技术突破提供了可能。

值得一提的是：美苏在世界政治中的权力竞争，致使美国政府启动了大规模的研发项目，还带来了两个副产品：人才队伍与私营部门的技术投入。

就人才队伍而言，美国 SAGE 系统也成为培养软件人才的沃土，以至于在 20 世纪 70 年代，从事大型数据处理业务的人员中，大概

---

[1] 戴维·诺布尔著：《生产力：工业自动化的社会史》，第 11 页。

[2] Kenneth Flamm, *Creating the Computer: Government, Industry and High Technology*, p. 78, p. 59.

率会找到当年参与 SAGE 系统开发的人员。① 如我们所熟知的华人计算机企业家王安，就很大程度上是当时国防研发项目培养的产物。当时，哈佛大学的艾肯（Aiken）计划接受美国官方巨额资助，这个项目培养了大批技术人员和企业家。王安就是该项目的研究人员之一，他于 1948 年获得博士学位，并于 1951 年建立了自己的实验室。② 而王安建立的公司成为美国计算机行业发展史上的主要力量之一。王安只是当时军事研发人员中的一员，而同一时期的美国军事科技项目还为美国新兴产业培养了大量的高端人才。美国政府对电子技术产品的采购和生产也带动了电子元件和设备的发展，同时增进了人们对电子技术的认识，培养了一支热爱电子学的队伍。这支人才队伍为新兴产业在美国的发展奠定了基础。

就私营部门的研发投入而言，由于 20 世纪 50 年代军队对电子产品需求过多，使得美国企业对军队的需求过于乐观。③ 这种乐观的估计也促进了各大公司增加了研发金额。有研究发现：政府采购引导了私人企业研发的支出。大量的美国企业试图通过研发向政府展示自己具有承担军事合同的能力，为了获得政府的订单，这些私人企业乃至会花自己的钱去进行研发。④

因此，基于国家安全需要，美国政府对科研的大规模资助与采购不仅有助于克服以往的技术瓶颈，还培养了大量的技术人才，引

---

① 马丁·坎贝尔-凯利、内森·恩斯门格：《计算机简史》，第 145 页。

② Kenneth Flamm, *Creating the Computer: Government, Industry and High Technology*, p. 59.

③ Ernest Braun, *Revolution in Miniature: The History and Impact of Semiconductor Electronics*, p. 102.

④ Rosenberg Nathan, "Why do Firms do Basic Research（with Their Own Money）?" *Research Policy*, Vol. 19, No. 2, 1990, pp. 165 – 174.

导了私人企业对技术的投资。

第五节　日本、中国崛起与美国技术

在 20 世纪 80 年代，随着美日竞争的加剧，美国政府再度扭转政府对研发资助下降的势头，联邦政府对技术进步的作用再度显著加强，对研发的资助再度上升。此前在 1977 年，在英特尔公司的牵头下，美国成立了美国半导体行业协会（Semiconductor Industry Association，简称 SIA），游说美国政府支持芯片制造业。在日本的技术冲击下，1982 年，美国政府通过了《美国合作研究法案》（National Cooperative Research Act of 1984）。这一法律出台的背景是美国立法部门担心以往实施的反垄断法阻碍美国高技术企业的联合研究。该法律鼓励美国企业之间合作，从而提高美国企业的竞争力。在日本竞争压力下，美国立法部门为美国企业的联合研究扫清障碍，为高技术企业的资源整合提供了法律基础。在 1993 年，美国克林顿政府执政时期，美国将这一法案的覆盖领域从企业合作研究扩展到制造领域的合作，发布了美国合作研究和制造法案（National Cooperative Research and Production Act of 1993）。

在 1982 年通过合作研究法案后，美国又于 1984 年制定了《半导体芯片保护法》（Semiconductor Chip Protection Act of 1984，简称 SCPA）。1985 年，美日广场协议签署。1986 年，美日双方又签署了《美日半导体协议》（US-Japan Semiconductor Agreement）。该协议由两部分组成：第一部分，日本同意结束在世界半导体市场上"倾销"；日本政府需要采取积极措施，促进外国半导体产品在日本市场销售。第二部分是保密协议，日本政府承诺在五年内努力实现如下目标：帮助美国及外国公司占据 20% 日本半导体市场份额。[1] 1987年，美国政府诉诸更直接的手段。美国国防部和美国一批芯片制造商成立了半导体制造技术联盟（Semiconductor Manufacturing Technology，简称 Sematech）。这一联盟一半是由产业界出资，一半由美国国防部出资，来应对来自日本的技术挑战。该联盟的重要使命之一就是拯救美国的光刻机，其中包括斥资 7000 万美元来为光刻机制造公司 GCA 提供资助。[2] 如前所述，由于日本人口相对稀少，国土面积相对狭小，日本对美国的经济挑战，可以撼动但难以取代美国在世界政治中的领导权。因此美国对日本崛起的反应就不及对苏联的反应剧烈，且大量诉求制度手段。即便如此，在盟友之间，美国此时也试图减少对日本的技术依赖，试图通过政府干预来保障自身的技术自主，并维系技术领导地位。日本对美国的挑战在20 世纪 90 年代中期以后就逐渐消退。但在 20 世纪 80 年代，许多美国人无限焦虑，异常担心日本对美国高技术的挑战。而步入 21 世纪以后，强大了的美国人又开始担心日本的崩溃。[3] 2011 年日本大地震导致福岛第一核电站发生严重事故。日本政府需要使用巨型起重机往原子炉注水。但此时日本国内却已不能制造相关设备，只好向中国的三一重工进口大型起重机。当年的制造业大国制造不出来的设备，中国却能制造。[4] 这也从一个侧面展示中国在世界舞台日益扮

---

① Aurelia George Mulgan, "Understanding Japanese Trade Policy: A Political Economy Perspective", in Aurelia George Mulgan and Masayoshi Honma, eds., *The Political Economy of Japanese Trade Policy*, London: Palgrave Macmillan, 2015, p.17.
② 克里斯·米勒：《芯片战争：世界最关键技术的争夺战》，第 102—104 页。
③ John Kunkel, *America's Trade Policy Towards Japan: Demanding Results*, p.1.
④ 野口悠纪雄著，张玲译：《战后日本经济史：从喧嚣到沉寂的 70 年》，北京：民主与建设出版社 2018 年版，第 257 页。

演着更重要的角色。

早在 21 世纪初，美国对日益崛起的中国关注度就在不断提升。2008 年全球金融危机爆发后，美国对华战略逐步调整。在贝拉克·奥巴马（Barack Obama）担任总统时期，美国在保持对华接触的同时，开始推出"重返亚太"（pivot to Asia）或"亚太再平衡"（rebalancing Asia-Pacific）战略。在安全方面，美国政府在军事上强化了与亚太盟友或准盟友的同盟与伙伴关系，包括澳大利亚、新西兰、日本、新加坡、越南等；在经济方面，美国政府积极推进跨太平洋伙伴关系协定（Trans-Pacific Partnership Agreement，简称TPP）谈判，试图塑造一个新的国际贸易伙伴圈。此外在进入 21 世纪以来，尤其是在金融危机以后，中国经济的快速发展与美国经济的相对衰落让美国决策者开始积极加大技术资助，以服务于其霸权战略。随着中国崛起，安全形势的变化促使中国对技术自主性诉求提高，也推动了中国技术进步。

技术政策调整不仅发生在中国，美国政府也启动了新一轮的技术投入。

2005 年 10 月，美国科学院发表了一份题为《在即将到来的风暴中崛起：激活并调动美国实现更光明的经济未来》（Rising Above the Gathering Storm：Energizing and Employing America for A Brighter Economic Future）的报告。[1] 报告用翔实的数据指出美国较低的科学和工程专业毕业生比例、堪忧的初级与中级教育和短缺

---

[1] National Academies Committee on Prospering in the Global Economy of the 21st Century U S, *Rising Above the Gathering Storm: Energizing and Employing America for A Brighter Economic Future*, Washington, DC: National Academies Press, 2007, pp. 14 - 15, p. 38.

的基础教育师资等问题。报告指出美国的问题已严重威胁其全球竞争力，并敦促政府尽快行动。报告中多次将中国作为对标国家，指出："在全球正在建造的120座10亿美元以上的化工厂中，一座在美国，50座在中国。自1976年以来，美国没有新建炼油厂。""2004年，中国超过美国，成为信息技术产品的主要出口国。""中国在20世纪90年代中期采取支持研发的政策，持续地、快速地增加政府在基础研究方面的支出，以支持市场经济的方式改革旧结构，建设本国的科技能力。"针对报告的建议，美国国会在2007年通过《美国竞争法》（America COMPETES Act）对科技和教育授权拨款。该法案强调教育补助，提升了数学、科学和工程等专业的大学生、研究生奖学金额度。

尽管遭遇金融危机，奥巴马执政以后，仍加大了政府对技术进步的介入程度。在2008年，奥巴马赢得总统选举后承诺会加大基础科学研究；在未来十年，美国基础研究经费将翻一番。同时，奥巴马政府还启动了新能源技术研发，会在十年内投入1500亿美元。在2009年初，奥巴马的幕僚团队传出在奥巴马上任后，将整合美国国防部与国家航空航天局的实力与资源，以防止美国在太空竞赛中被中国赶超。而奥巴马及其团队对空间技术的重视，其中一个重要原因就是美国国防部开始关注中国太空技术进展。美国国防部门的官员认为，中国太空计划将会对美国防御卫星带来威胁。因此提高美国太空科技的整体实力是奥巴马政府上任后的目标之一。[1] 面对中国的崛起，美国政府在技术政策上已经开始了新的调整。

---

① Demian McLean, *Obama Moves to Counter China with Pentagon-NASA Link*, *The Washington Times*, Thursday, January 8, 2009.

奥巴马政府在《美国复苏和再投资法案》（American Recovery and Reinvestment Act，简称 ARRA）中大幅增加了研发支出。在清洁能源技术方面，该法案的一项条款为美国能源部提供 60 亿美元的贷款担保。以此为基础，贷款担保将支持向私人贷款者提供 600 亿美元的贷款。如果私人贷款者违约，可望得到美国政府支付。美国政府积极推进，致力于向电动汽车、太阳能、风能、生物燃料等更高效能源过渡。通过对新能源技术投入，美国政府试图结束对中东石油的依赖以及对中国太阳能、韩国先进电池等其他国家和地区技术产品的依赖。为了实现这一目标，美国政府用贷款担保等形式，推动电池、电动汽车和先进太阳能电池板的技术生产。美国政府积极为 30 个不同的项目提供 34 笔贷款，总额为 280 亿美元。正是这个项目为特斯拉（Tesla）提供了关键资金。美国政府不仅资助研发，还直接将资金投入特斯拉和太阳能厂商的生产制造。2009 年，美国能源部资助建立了能源前沿研究中心。在四年的时间里，能源部提供了价值 200 万至 400 万美元资金予以支持。到 2022 年，美国已建立了 41 个能源前沿研究中心，这些中心要么位于大学，要么建立在政府实验室，有足够的资源雇佣各类专业的技术人员。[①]

2011 年，奥巴马政府宣布启动一项超过 5 亿美元的"先进制造业伙伴关系"计划（Advanced Manufacturing Partnership，简称 AMP）。该计划希望通过政府、高校、科研院所和企业合作来振兴、强化美国制造业。"先进制造业伙伴关系"计划为纳米技术投资超过 5 亿美元，帮助企业将纳米创新转化为规模化产品。至少五分之三的

---

① Fred Block, Matthew Keller and Marian Negota, "Revisiting the Hidden Developmental State", pp. 1 - 15.

投资用于具有军民双重用途的国内制造业，相关产业如高效电池和先进复合材料等均为和国家安全息息相关的行业。尽管财政形势严峻，奥巴马政府 2012 年的预算为国家纳米倡议（National Nanotechnology Initiative）提供了 21 亿美元，比 2010 年增加了 2.17 亿美元。美国公司和州政府也投入了数十亿美元。由于这种持续的承诺，美国已成为纳米技术的全球领导者。① 2012 年，美国政府宣布启动国家制造业创新网络计划（National Network for Manufacturing Innovation），在重点技术领域建设制造业创新中心（advanced manufacturing institute）。美国国防部相继支持建立了人体组织生物制造、机器人领域创新等。美国能源部也支持化工过程强化、节能减排等中心的建立。② 一个"隐蔽的发展型政府"日益积极活动在各个科技创新领域。

在任职初期，特朗普任命了保守派米克·马尔瓦尼（Mick Mulvaney）作为美国行政管理和预算局（Office of Management and Budget）主任，试图削减制造与研发预算。但是美国国会仍然顶住了压力，维持了对美国制造和研发的相关拨款。2017 年，美国总统特朗普签署了"购买美国、雇佣美国人"（Buy American and Hire American）行政命令。③ 2018 年，美国出台了《美国先进制造战略》（Strategy for American Leadership in Advanced Manufacturing）。该战略强调加强发展美国先进制造业，以强化美

---

① Linda Weiss, *America Inc.: Innovation and Enterprise in the National Security State*, pp. 126 - 127.
② 邓奔，《美国制造业创新中心建设最新进展及其启示》，载《科技导报》，2017 年第 5 期，第 12 页。
③ https://www.uscis.gov/archive/buy-american-and-hire-american-putting-american-workers-first

国在关键技术领域的地位。2019 年，美国国防部启动了对美国制造研究院（America Makes Institute）的新一轮拨款，相关资助会持续到2026 年。尽管面临预算削减压力，特朗普政府却摒弃了早期的做法，变得积极支持美国制造业，尤其是先进制造。上述美国政府介入技术进步的努力均是在一个保守主义的共和党执政时期做出的。

在民主党的约瑟夫·拜登（Joseph Biden）上台执政后，美国政府仍维持了自奥巴马、特朗普以来加强美国先进技术与制造的政策。在上任初期，拜登政府通过美国商务部经济发展管理局（Economic Development Administration）的平台来汇集政府实验室、产业、高校、州和地方政府的各方力量，在美国各地创建技术中心，打造对美国经济和国家安全至关重要的技术创新生态系统。美国商务部经济发展管理局每年用 3600 万美元来支持"技术导向型经济发展"，其下属的一个新机构美国创新与企业家办公室（Office of Innovation and Entrepreneurship）每年有 1000 万美元拨款，致力于从地方层面提升美国创新能力。比较显著的是，在 2022 年，美国国会通过了《芯片和科学法案》（CHIPS and Science Act 2022）。该法案拨款高达 500 亿美元，更显著地关注来自中国的竞争。法案的一项重要目标就是要强化美国计算机芯片的研发和生产，减少对中国等国家的依赖。[1] 2021 年，拜登政府宣布实施"购买美国货计划"（Buy American），这和特朗普政策具有延续性，均是美国面临外部竞争压力下，积极诉诸产业政策的一部分。美国各政府机构计划增加超过 20 亿美元的新采购以支持美国创新技术和产品制造。相关的

---

[1] Fred Block, Matthew Keller and Marian Negota, "Revisiting the Hidden Developmental State", pp. 17 - 18.

机构涉及国防部、能源部、美国国家航空航天局、海军研究办公室等，均是与国家安全密切相关的部门。① 随着中国在世界政治中日益崛起，中美双方均在致力于推动技术变迁。人工智能、量子计算、大数据、3D 打印、物联网、ChatGPT 等技术不断出现，国际竞争正在推动新一轮工业革命的出现。

如图 7.1 所示，每次遇到世界政治中新的大国崛起，美国研发经费占 GDP 的比重都会有所上升。在苏联迅速崛起时期，美国研发经费占 GDP 的比重上升最快；当苏联挑战势头减弱后，美国研发经费占 GDP 的比重随之下降。而在日本日益崛起的时期，美国研发经费占 GDP 的比重再度随之上升，由于日本的挑战主要在经济方面，且日本国土面积相对狭小，人口规模相对较小，难以对美国构成全方位的挑战，因此，这一时期美国研发经费的波动不及苏联崛起时期。这一轮中国日益在世界舞台上崛起，美国的研发经费有了一轮上升以后再度出现波动。只是由于这一轮世界政治中大国权力竞争带来的波动时间较短，趋势性的变动也还不是很明显。这留待我们将来进一步观察。

本章以苏联崛起时期美国的政策调整为主要案例，以日本与中国崛起时期美国的政策调整为辅助案例。美国面临的三个崛起国对其构成的挑战，其做出的反应幅度和程度是有差异的。苏联对美国的挑战是以军事竞争以及意识形态竞争为主；日本对美国的挑战更多体现在对美国经济霸权的冲击；而崛起的中国对美国的挑战是多

① https://www.whitehouse.gov/briefing-room/statements-releases/2021/07/28/fact-sheet-biden-harris-administration-issues-proposed-buy-american-rule-advancing-the-presidents-commitment-to-ensuring-the-future-of-america-is-made-in-america-by-all-of-americas/

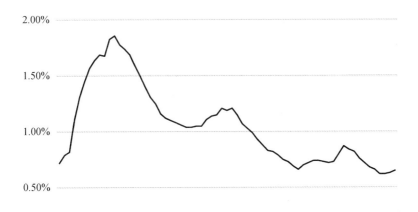

图 7.1　1953 年—2019 年美国政府研发经费占 GDP 的比重波动（％）
资料来源：https://www.reuters.com/graphics/USA-ECONOMY/SPENDING/
nmopargnxva/

方面的。除了双方在价值观方面的差异外，双方还存在朝鲜半岛问
题、台海问题、南海问题等安全议题上的分歧。中国经济的迅速发
展及其世界影响力的增长，对美国世界政治领导权构成了冲击。中
国对美国的影响既涉及传统的安全议题，又包括新形势下的国际经
济角逐。从某种意义上来说，中国的崛起对美国构成的挑战是苏联
与日本对美国挑战的一个复合体。美国未来将做出何种反应，做出
多大幅度和程度的反应还有待进一步观察。但是，我们大致可以判
断，当苏联和日本对美国的战略竞争退却以后，中美技术合作的蜜
月期已经过去。伴随中国在世界政治中地位的不断提升，中美技术
竞争的作用会更为凸显。从战后美国技术变迁的轨迹可以看出，在
权力转移时期，国际安全的考虑是大国技术变迁的一项重要驱动。

第八章

欧洲与古代中国技术
变迁的历史透视

在前面几章，我们把注意力集中在二战以后的苏联、日本、中国和美国在权力转移时期的技术变迁，二战后的大国权力转移与技术变迁构成了本书的主要内容。而在这章，我们将从二战以前的欧洲经验来看大国权力转移如何影响技术变迁。同时本章也将涉及古代中国的技术发展，以此对大国权力转移与技术变迁做比较历史分析。

二战后苏联、日本与中国的崛起都发生在"有核时代"，那么在无核时代，世界政治的权力转移对技术变迁的影响是否遵循类似的逻辑呢？欧洲在二战前的权力转移面临的结构约束与二战后显著不同。二战后，大国持有核武器，这让大国对以发动战争来解决国际争端的方式持相当谨慎的态度，而历史上欧洲的权力转移缺少这样的基础。因此，历史上欧洲的权力转移往往通过战争等激烈的冲突而表现出来。[1] 从国际关系史来看，欧洲霸权的衰落和权力转移的确诱发了一些战争。但是值得我们关注的是，并非所有权力转移都伴随战争发生。按格雷厄姆·艾利森教授的研究，在过去的 500 年中，有 16 个大国崛起、并威胁取代现有守成国的案例，其中有 12 次导致了战争，还有 4 次例外。[2] 世界上也存在和平权力转移的例子，美国崛起取代英国的世界霸权就是广为人知的案例。[3] 因此，除了依靠战争解决大国权力转移时期的纷争，欧洲大国还曾寻找过其它途径。

---

[1] Robert Gilpin, "The Theory of Hegemonic War", *Journal of Interdisciplinary History*, Vol. 18, No. 4, 1988.

[2] 格雷厄姆·艾利森：《注定一战：中美能避免修昔底德陷阱吗？》，第 8 页。

[3] Steve Chan, "Exploring Puzzles in Power-Transition Theory: Implications for Sino-American", p. 22；黄琪轩：《大国经济成长模式及其国际政治后果：海外贸易、国内市场与权力转移》，第 123—126 页。

欧洲各国政府对重大技术的投入就是其中一项极其重要的选择，要么用技术变迁来备战；要么用技术变迁来加强武备，达到"以武止戈"的目的。本书就欧洲历史上的权力转移展开比较历史分析，意在据此表明：在核武器出现以前的权力转移时期，即便存在战争等替代选择，政府促进重大技术变迁仍然是一项重要举措，历史上的欧洲权力转移同样引发了重大技术变迁。此外，本章还涉及古代中国技术发展的历史。古代中国技术发展史会更进一步展示国际竞争激烈程度的变迁如何影响了重大技术变迁。在本章，我们先展示欧洲的案例，然后再讨论古代中国的案例。

第一节　工业革命前的权力转移与技术变迁

欧洲的历次重大技术变迁，往往离不开当时的国际竞争环境。正如经济史学家大卫·兰德斯所说："欧洲大陆被分为众多的单一民族国家，而非被一个普世的大帝国所统治。正如我们所见，欧洲的分裂带来了国家间的竞争，尤其是势均力敌的竞争。在这种竞争的条件下，科学乃成为国家的一项重要资产。不仅因为通过科学和技术可以装备新的器械，提高战争的技能；还在于科学和技术可以直接或者间接地带来经济的繁荣，而经济繁荣对于扩张权力大有裨益。"[1] J.D.贝尔纳也指出：欧洲史上，"科学与战争一直是极其密切地联系着的；实际上，除了十九世纪的某一段期间，我们可以公正地说：大部分重要的技术和科学进展是海陆军的需要所直接促成

---

[1] 大卫·兰德斯著：《解除束缚的普罗米修斯》，第31页。

的。这并不是由于科学和战争之间有任何神秘的亲和力，而是由于一些更为根本的原因：不计费用的军事需要的紧迫性大于民用需要的紧迫性。而且在战争中，新武器极受重视。通过改革技术而生产出来的新式的或更精良的武器可以决定胜负。"① 当时大量的科学发现都源于欧洲激烈的国际竞争。众所周知，伽利略在他的《关于两种新科学的对话》一书中，讨论了弹道的轨迹问题，他还提到了他得到了佛罗伦萨兵工厂的支持。②

随着科学对战争的作用越来越明显，战争与技术的关系日益显现。残酷的欧洲战争促使国际竞争的技术含量显著提高，战争更加依赖理论科学和一个国家的工程能力。科学和技术进步对国家安全的重要性更显得史无前例，有研究者因此提出"知识性国家"（knowledgeable state）这个概念。③ 随着"知识性国家"的出现，国家对科学与技术的动员能力越来越强，技术进步和欧洲权力竞争的关系日益密切。我们在下面将用欧洲史上，葡萄牙与西班牙、荷兰与英国、英国与法国、英国与德国的霸权竞争为案例，来展示欧洲的权力转移如何促进了欧洲重大科学技术变迁。我们先展示工业革命前两次重大技术变迁的国际竞争驱动。

（一）葡西的霸权争夺与技术变迁

欧洲历史上有几次霸权更迭。每次霸权更迭都会伴随领导国与

---

① J. D. 贝尔纳著：《科学的社会功能》，第 195 页。
② 罗伯特·金·默顿：《科学社会学：理论与经验研究》（上册），第 282 页。
③ Maurice Pearton, *The Knowledgeable State: Diplomacy, War, and Technology Since 1830*, pp. 1 - 30.

崛起国之间激烈的竞争，也会引发一系列国际政治后果。[①] 亚当·斯密在《国富论》中指出："美洲的发现、经由好望角去到东印度的通道的发现是人类历史上记载的两个最大的和最重要的事件。"[②] 1530年，法国的御医，也是近代测量子午线一度究竟有多长的第一人让·斐纳（Jean Fernel）指出：假如柏拉图、亚里士多德活过来，他们会发现地理已经变得认不出来了。我们时代的航海家给了我们一个新地球。[③] "新地球"的发现仰仗新的航运技术的进展。而社会学家桑巴特指出：在造船业发展过程中，军方利益至关重要。同战争相比，商业利益大概从来没有，或者无论如何不可能在如此短的时间内推动造船业的发展。[④] 葡萄牙、西班牙在角逐霸权的过程中，对航海技术的推动对此论断做了很好的说明。在15—16世纪，造船和航海史上的大事件及其重大技术变迁离不开葡萄牙、西班牙权力竞争的推动。

在欧洲诸国中，葡萄牙较早就具有了强烈的民族意识，乃至被视为世界上第一个民族国家。[⑤] 从14世纪开始，经济和政治上处于领先地位的卡斯蒂利亚（Castile）王国开始和葡萄牙政权分庭抗礼。[⑥] 在15世纪大部分时间里，葡萄牙凭借其优势使其传统对手加

---

① 不同学者对霸权的划分有所不同。本书根据乔治·莫德尔斯基的研究进行划分。参见 George Modelshi, "Long Cycles of World Leadership", in William Thompson, ed., *Contending Approaches to World System Analysis*, Beverly Hills: Sage Publications, 1983, pp. 15 - 139.

② 亚当·斯密：《国富论》（下），第686页。

③ 约翰·贝尔纳著，伍矿甫、彭家礼译：《历史上的科学（卷二）：科学革命与工业革命》，北京：科学出版社2015年版，第309页。

④ 维尔纳·桑巴特：《战争与资本主义》，第250页。

⑤ George Modelski, *Long Cycles in World Politics*, p. 71.

⑥ 瓦尔特·伯尔奈克著，陈曦译：《西班牙：从十五世纪至今》，上海：上海文化出版社2019年版，第1页。

邻居的西班牙黯然失色。西班牙与同时代的主要世界大国相比，一个重要区别就在于西班牙独特的全球势力范围以及相应的雄心壮志。[①] 1469 年，卡斯蒂利亚王国和阿拉贡（Aragon）王国通过政治联姻构成了西班牙君主政体建立的基石。1479 年，裴迪南二世（Fernando II）成为阿拉贡国王，卡斯蒂利亚王国和阿拉贡王国就成了共主联邦，成为西班牙王国，同时也成为葡萄牙的强劲竞争对手。

到 15 世纪末以及在 16 世纪的大部分时间里，西班牙和葡萄牙是大西洋上的两个海军大国。因为威尼斯（Venice）的商业虽然推广到欧洲各个地区，它的海军却没有驶出过地中海。[②] 在 1500 年时，除了葡萄牙和西班牙，没有一个国家能够进入大西洋或者有足够经验去挑战伊比利亚半岛这两位先驱。[③] 到 15 世纪 90 年代，一个统一的、复苏的西班牙开始挑战葡萄牙的主导地位，并宣布其在新大陆的殖民霸权。这一度使葡萄牙和西班牙两股势力在战争的边缘徘徊。[④] 葡萄牙和西班牙都强调自身作为信仰保护者的角色。葡萄牙人利用这一角色，为海外扩张作辩护，也为葡萄牙与西班牙争夺威名寻找体面的理由。[⑤]

1492 年，西班牙重新夺回伊比利亚半岛（Iberian Peninsula）的一个穆斯林公国格拉纳达（Granada）后，葡萄牙担心胜利的卡斯

---

① 杰里米·布莱克著，高银译：《西班牙何以成为西班牙》，天津：天津人民出版社 2020 年版，第 85 页。

② 亚当·斯密：《国富论》（下），第 626 页。

③ 罗杰·克劳利著，陆大鹏译：《征服者：葡萄牙帝国的崛起》，北京：社会科学文献出版社 2016 年版，第 45 页。

④ 格雷厄姆·艾利森：《注定一战：中美能避免修昔底德陷阱吗?》，第 321—322 页。

⑤ 杰里米·布莱克著，高银译：《葡萄牙何以成为葡萄牙》，天津：天津人民出版社 2020 年版，第 63—66 页。

蒂利亚家族可能会涉足北非，从而威胁到葡萄牙的布局。尤其是1492年哥伦布在西班牙的支持下发现新大陆以后，葡萄牙对西班牙的忧虑与日俱增。当时西班牙坊间传闻葡萄牙国王将率领舰队夺取美洲这片无主之地，两国间的战争一触即发。[①] 1494年，在教皇亚历山大六世（Alexander VI）的仲裁下，《托尔德西里亚斯条约》（Treaty of Tordesillas）将大西洋上的国家分为葡萄牙区与西班牙区，非洲被划给了葡萄牙。当时被称为美洲诸国的地区则被分给了西班牙；后来划归葡萄牙区的巴西当时尚未被发现。在当时主要世界大国中，只有西欧国家，尤其是葡萄牙和西班牙才有能力同时在两个半球中有所作为。[②] 二者是当时的"超级大国"，均致力于角逐欧洲霸权。

　　西班牙的崛起，使西班牙国王腓力二世（Felipe II）的霸权图谋日益明显。西班牙人认为：半岛的统一是西班牙走向全球霸权的关键一步。腓力在里斯本的使节写道："赢得还是失去（葡萄牙）将意味着赢得还是失去全世界。"[③] 此时出于霸权竞争需要，葡萄牙和西班牙双方开始资助新的航海技术，以期扩张海洋势力、积攒实力。欧洲各国政府把科学纳入体制并由官方管理的做法最早出现在葡萄牙和西班牙。[④] 双方的角逐极大推动了相关科学与技术的进展。

　　在西班牙日益挑战葡萄牙领导权时，葡萄牙国王若昂二世（João II）积极鼓励学者投入到与航海相关的课题研究中，包括观察

---

① 格雷厄姆·艾利森：《注定一战：中美能避免修昔底德陷阱吗？》，第323页。
② 杰里米·布莱克：《西班牙何以成为西班牙》，第86页。
③ 威廉森·默里、麦格雷戈·诺克斯、阿尔文·伯恩斯坦著，时殷弘等译：《缔造战略：统治者、国家与战争》，北京：世界知识出版社2004年版，第129页。
④ J·E·麦克莱伦第三、哈罗德·多恩著，王鸣阳译：《世界科学技术通史》，上海：上海世纪出版集团2007年版，第272页。

正午太阳高度来计算维度等。[1] 葡萄牙的首都里斯本（Lisbon）是当时世界科研探索的前沿，是测试世界各种观念的实验室。来自欧洲各地天文学家、科学家、地图绘制师和商人都指望从葡萄牙获得关于非洲地形的最新信息。这座城市是关于宇宙学和航海术、世界形态以及图绘等新思潮的集散地。这里还有造船、航海物资供应与军械制造等诸多工业基础设施。这些均支撑着葡萄牙强大的航海实力。葡萄牙工厂里熔炉硕大，工匠在那里制造船锚、火炮、标枪、盾牌。航海器械与武器制作精良，数量巨大。若昂二世已拥有生产优质铜炮的能力，并掌握了海上有效运用火炮的技术，积极推动船载火炮实验。葡萄牙人还研发了后装回旋炮。这是一种后镗填装的、可旋转的轻型火炮。与传统前装火炮相比，这一款火炮更轻巧，射速更快，每小时可以发射 20 枚炮弹。若昂二世对航海的兴趣引发了一个科学委员会的问世。该委员会利用葡萄牙汇聚的诸多知识，推动学术进展，包括地球仪原型的发明者马丁·贝海姆（Martin Behaim）也在其中。旅居葡萄牙的天文学家与数学家亚伯拉罕·萨库托（Abraham Zacuto）发明的航海星盘和记录天体位置的图表书籍将给航海技术带来一场革命。[2] 葡萄牙数学家佩罗德·努内斯（Pedro Nunes）是最早将数学应用于制图的欧洲人之一，他发现了菱形线条的概念，后来将其应用于莫卡托投影，该投影在 1569 年彻底改变了制图学。他还是包括度数在内的几种测量仪器的发明者，测量仪器用于测量度的分数。[3]

---

① 罗纳德·芬德利、凯文·奥罗克著，华建光译：《强权与富足：第二个千年的贸易、战争和世界经济》，北京：中信出版社 2012 年版，第 164 页。
② 罗杰·克劳利：《征服者：葡萄牙帝国的崛起》，第 21—22 页，第 52—54 页。
③ 文一：《科学革命的密码——枪炮、战争与西方崛起之谜》，第 147 页。

15 世纪末和 16 世纪初，葡萄牙和西班牙的霸权竞争把双方的航海事业推向一个前所未有的高度。航海技术早期的改进来自对航海帆船的改进。"说三角帆源自葡萄牙，这是无论如何都不会有疑问的。"[1] 当时造船业发展很快，主要是军舰的发展在带动。维尔纳·桑巴特发现，当时战争给各国带来了巨大利益，同时也带来舰队的发展壮大。这也促成海军的扩大，尤其是促成了船体的扩大。[2] 正是因为备战需要，葡西的航运技术得以不断发展。到了十六世纪，葡萄牙的巨型帆船货运量达到两千吨，船员和旅客也达到八百人。[3] 而航海技术的改进和地理大发现相伴相生。

由于航海竞争的需要，葡萄牙尤其重视改进航海技术、收集信息、提升武备水平并积极绘制地图。葡萄牙人利用造船业和航海技术的最新发展，尤其在船体建造、大三角帆与横帆装置方面推动了航海技术进步。葡萄牙实现了大西洋与地中海的融合，推动了海上定位技术的进步。葡萄牙人建造出独具优势的船只，不管对手的船只是否装有大炮，葡萄牙的船都能更胜一筹。帆桅装备的进步使葡萄牙船的速度更快、性能更好、更易于近距离驭风而行。[4] 卡拉维尔（Caravel）帆船是葡萄牙海上探索的主要工具。为了达·伽马的漫长航行，葡萄牙人又设计制造了克拉克（Carrack）帆船。该帆船的建造建立在几十年来葡萄牙人逐渐获取并缓慢积累的造船知识基础上。许多年以来，为大西洋航行而积累的关于船舶设计、航海技术

---

① 费尔南·布罗代尔著，顾良、施康强译：《15 至 18 世纪的物质文明、经济和资本主义》（第一卷），北京：三联书店 1992 年版，第 477 页。

② 维尔纳·桑巴特著，李季译：《现代资本主义》（第一卷），北京：商务印书馆 1958 年版，第 521 页。

③ 费尔南·布罗代尔：《15 至 18 世纪的物质文明、经济和资本主义》（第一卷），第 499 页。

④ 杰里米·布莱克：《葡萄牙何以成为葡萄牙》，第 56 页。

与物质供给的全部技术和知识，都被运用于建造达·伽马所需的两艘坚固船只。由于需要远洋航行，这两艘船既要足够坚固，也要足够宽敞。为建造克拉克帆船，葡萄牙王室不惜血本，召集了最优秀的工匠，采用最强韧的钉子和木料。葡萄牙最顶尖、技术水平最高的领航员和水手奉命参与达·伽马的航行。船只携带了当时最好的航海辅助设备，包括测深铅锤、沙漏、星盘和最新的地图，还携带了不久前才印制的根据太阳高度测算纬度的表格副本。二十门火炮被装载在船上，既有大型射石炮，也有较小的后装回旋炮，另外船上还装载了大量的火药和炮弹。[1] 葡萄牙首都里斯本很快就成为世界的航海和制图中心。葡萄牙宫廷聘用了各式各样的皇家数学家、宇宙学家以及天文学家。葡萄牙还设立了两个政府机关负责管理葡萄牙的贸易和绘制地图业务，甚至当时还有不少葡萄牙地图绘制专家在别的国家工作。[2]

　　与西班牙的竞争促使葡萄牙人更积极地学习外来技术。当时的葡萄牙船只从阿拉伯人、西北欧人的船只中吸取经验，其造船技术历经了艰辛的实验，也不断更新技能与知识。[3] 在闯入新世界的七年后，葡萄牙人就相当精准地了解两千八百万平方英里的印度洋是如何运作的；了解了印度洋的港口分布、风向情况、季风规律、航海条件与通信走廊。葡萄牙人成为了专业的观察者，地缘政治与文化信息的收集者，且葡萄牙人收集信息的效率极高。他们雇佣当地能提供信息的人和领航员，雇佣翻译人员，学习当地语言。葡萄牙人

---

[1] 罗杰·克劳利：《征服者：葡萄牙帝国的崛起》，第 21—22 页，第 55—59 页。

[2] J·E·麦克莱伦第三、哈罗德·多恩：《世界科学技术通史》第 272—273 页。

[3] 罗纳德·芬德利、凯文·奥罗克：《强权与富足：第二个千年的贸易、战争和世界经济》，第 165 页。

带着客观冷静的科学兴趣观察万事万物，尽可能地绘制出最准确的地图，还派遣天文学家参加远航。关于新世界的信息被送回葡萄牙里斯本的印度事务院。在那里所有信息都在被记录在案，由葡萄牙皇室直接管理，以便为下一次航行服务。在地图绘制方面，葡萄牙国王若昂二世的父亲阿方索五世（Afonso V）曾请一位僧侣绘制世界地图。该地图囊括了当时最前沿的地理知识，呈现出此前的欧洲人所绘制的地图中都不曾展现的东西。[①] 葡萄牙的海军军火库解决了船坞建设与航海图供给等方面的问题，隶属于该部门的水文局负责回收发放给领航员的海图。为了提高海图的精准度，返航的领航员需要上交自己的海图与航海日志以供审查。[②]

　　无独有偶，1508 年，西班牙国王斐迪南二世（Fernando II）设置了首席航海家的职位，该职位隶属于西班牙的商务局。西班牙的商务局成立于 1503 年，其职能不仅是征收关税，还负责收集旅行者带来的各种信息并加以归类整理。此外，西班牙的商务局还负责训练航海员，更新地图。此时，各种知识和技术诀窍汇聚于西班牙，帮助西班牙海外扩张。[③]

　　葡萄牙人积极推动科学与技术发展，参与海外扩张。传统研究者曾关注宗教因素对此的驱动，同时也有研究者指出：葡萄牙之所以在海外扩张，与卡斯蒂利亚的政治敌对行为是一项重要动因。[④] 在同样的背景下，当西班牙迅速崛起时，葡萄牙和西班牙之间的权力

① 罗杰·克劳利：《征服者：葡萄牙帝国的崛起》，第 181 页，第 29 页。
② 杰里米·布莱克：《葡萄牙何以成为葡萄牙》，第 68 页。
③ 劳伦斯·普林西比著，张卜天译：《科学革命》，南京：译林出版社 2013 年版，第 12 页。
④ 罗纳德·芬德利、凯文·奥罗克：《强权与富足：第二个千年的贸易、战争和世界经济》，第 162 页。

角逐对后来航海技术的改进与地理大发现产生了深远影响。

早在 1473 年，葡萄牙国王若昂二世收到了数学家和宇宙学家保罗·托斯卡内利（Paolo Toscanelli）的信和地图，告知国王地球可能是圆形的。在 15 世纪的最后几十年，伊比利亚半岛的国际竞争日趋激烈，让这封信和地图能促使国王采取行动。[①] 葡萄牙是地理大发现的先行者。葡萄牙国王成功地资助了巴尔托洛梅乌·迪亚士（Bartholmeu Dias）以及瓦斯科·达·伽马（Vasco da Gama）的远洋航行。在葡萄牙组织探寻新航路的同时，西班牙也进入海洋，扩展权力，与葡萄牙展开霸权角逐。其中最重要的航海就是克里斯托弗·哥伦布（Christopher Columbus）和斐迪南·麦哲伦（Ferdinand Magellan）的航行。我们可以看到，当时的航海家都来回辗转于葡萄牙、西班牙两个王室之间。我们从哥伦布试图启动其航海事业的经历就可见一斑。

哥伦布在刚开始的时候就制定出了"通过向西航行到达东方"的方案。由于这一方案耗资巨大，哥伦布这项事业需要巨额资助。他请求葡萄牙国王提供："三条轻快帆船、选派适量的水手、储备一年的粮食、船上装载一批货物如鹰铃、铜盆、玻璃珠、红冠鸡、色布等。"[②] 葡萄牙国王对此没有兴趣，哥伦布只好另寻出路。1485 年，哥伦布来到了西班牙。西班牙女王选派了一个特别委员会来审议哥伦布的计划。由于审议过于漫长，哥伦布感到西班牙皇室无暇顾及其计划。于是，哥伦布在 1488 年向葡萄牙国王呈递了一封"竭诚效

① 罗杰·克劳利：《征服者：葡萄牙帝国的崛起》，第 22 页。
② 塞·埃·莫里森著，陈太先、陈礼仁译：《哥伦布传》（上），北京：商务印书馆 1995 年版，第 131—132 页。

力"的信件。不久以后，哥伦布收到了一封葡萄牙国王的来信。[1] 信中写到：

尊敬的哥伦布：

我们以葡萄牙国王唐·若奥和非洲那片陆海——几内亚的领主阿尔加鲁埃斯的名义向您表示最亲切的问候。我们收到了您给我们的信，您在信中诚心诚意地愿为我们效力，我们非常感谢您。您的到来是为了您所说的一切，为了我们需要您的才能和智慧。我们希望并欢迎您早日来见我们，因为按照您的意思您似乎高兴早日到来。至于您认为这是件冒险的事，出于某种您不得不考虑的原因而对我们的司法有所畏惧，我们可以通过此信向您保证：您可以来去自由，绝不会因为任何民事的原因或其他性质的罪名而受到逮捕、拘留、控告、传讯或起诉。对此，我们已经命令我们的所有司法机关遵照执行。因此，我们请您并建议您尽早启程，对此不要有任何迟疑。我们将感谢和期待您在 1488 年 3 月 20 日的来函中所说的效力。

国王　致塞维利亚我们的特殊朋友克里斯托瓦奥·哥伦布

葡萄牙国王若昂二世深切地认识到西班牙与葡萄牙竞争越来越激烈，因此不愿意一口回绝哥伦布。他还向哥伦布颁发安全通行证，允许他返回葡萄牙。[2] 葡萄牙国王对哥伦布的争取也正反映出葡萄牙西班牙霸权竞争的一个侧影。当时葡萄牙国王怕西班牙捷足先登，因此他又向哥伦布发出邀请。1488 年底，哥伦布从西班牙返回葡萄

---

[1] 萨尔瓦多·德·马达里亚加著，朱伦译：《哥伦布评传》，北京：中国社会科学出版 1991 年版，第 24 页。
[2] 罗杰·克劳利：《征服者：葡萄牙帝国的崛起》，第 38 页。

牙。此时，正好迪亚士从好望角归来；迪亚士的归来使得葡萄牙国王对哥伦布向西航行的计划不再感兴趣。哥伦布在失望中只得回到了西班牙，而哥伦布在西班牙的境遇也并非一帆风顺。

1490年，西班牙王室的专家委员会否决了哥伦布的计划。审议委员会最终提出了一个报告，他们断定："哥伦布所许诺和提供的东西都是办不到的，是空谈，应予以否决"。委员会认为："让王室支持一桩基础这样不稳固的事业；支持一桩任何一个受过教育的、有知识的人都似乎觉得靠不住的和不可能的事业，这很不恰当。"① 哥伦布的计划被明确地否决了。就在哥伦布离开的这一天，哥伦布的一个朋友路易斯·德·圣坦杰尔（Luis de Santangel）去觐见女王。他告诉女王："哥伦布的这桩事业如果被其他国家拿去了，那么对西班牙是个巨大的损失，对女王也是奇耻大辱。"② 西班牙女王随即派人去追赶哥伦布，使者赶上了哥伦布。随后，哥伦布与西班牙国王签订《圣塔菲协定》（Capitulations of Santa Fe），开始了他的远洋航行。西班牙女王担忧"这桩事业如果被其他国家拿去了，那么对西班牙是个巨大的损失"。正是当时葡萄牙和西班牙双方日趋激烈的权力角逐，促使西班牙女王有如此的担忧。哥伦布的这次远航离不开当时西班牙与葡萄牙竞争，双方急于扩展实力。正是在当时国际竞争的背景下，西班牙国王才能在摇摆不定后耗巨资资助远洋航行。哥伦布正是在这样的国际竞争背景下，才能成功游说西班牙统治者伊莎贝拉一世（Isabel I）和裴迪南二世，利用西班牙与葡萄牙之间

① 塞·埃·莫里森著：《哥伦布传》（上），第131—132页。
② Fernando Columbus, *The Life of the Admiral Christopher Columbus*, New Brunswick: Rutgers University Press, 1992, p. 43.

的竞争关系来鼓吹自己的宏图大略。[1]

西班牙政府的介入不仅有助于人员招募，也解决了资金筹措的问题。当时人们普遍认为哥伦布的远洋航行极其危险。在出发前，哥伦布很难招募到船员。最终，西班牙王室只好诉诸武力强征海员。西班牙王室还发布公告，承诺如果加入哥伦布远洋航行队伍，则可以免除民事纠纷和刑罚处罚。因此跟随哥伦布的远洋航行变成了罪犯和债务人的避难所。[2] 哥伦布向美洲的首次航行，这次航行"一共花了 225 万马拉维迪，装备费用政府出 140 万，有 60 万来自个人，最后 25 万是薪水，也由政府支付。政府投资占了近 73%。哥伦布第二次远征航行总预算费用达到 500 万马拉维迪。这些钱基本上是由政府出面筹措的。这次出航有 3 艘大船、14 艘小船，共计 17 艘船组成了远征队。"[3] 这些巨额经费，没有西班牙王室的帮助是难以实现的。而西班牙王室的巨额投资，如果离开当时葡西霸权竞争的背景，也是不可能的。

西班牙的成功给葡萄牙带来了极大的压力。葡萄牙国内甚至有人在筹划杀掉哥伦布，并筹划立刻派遣一支强大的军队，试图率先占领哥伦布发现的区域并建立殖民地。在葡萄牙，一支强大的军队在秘密筹建，企图抢在西班牙之前捷足先登。相关消息被西班牙的间谍获悉，葡萄牙和西班牙两国关系渐渐紧张起来。裴迪南二世给葡萄牙统治者写了一封信，禁止葡萄牙航海家到访哥伦布发现的新

---

① 罗杰·克劳利：《征服者：葡萄牙帝国的崛起》，第 23 页。
② 约翰·阿伯特著，周琴译：《哥伦布、大航海时代与地理大发现》，北京：华文出版社 2019 年版，第 39 页。
③ 塞·埃·莫里森著：《哥伦布传》（上），第 150 页。

大陆，展开了一场微妙又激烈的外交竞赛。① 事实上，葡萄牙人也想要复制西班牙在美洲新大陆的成功。在 16 世纪的最初五年，曼努埃尔一世（Emmanuel I）派出许多支船队远航，船队规模越来越大。葡萄牙集结全国之力，动员了全部可动员的人力物力，希望在争夺印度洋永久立足点的生死斗争中确保胜利，希望抢在西班牙人做出反应之前把握和利用好机遇。② 霸权竞争的压力不断在强化执政者的意愿。

麦哲伦的远洋航行也有类似的经历。当麦哲伦面见葡萄牙国王并请求率领一支船队向西探险的时候，被葡萄牙国王拒绝了，于是麦哲伦来到西班牙。所幸的是，西班牙国王很快就答应支持麦哲伦的远洋航行。1519 年，西班牙国王与麦哲伦签订了远洋探险协定，责成麦哲伦："在属于朕的海洋里发现丰富的香料以及朕最需要的而且能使我国获利的其他东西"，"扩大我们卡斯提王室的版图"。③ 这就是当时权力转移过程中，西班牙急剧扩展势力的需要。但是葡萄牙国王很快知道了这件事，他害怕麦哲伦的这一次航行会使得西班牙的势力超过葡萄牙。于是，他不但派人在塞维利亚不断制造谣言，还派了一些奸细打进麦哲伦的船队，并准备伺机破坏，暗杀麦哲伦。④ 葡萄牙和西班牙的权力角逐，在这些远洋航行中体现得淋漓尽致。西班牙资助哥伦布和麦哲伦的远航是出于与葡萄牙争夺霸权的需要。

---

① 约翰·阿伯特：《哥伦布、大航海时代与地理大发现》，第 108—109，第 127 页。
② 罗杰·克劳利：《征服者：葡萄牙帝国的崛起》，第 115—116 页。
③ 张箭著：《地理大发现研究》，北京：商务印书馆 2002 年版，第 242 页。
④ Stefan Zweig, *Conqueror of the Seas: The Story of Magellan*, New York: The Literary Guild of America, 1938, p. 120.

由于西班牙要同邻国葡萄牙不断争夺殖民地，争夺欧洲领导权，并管理帝国在全世界的疆域，西班牙积极推动相关技术的发展。1523年，和葡萄牙的举措类似，西班牙政府建立了印度群岛审议会（Concil of the Indies）。这是一个专门管理殖民地事务的政府部门，拥有一批皇家宇宙学家和官员，承办同西班牙帝国海外扩张有关的各种科学事务。到16世纪，西班牙逐渐取代葡萄牙，成为当时欧洲最重要的科学航海和地图绘制中心。西班牙政府的商务局一直在研制航海仪器，绘制和修订西班牙海外扩张地图。1552年，菲利普二世还在商务局设立了航海和宇宙研究方面的皇家教席。菲利普二世甚至在1582年建立了一所数学学院，在那里传授宇宙学、航海技术、军事工程等学科知识，当时讲授防御工事的工程教授的工资是哲学教授的两倍。[①]

正是在葡萄牙、西班牙霸权竞争的推动下，双方斥巨资资助航海技术的改进与远洋航行，才有了改变世界的地理大发现。正如兰德斯教授所说，这些国家之间的竞争更多是在政治而不是经济。这些国家经济上的努力并非为了追求财富，而是为了追求权力。[②] 开发美洲和亚洲需要新的科学技术，地理数据和航线记录催生了新的绘图技术，在欧洲与新世界之间安全可靠的通航则需要改进导航、造船以及军备。在一百年时间里，几乎所有关于新世界的报道和动植物样本都是由葡萄牙和西班牙带到欧洲的。它们改变了欧洲人关于动植物和地理学的知识。很难想象从新世界涌入欧洲的新事物有多少。新的植物、动物、矿物、药品以及关于新的民族、语言、思想

---

① J·E·麦克莱伦第三、哈罗德·多恩：《世界科学技术通史》，第273页。
② 大卫·兰德斯：《解除束缚的普罗米修斯》，第250页。

和现象的诸多报道，使旧世界的人们目不暇接，难以消化。① 尤其值得一提的是：航海对科学与技术的影响也是决定性的。早期的远航尝试开创了对造船技术和航海技术的极大需求。应运而生的是一批新手艺匠人的出现，他们聪慧过人，受过数学训练，能制造罗盘、绘制地图和制造仪器，这样培育了一批科学的大众。大航海的尝试为社会各阶级聪明的青年提供了训练场所，也为他们提供了生计。②这样，在葡萄牙西班牙竞逐霸权时，双方的努力在无意中为欧洲的科学进步积累了人力资本。

西班牙迅速崛起，葡萄牙与之竞争日趋激烈。地理大发现及其相关的技术进步就是在这一背景下催生的。不过，葡萄牙失去了多次机会，也使得它在霸权竞争中进一步衰落。1580 年，葡萄牙被西班牙吞并。有研究者指出：西班牙和葡萄牙是最早把科学活动应用于殖民地开发的欧洲强国。在那以后，其他欧洲殖民列强无一不像西班牙和葡萄牙那样，由国家支持科学活动，并推动它们的殖民地开发。近代早期的欧洲是在军事革命的推动下，开始把科学纳入国家体制之内。③

(二) 荷英霸权争夺与技术变革

17 世纪的荷兰与英国在权力角逐的过程中，也呈现了类似的图景，为科学革命起到了积极的推动作用。

---

① 劳伦斯·普林西比：《科学革命》，第 12 页。
② 约翰·贝尔纳：《历史上的科学（卷二）：科学革命与工业革命》，第 308 页。
③ J·E·麦克莱伦第三、哈罗德·多恩著，王鸣阳译：《世界科学技术通史》，上海：上海世纪出版集团 2007 年版，第 274 页。

约翰·贝尔纳指出：在 16 世纪晚期和 17 世纪，欧洲出现了一轮工业发展的热潮，曾被誉为一次"工业革命"。尽管这次技术创新，无论在科学理论层面还是技术运用层面，都不能和 18 世纪的工业革命相比，但这一次变迁却让人类从依赖木材和水力变成了日益使用铁和煤。[①] 本书试图展示：要理解 17 世纪的技术变迁，同样离不开当时国际竞争的背景。英国与荷兰的霸权争夺在有力推动产业与技术变革。社会学家桑巴特就发现：在铁炮制造领域，英国超过欧洲其他任何国家。因此，桑巴特援引了大卫·休谟（David Hume）的话说：在詹姆斯一世（James I）时期，英国的造船业与铸炮业是英国仅有的出类拔萃的产业。[②] 这一论断不仅适用于英国，同样适用于荷兰。荷兰与英国的霸权争夺带来了 17 世纪两国科学与技术变革，且为 17 世纪两国在科学革命上的不俗表现作出了重要贡献。

在反对西班牙殖民统治时期，荷兰就已涌现出一批重要技术变迁。有研究者发现：在 17 世纪前 40 年里，荷兰发生了一次规模很大的创新爆炸。[③] 1608 年，荷兰的眼镜匠人汉斯·利佩尔海伊（Hans Lipperhey）向荷兰执政官展示了"一种能够看到远处的工具"，这即是望远镜的雏形，他还为此申请了专利。不久以后，荷兰人雅各布·梅修斯（Jacob Metius）也独立发明了类似的工具。1629 年到 1649 年间，勒内·笛卡尔（Rene Descartes）就一直生活在荷兰。1637 年，笛卡尔的《方法论》就是在荷兰莱顿匿名出

① 约翰·贝尔纳：《历史上的科学（卷二）：科学革命与工业革命》，第 316 页。
② 维尔纳·桑巴特：《战争与资本主义》，第 144 页。
③ 查尔斯·金德尔伯格著，高祖贵译：《世界经济霸权：1500—1900》，北京：商务印书馆 2003 年版，第 151 页。

版的。

16 世纪末，在英国击败西班牙无敌舰队以后，英西两国多次交战，并在 1604 年签署了《伦敦条约》。该条约意味着老殖民主义国家西班牙和葡萄牙的殖民霸权宣告终结，同时开启了英国、荷兰和法国等新殖民主义竞争与扩张的时代。《伦敦条约》签订后，英国人海外扩张的主要对手就由西班牙转变成了荷兰和法国。而作为"海上马车夫"的荷兰曾主导欧洲政治经济秩序，崛起的英国开始挑战荷兰主导权。

到十七世纪早期，荷兰成为世界霸权；英国内战结束后，权力增长迅速。崛起的英国进一步挑战荷兰的世界政治经济霸权。英国领导人相信：倘若荷兰人能掐断英国的贸易航线，不仅会威胁英国贸易，而且会威胁英国的安全。因此，英国要创建一支击败荷兰人的主力作战舰队。[1] 17 世纪中期，英国内战结束后，英国领导人奥利弗·克伦威尔（Oliver Cromwell）和复辟的英王查理二世（Charles II）都将英国定位成海上和商业强国。《航海条例》试图对英国海外贸易进行控制和规范，确立英国的国家优先权，且不惜与当时已经是海上和商业强国的荷兰开战。[2]

在 17 世纪英国和荷兰的竞争中，英国国内出现了许多以荷兰开头的、挖苦嘲讽的英语短语。这些短语一直沿用下来，比如：荷兰人的勇气来自酒瓶子、荷兰人的款待是他请客你付账、荷兰的结算是猜出来的等。[3] 言语上的竞争难分胜负，而经济、军事的竞争更能

---

[1] 威廉森·默里、麦格雷戈·诺克斯、阿尔文·伯恩斯坦：《缔造战略：统治者、国家与战争》，第 164 页。

[2] 杰里米·布莱克著，王扬译：《大英帝国 3000 年》，北京：中国友谊出版社 2021 年版，第 125 页。

[3] 马克·胡克著，黄毅翔译：《荷兰史》，北京：东方出版社 2009 年版，第 95 页。

分出输赢。技术变迁则和经济与军事竞争紧密相关。如果我们细究科学革命的早期历史，科学革命的兴起离不开荷兰与英国霸权竞争的驱动。英荷两国处于国际竞争风口浪尖的时候，也是两国对技术进步的支持更显著的时候。

英国于 1651 年立法禁止荷兰参与英国海上贸易，两国在 17 世纪爆发了多次战争。1652 年到 1654 年爆发的第一次英荷战争是有史以来英国政府第一次有意识地用其海权去促进商业。在 1665 年到 1667 年爆发的第二次英荷战争中，荷兰虽然迫使英国做出了些许让步，但却付出了高昂代价。荷兰失去了在北美重要的基地新阿姆斯特丹（即后来的纽约）。这预示着荷兰从北美全面退出，荷兰开始实行战略收缩。在 1672 到 1674 年，第三次英荷战争爆发。接连三次的英荷战争，对英国而言每次战争的具体目标和战略重点不尽相同，但根本目标却一致：即摧毁荷兰的商业垄断，挑战荷兰霸权。在 1780 年至 1784 年的第四次英荷战争中，荷兰更是遭遇重大失败。在 17 世纪荷兰与英国的权力转移时期，双方开始了大规模的科学和技术投入。两国竞争也为这一时期欧洲的科学革命贡献甚多。

首先拉动科技发展的是权力转移时期的军事需要。在第一次英荷战争期间的一段时间里（从 1652 年 5 月到 1653 年 2 月），英国和荷兰投入军舰 466 艘，其中英国投入了 207 艘，荷兰为 259 艘。1653 年 6 月到 7 月 1 个月内，英国和荷兰双方共投入军舰 453 艘，其中英国投入 230 艘。荷兰投入 223 艘。第二次英荷战争期间的一段时间里（从 1665 年 3 月到 1666 年 7 月），英荷双方共投入军舰 507 艘，其中英国 235 艘，荷兰 272 艘；在第三次英荷战争期间的一段时期（从 1672 年 5 月到 1673 年 8 月），英荷双方共计投入军舰 584 艘，其中英国投入 346 艘，荷兰 238 艘。^① 大规模军事投入伴随大规模军事采购与革新。1632 年，英国皇家海军的军火库中拥有 81 门铜炮和 147 门铁炮。在 1652 年 3 月和 4 月，为准备对荷兰战争，英国亟需 335 门炮来装备海军。同年 12 月，英国军需部增加 1500 门铁炮，还要增加同样数目的炮车，需要 11 万 7 千发圆头和双头炮弹，五千枚手榴弹和一万两千桶火药。这些军需的极大增长，促进了很多行业技术的发展。这不仅促进了炼铜、炼锡、炼铁技术发展，且对改进铸造技术是巨大的刺激。^② 在 1642 年之前，英国舰队超过半数的舰船是武装起来的商船；但在 1652 年到 1654 年第一次英荷战争期间，英国舰队中的商船比重已不到三分之一。英国和荷兰舰船上配备的舰炮数量越来越多，火力也越来越猛。在 1682 年到 1688 年，荷兰建造了 27 艘舰船，其中有七艘舰船上配置了 90 门火炮；在接下来的十年时间里，荷兰人建造了 78 艘舰船，战舰上配备的舰炮数量都在 36 门以上。^③

因为军事竞争的需要，国家日益重视科学与技术的发展。在荷兰和英国甚至有了科学教育的开端，竞争中的两个国家都坚决支持航海技术发展，效仿西班牙和葡萄牙建立航海学校。要测定航船在海上的具体位置，特别重要的是准确测量经度。当越来越多的国家卷入海外拓殖，这个问题也就越紧要。对英国、法国、荷兰这三个国家而言，因为它们是当时科学进步的中心，这一问题的紧要性不

① M. A. J. Palmer, "The 'Military Revolution' Afloat: The Era of the Anglo-Dutch Wars and the Transition to Modern Warfare at Sea", *War in History*, Vol. 4, No. 2, 1997, pp. 130-148.

② 罗伯特·金·默顿：《十七世纪英格兰的科学、技术与社会》，第 237 页。

③ 杰里米·布莱克著，李海峰、梁本彬译：《军事革命？1550—1800 年的军事变革与欧洲社会》，北京：北京大学出版社 2019 年版，第 53—54 页。

言而喻。测量经度需要博学的天文学家和航海员花上几十年的甚至几个世纪的时间。为了帮助解决经度测量问题,1675 年英国政府在格林威治(Greenwich)设立了皇家天文台。[①] 此外,在 1644 年,英国第一个科学社团在伦敦成立。一群年轻的科学家建立了名为"哲学学院"(Philosophical College)的科学社团组织。[②] 到了 1660 年,查理二世复辟以后,授予"哲学学院"一份特许状,把它纳入了"以促进自然知识为宗旨的皇家学会"(The Royal Society for the Improvement of Natural Knowledge),这就是英国皇家学会的雏形。[③] 当时国王给皇家学会颁发特许状,表明英国对科学事业的关注:

> 朕获悉,一个时期以来,有不少一致爱好和研究此项业务的才智德行卓著之士每周定期开会,习以为常,探讨事物奥秘,以求确立哲学中确凿之原理并纠正其中不确凿之原理,且以彼等探索自然之卓著劳绩证明自己真正有恩于人类;朕且获悉他们已经通过各种有用而出色之发现、创造和实验,在提高数学、力学、天文学、航海学、物理学和化学方面取得了相当的进展,因此,朕决定对这一杰出团体和如此有益且堪称颂之事业授予皇室恩典,保护和一切应有的鼓励。[④]

在当时大国竞争的逻辑下,学会倡导科学应该转向探寻实用知

---

① 约翰·贝尔纳:《历史上的科学(卷二):科学革命与工业革命》,第 319,第 365—366 页。

② Rodney Carlisle, *Inventions and Discoveries*, New Jersey: John Wiley & Sons, 2004, p. 200.

③ E. N. Andrade, *A Brief History of the Royal Society*, London: Royal Society, 1960, pp. 5-10.

④ 约翰·贝尔纳:《科学的社会功能》,第 29 页。

识。罗伯特·胡克（Robert Hooke）在主持皇家学会工作期间，为皇家学会订立了章程。他认为科学应该是具有实用价值的工程和发明，而不是去探讨道德、形而上学以及政治。[①] 弗朗西斯·培根（Francis Bacon）就持有这一信念，即自然哲学应该有能力给帝国政权提供支持。[②] 培根所著的小说《新大西岛》中有一个本色列国，在该国有一个所罗门宫，这是一个由国家资助的自然科学研究机构。在本色列岛，自然哲学家成了一个受政府支持的社会阶层，他们备受尊敬、享有特权，服务于国家和社会。他们发明了各式各样的物件，包括：他们仿制一些机器，运行速度比任何步枪子弹都要快；他们发明能潜行水底的船只；模仿鸟儿飞行的飞行器；各式钟表等。[③] 英国的皇家学会要集中精力处理一些核心技术问题，如抽水、水利学、炮术和航海术。同时，他们大都避免一般性的哲学讨论。[④] 因此，在英荷竞争的背景下，皇家学会的研究不仅促进了人们增进自然知识，而且也为英国和荷兰的争霸服务。我们可以看到："1661年，皇家学会开展了191项不同的科学研究。其中有18项或者9.4%是与军事技术相关。1662年，在203个研究项目中，与军事技术有关的有23个，占11.3%；1686年，在241个项目中，与军事技术有关的有32个，占13.3%；1687年，在171个项目中，与军事技术有关的有14个，占8.2%。因此，在17世纪的英格兰这一最著名的研究团体所进行的研究中，平均大约有10%的项目涉及军事

---

① Rodney Carlisle, *Inventions and Discoveries*, p. 200.

② 约翰·亨利著，杨俊杰译：《科学革命与现代科学的起源》，北京：北京大学出版社2023年版，第177页。

③ 弗朗西斯·培根著，何新译：《新大西岛》，北京：商务印书馆2012年版，第32—42页。

④ 约翰·贝尔纳：《历史上的科学（卷二）：科学革命与工业革命》，第344—345页。

技术方面。"① 在英荷竞争的背景下,17 世纪的英国也涌现出了一批在科学革命中享有盛誉的学者。

当时最著名的科学家如艾萨克·牛顿 (Isaac Newton),其力学体系的建立是科学革命的重要成果。而牛顿本人就是英国皇家学会的成员。在当时英国和荷兰霸权竞争的背景下,军事竞争的环境吸引牛顿对相关领域做出研究。牛顿第一个明确地表述了作用力和反作用力原理。而反作用力原理不仅是力学中的一个基本定律,也是理解炮术中的反冲现象所必需的知识。② 牛顿在其《自然哲学的数学原理》中尝试计算了空气阻力对弹道轨迹的影响。③ 牛顿在该书的第二卷中,以相当大的篇幅致力于讨论不同媒质对射弹的阻力。他在该书的第八节提出了一些命题,从这些命题可以推导出空气对射弹的阻力接近于速度的平方。④

此外,著名的科学家罗伯特·胡克由于发表了著名的弹性定律而闻名。胡克于 1662 年被任命为皇家学会的实验主持人。而正是胡克明确地把他的研究与军事技术相联系。胡克关于自由落体的研究,就是外部弹道学早期理论必不可少的部分。"胡克试图测定'从一支毛瑟枪射出的一颗子弹的'速度。他也设计了若干种方法来测定空气对射弹的阻力。他还设想垂直向上发射子弹以确定地球旋转对射弹路径的影响。"此外,胡克还通过制造一种"用重量来测定火药力量的器械"。胡克的实验引起了充分广泛的兴趣,所以在皇家学会的几次会议上重复表演。因此,有研究者称:"胡克的研究使军事研究

① 罗伯特·金·默顿:《科学社会学:理论与经验研究》(上册),第 284 页。
② 罗伯特·金·默顿:《十七世纪英格兰的科学、技术与社会》,第 249 页。
③ 罗伯特·金·默顿:《科学社会学:理论与经验研究》(上册),第 280 页。
④ 罗伯特·金·默顿:《十七世纪英格兰的科学、技术与社会》,第 250 页。

与纯科学之间的确定关系明朗化了。"①

　　而英国科学革命期间，另外一位科学家埃德蒙多·哈雷（Edmond Halley）也是在这个背景下的产儿。很多人知道哈雷是因为哈雷彗星，而哈雷在天文学上的精密计算离不开当时他对弹道学的研究。哈雷指出英格兰"必须成为海洋的主人，其海军力量必须超过任何邻国"。为实现这个目标，哈雷的研究密切关注当时军事竞争以及相关技术的改进。哈雷把牛顿的流体动力学研究与外部弹道学相联系。牛顿在他与哈雷的通信中，证明他重视这种联系。哈雷还鼓动同事从事关于空气对射弹阻力的研究，他说：牛顿正在研究同一个问题。② 另外一个以"波义耳定律"而闻名的科学家波义耳（Robert Boyle），其研究同样和当时英国的军事需求密不可分。波义耳对气体压力与体积关系的计算离不开当时他对内部弹道学的研究。波义耳已经意识到他的发明与内部弹道学之间的关系，他曾向皇家学会提议"应分析当火药燃烧时，真正膨胀的是什么"。③ 因此，在当时军事竞争背景下，科学家的研究是互通的，而皇家学会为此提供了一个很好的平台。此外还值得一提的是，在英荷权力转移背景下，英国还加强了对对手的学习。荷兰的织布机在 17 世纪被引入英国。到 1750 年，英国曼彻斯特教区至少有 1500 台荷兰织布机投入了使用。④

　　权力转移时期的荷兰尽管不如英国科学家的业绩这么突出，也

---

① 罗伯特·金·默顿：《十七世纪英格兰的科学、技术与社会》，第 244—245 页。
② 罗伯特·金·默顿：《十七世纪英格兰的科学、技术与社会》，第 247—248 页。
③ 罗伯特·金·默顿：《科学社会学：理论与经验研究》（上册），第 281 页。
④ S. D. Chapman, *The Cotton Industry in the Industrial Revolution*, London: Macmillan, 1987, p. 12.

取得了不俗的成绩。有研究者指出：17世纪，科学和现在一样是一项国际性的事业，而不可否认的是荷兰发挥了先锋作用。[1] 荷兰此时涌现出不少重要的科学家，出现了科学发明的高峰。当时大多数科学家所关注的是运动定律和弹道学，这些研究的提出适应了发展炮兵的当务之急。[2] 而当时许多著名的科学家所关注的领域都和当时霸权竞争下的军事技术密切相关。

此时的荷兰也在大力发展科学教学。在1600年的时候，荷兰只有两所大学，到1650年，荷兰已有了13所大学。荷兰的每个省至少有了一个高等教育机构。荷兰莱顿和乌得勒支市的大学还吸引了来自海外的大量留学生。17世纪的荷兰大量需要一些专业，如需要炮手、测量员和远洋船舶的领航员，需要有数学方面的初级和高级知识。如此一来，提高了数学在大学中的地位。在第一个双筒望远镜出现以后大概十年，米德尔堡的乔安·詹森和扎卡赖亚斯·詹森（Johan Jansen and Zacharias Jansen）父子制成了第一架复式显微镜，它将一个凹透镜和一个凸透镜组合起来。过了一段时间，一种只装了一个薄薄的凸透镜的显微镜出现了，这种镜片被打磨成形后擦亮抛光。这些镜片使得有"光学显微镜之父"称号的安东尼·范·列文虎克（Antony van Leeuwenhoek）获得了惊人成就，制造了数百架显微镜。在列文虎克制造的显微镜中，最好的一架能将物品放大266倍。[3] 此外，荷兰的杨·斯瓦默丹（Jan Swammerdam）是科学史上第一个发现了红血球的人。弗里德里克·卢斯奇

① 马尔腾·波拉著，金海译：《黄金时代的荷兰共和国》，北京：中国社会科学出版社2013年版，第219—229页。
② 大卫·兰德斯：《解除束缚的普罗米修斯》，第26页。
③ 马尔腾·波拉：《黄金时代的荷兰共和国》，第219—225页。

（Frederik Ruysch）绘制了解剖图，并收集和保存了人类标本，其中许多是婴儿和胎儿。卢斯奇收藏的保存下来的人类标本被用作医学教育的工具。此外，卢斯奇还发现了淋巴系统和眼睛的结构。荷兰医生赫尔曼·布尔哈夫（Herman Boerhaave）创立了医学临床教育方法。[1] 他尤其重视临床教学，是当时最具影响力的医学科学家和医学教师。布尔哈夫认为医学应该建立在物理科学和数学的基础上。

荷兰著名的科学家如克里斯蒂安·惠更斯（Christiaan Huygens）对力学的发展和光学的研究都有杰出的贡献。他建立向心力定律，提出动量守恒原理。惠更斯使用经过改良的望远镜，在1655年发现土星有一颗卫星，并在一年后确定土星周围有一圈光环。惠更斯也是首个对猎户座星云进行有效观察的人。该星云的一部分以他的名字来命名。1656年，惠更斯制造出了第一个可使用的摆钟，使得时钟的可靠性大幅提升。此后荷兰的惠更斯和英国的胡克各自独立试验了以弹簧为动力的时钟。胡克在研究弹簧的过程中提出了弹簧的拉伸与受力之间的关系，即今天的胡克定律，惠更斯的工作也使简谐运动定律得到改进。[2] 1666年，惠更斯通过实验，提出了一种火药内燃机的原型，这是一款采用火药在气缸内燃烧膨胀推动活塞做功的机械。[3] 惠更斯实际上对军事技术的每一阶段都作出了贡献。

不仅如此，当时的荷兰是纺织机械、铜蒸馏器、压力机、锯子

---

[1] 马克·胡克：《荷兰史》，第 95 页。

[2] 劳伦斯·普林西比：《科学革命》，第 104 页。

[3] 罗伯特·艾伦著，毛立坤译：《近代英国工业革命揭秘：放眼全球的深度透视》，杭州：浙江大学出版社 2012 年版，第 241 页。

以及各种精巧的装置和技术的展示中心。荷兰的造船方法早已闻名于世，但在 1672 年以后，出现了一系列新奇物品，从显微镜到加工咖啡、巧克力、芥末的研磨机。许多新的荷兰发明很快被国外采用。荷兰在染色、漂白、研磨和精炼方面的优势更是显著。[①]

在 17 世纪的前四十年里，荷兰经历了一个创新大爆炸时期。在英荷竞争加剧期间，荷兰的科学与技术成就表现不俗。从 1590 年到 1790 年期间颁布的几乎所有专利，都是源于 17 世纪的前四十年。但是英荷争霸期过后，荷兰的发明创新就明显放慢了。[②] 因此，英国和荷兰的霸权竞争很大程度上催生了科学革命。而正是当时两国竞争的需要，英国和荷兰对科学的投入增大了，霸权的竞争为 17 世纪的科学革命作出了重要贡献。而此后欧洲的第一次工业革命，以及后来的第二次技术革命，都离不开欧洲大国竞争的逻辑。法国和德国等欧洲强国对英国霸权的挑战，促成了世界历史上的第一次技术革命和第二次技术革命。

第二节　大国竞争与两次技术革命

葡萄牙、西班牙的权力角逐以及荷兰与英国的大国争霸都催生了欧洲历史上重大的技术变迁。进入 18 世纪以后，法国与英国的霸权竞争以及 19 世纪末德国、美国与英国的霸权竞争同样催生了重大技术变迁，即第一次技术革命与第二次技术革命。

---

① Jonathan Israel, *Dutch Primacy in World Trade, 1585 - 1740*, New York: Clarendon Press, 1990, pp. 356 - 357, p. 410.
② 查尔斯·金德尔伯格：《世界经济霸权：1500—1900》，第 151 页。

（一）英法霸权竞争与第一次技术革命

居住在英国的法国人丹尼斯·佩品（Denis Papin）是英国皇家学会会员，在瓦特之前，他曾对蒸汽机的改进做了巨大贡献。在1708年，佩品在陷入财务困境的情况下给皇家学会的书记员写信，请求学会支持来做一件值得考虑的实验。他希望获得的支持就是请学会汇款15英镑来帮助他完成蒸汽机的改进。但他收到的回信是：皇家学会不能贷款，除非这项实验事前就能保证成功。[①] 佩品陷入财务困境，潦倒困苦。佩品向皇家学会的请求提早了几十年，在英法霸权竞争加剧的时候，佩品此类请求才更可能实现。

第一次技术革命发生在18世纪60年代。技术革命首先发生在英国，继而法国也开始了技术革命。在第一次技术革命以前，英国与法国经历了激烈的权力竞争。在击败荷兰以后，英国逐渐崛起为世界政治经济霸权。十八世纪初的西班牙王位继承战争就是英国对路易十四（Louis XIV）统治下的波旁王朝势力迅速扩大的反应。此后，在18世纪中期，欧洲又爆发了奥地利王位继承战争。法国帮助普鲁士作战，而英国帮助奥地利作战，最后，普奥冲突变成了英法冲突。在此之后，英法两国又爆发了七年战争（1756—1763）。七年战争尽管参战国众多，但还是法国英国两国牵头对抗。

在1689年至1815年间，英法之间至少有过六次大的战争。尤其是在19世纪初，法国拿破仑加冕皇帝后，率领法国军队在欧洲不断扩张。法国通过兼并而扩大了领土，法国人口的数目几乎增加了

---

① 约翰·贝尔纳：《历史上的科学（卷二）：科学革命与工业革命》，第445页。

一倍。从 1789 年的 2500 万增加到 1810 年的 4400 万。1812 年拿破仑率领大军入侵俄国时，他的军队中真正讲法语的只占少数。[①] 拿破仑称霸欧洲的雄心引来了英国和盟国的制衡。直至 1815 年，拿破仑被英国与普鲁士联军所击败，英国巩固了其世界政治经济霸权。

在持续的英法竞争中，英国、法国以及他们的盟国都耗资巨大。1756 年至 1763 年间发生的七年战争使英国耗资 1.6 亿英镑，这是 1760 年英国国民总产值的两倍。[②] 正是这些大量的军事支出，带动了军事相关技术的极大进步。

社会学家桑巴特注意到，历史上英国严重依赖在战时将商船改装为战船。到 18 世纪中期，英国的商船数量被军舰规模赶上。在这一时期，英国国力几乎全部耗费在军舰的发展上。在霸权竞争的背景下，要发展军舰，就要全力以赴。在备战过程中，18 世纪的技术分工不断深化、大规模生产也降低了技术产品的价格。桑巴特进一步指出：武器生产的巨大数量令传统手工业者无所适从，按传统的做法，他们既不能满足如此大量、如此迅速、如此整齐的武器供应，也无法适应技术进步的要求，准确无误地制造枪支。供应武器的迫切需要推动了技术加工过程的深化、专业化，也推动了各类机器与工具的出现。同时，桑巴特还看到：军队制式化需求促成了大众化的需求和大众化的生产，从而带来大量好处，其中最为重要的便是使新技术产品价格低廉。[③]

在英法霸权竞争中，两国政府在安全驱使下对技术与产业的干

---

① 威廉·麦尼尔：《竞逐富强：公元 1000 年以来的技术、军事与社会》，第 179 页。
② 托马斯·麦格劳著，赵文书、肖锁章译：《现代资本主义：三次工业革命中的成功者》，南京：江苏人民出版社 2006 年版，第 60 页。
③ 维尔纳·桑巴特：《战争与资本主义》，第 256 页、第 133 页、第 227 页。

预也显著加强。麦尼尔就指出：此时英国政府对市场的大规模干预促进了英国的工业革命，并有助于确定其前进的道路。[①] 在英法霸权竞争期间，法国政府对产业与技术的介入同样在加强。1775 年，迫于英国巨大军事压力，法国杰出化学家和行政管理官员安托万·拉瓦锡（Antoine-Laurent de Lavoisier）奉派参加法国的火药委员会，并在兵工厂任职。在拉瓦锡指导下，法国建立了一个中央计划下的硝石产业体系，并建立了以科学实验为基础的国家实验室。贝尔纳宣称："这可能是当时世界上最好的实验室"。[②] 正是在这个高度集中化的生产实践与国家实验室里，拉瓦锡获得了一系列关键知识并完成了一系列重要化学实验。[③] 同样是在英法竞争的背景下，法国企业家和政府官员认识到了新的冶炼方法有巨大价值。法国工业界巨头德·温德尔（François Ignace de Wendel）男爵与巴黎金融家协力推动了一项大型冶炼工厂勒克勒佐（Le Creusot）的建设计划。法国政府积极支持，予以无息贷款帮助解决了冶炼厂初期建设的费用。法国国王路易十六（Louis XVI）就从 4000 股中认购了 333 股。该冶炼厂于 1785 年开始投入生产。[④] 权力转移时期的竞争压力促使了此类投资项目的启动。

由于英法霸权竞争的压力，政府对技术自主性的诉求也在提升。在英法霸权竞争的过程中，法国政府凡是感觉到供应（如碱或糖）会被战争中断，就会着力用技术来解决产品供应问题，相应地就促进了法国化学工业的发展，也有助于法国在化学方面维持几十年的

① 威廉·麦尼尔：《竞逐富强：公元 1000 年以来的技术、军事与社会》，第 185 页。
② 约翰·贝尔纳：《历史上的科学（卷二）：科学革命与工业革命》第 411 页。
③ 文一：《科学革命的密码——枪炮、战争与西方崛起之谜》，第 400 页。
④ 威廉·麦尼尔：《竞逐富强：公元 1000 年以来的技术、军事与社会》，第 155 页。

优势。英国科学家汉弗里·戴维（Humphry Davy）用电解法制取了金属钾和钠，这对法国有重要意义。尽管英法两国交战，但是法国皇帝拿破仑仍在 1808 年颁奖给戴维，戴维也欣然接受。[①] 在 19 世纪初，法国的硝石制造商人、药剂师贝尔纳·库尔图瓦（Bernard Courtois）率先发现了碘元素，更重要的是他利用海草与海藻灰溶液把天然的硝酸钠或其他类型的硝酸盐转变成硝酸钾，而硝酸钾是火药的关键成分，他的发现让法国无需依赖硝酸钾进口，让他获益颇丰。

　　同样，在英法霸权竞争的驱使下，英法两国也更重视与战争相关的人力资本的培育。在 18 世纪末，法国成立了综合工科学校，这是非常重要的研究机构，在此集中了法国一流的科学家。这些学校向出类拔萃的年轻人传授先进的科学理论。而正是这些年轻人，在 19 世纪 30 年代使法国变成了一个先进的科学大国。[②] 贝尔纳也看到，在严峻的国际形势下，为了工业与战争，科学已经成为必不可少的事业。法国纷纷建立起高等师范学院、医学院、科技学院。这些研究与教学机构为将来的科学教学和研究机构树立了典范。当时的法国能以科学昌明独步世界，要归功于这些机构。当时的法国皇帝拿破仑对科学的推进尤其热衷，他亲自管理科学事务，因为他注意到科学对他的统治与军队都能给予实际支援。[③] 大致在同一时期，英国在 1799 年成立了皇家研究院（Royal Institution）。这一机构为英国化学家汉弗里·戴维、物理学家迈克尔·法拉第（Michael Faraday）等著名人物提供了一个可以安心从事研究的场所。在英国

---

① 约翰·贝尔纳：《历史上的科学（卷二）：科学革命与工业革命》，第 414 页。
② J·E·麦克莱伦第三、哈罗德·多恩：《世界科学技术通史》，第 420 页。
③ 约翰·贝尔纳：《历史上的科学（卷二）：科学革命与工业革命》，第 413 页。

和法国的竞争压力下，二者共同努力，有研究者看到"第二次科学革命"在 18 和 19 世纪之交又蓬勃展开。[1]

在英法角逐霸权的过程中，对第一次技术革命起到关键作用的技术与发明家也相继涌现。在英法两国政府基于安全的采购下，他们不断创新，不断突破以往的技术瓶颈。历史学家埃里克·霍布斯鲍姆（Eric Hobsbawm）指出：英国海军直接为技术创新和工业化做出了重大贡献。英国海军吨位从 1685 年的约 10 万吨增加到 1760 年的 32.5 万吨。英国海军对枪炮的需求也大为增长。战争使得军队成为铁制品的最大的消费方。像对技术革命起到关键作用的约翰·维尔金森（John Wilkinson）等厂商，其业务之所以迅速发展壮大，其中一项重要原因就在于他获得了英国政府的火炮合同。而英国冶铁中心南威尔士的冶铁产业更是严重仰仗英国战争。为了交付货物，冶铁商人就需要不断引进技术革新的办法。[2] 在 18 世纪末期的法国，在金属冶炼方面要想赶超英国的冶炼成就的话，生产规模必须有大幅度增加，而唯一的主顾就是海军。[3] 英法霸权竞争促使政府对关键技术产品的采购不断扩大。

桑巴特看到，武器需求的日益增长，对经济活动产生了巨大影响，由此决定了几个支柱产业以及多种产品贸易的发展。铜、锡，尤其是制铁业的发展都为武器制造提供了原材料。在当时激烈的国际竞争中，军队是生铁唯一的、真实的大宗消费者。军队的需求决定了英国钢铁工业的命运。在 1795 年左右，英国炮兵对铸铁的年度

---

① J·E·麦克莱伦第三、哈罗德·多恩：《世界科学技术通史》，第 420—421 页，第 410 页。

② 埃里克·霍布斯鲍姆著，梅俊杰译：《工业与帝国：英国现代化历程》，北京：中央编译出版社 2016 年版，第 38 页。

③ 威廉·麦尼尔：《竞逐富强：公元 1000 年以来的技术、军事与社会》，第 156 页。

需求为 11000 吨。① 亨利·科特（Henry Cort）是英国海军部军需承包商。② 1783 年，亨利·科特发明的所谓"搅炼"法，在烧焦炭的反射炉里融化生铁。科特为他技术申请专利的时候提出的理由是他可能由此为海军降低大炮价格。在 1794 年—1805 年这关键的几年中，英国政府购买了铁器制造商大约五分之一的产品。这些铁制品几乎全部用于军备。③

在英法竞争的背景下，武器的需求推动了铁器制造技术及其精度的不断提升。在 1755 年，一位叫让·马里茨（Jean Maritz）的人奉命在法国皇家兵工厂安装钻孔机。钻孔机大炮有很大的优势，炮膛准确一致，炮弹和炮管的结合紧密。④ 这是发生在工业革命时期的"精确革命"。对冶铁业的发展同样重要的还有加工铁制品的机床的改进，特别是钻床和车床。如果没有钻、镗大型圆柱体的需求，就不会采用蒸汽机与活塞式鼓风机。大约在 18 世纪末，英国在这项技术中领先于其他国家。同时他们将这一优势应用到制造大炮上。金属钻床与车床的发展首先要归功于大炮制造。大炮钻孔促使了钻孔技术发展。⑤ 而相关技术的发展为蒸汽机的改进做了重要准备。

没有对精度的要求，就难以出现第一次技术革命的关键技术——蒸汽机的改良。詹姆斯·瓦特（James Watt）改良蒸汽机的基础就来源于维尔金森对大炮镗床的改进。有人曾预言瓦特根本制造不出他的发动机，因为当时的制造水平无法满足它所需要的加工

① 维尔纳·桑巴特：《战争与资本主义》，第 148 页，第 157 页。
② 保尔·芒图著，杨人楩等译：《十八世纪产业革命——英国近代大工业初期的概况》，北京：商务印书馆 1983 年版，第 234 页。
③ 威廉·麦尼尔：《竞逐富强：公元 1000 年以来的技术、军事与社会》，第 156 页。
④ 威廉·麦尼尔：《竞逐富强：公元 1000 年以来的技术、军事与社会》，第 148—149 页。
⑤ 维尔纳·桑巴特：《战争与资本主义》，第 164 页。

精度。瓦特一直找不到能为他设计的发动机气缸来精确钻孔的人。因为不能有效保证活塞处密封，活塞处的泄漏会导致大量能量损失。[1] 1774 年，威尔金森取得了一台车床的专利，这台机器最初目的是用来铸造大炮的镗孔。瓦特对蒸汽机所做的重大改进，在很大程度上靠的是他采用了密封汽缸，使蒸汽机不再漏气。正是威尔金森的天才努力——他能够加工具有一定精度的汽缸，才做到瓦特要求的"可以保证直径 72 英寸的汽缸在最差的地方加工误差也不会超过六便士硬币的厚度（即 0.05 英寸）"。如果没有金属工艺的改进，并能制造出精确的圆柱体，制造蒸汽机是不可能的事情。[2] 不仅如此，瓦特的合伙人马修·博尔顿（Matthew Boulton）的工厂也起到了重要作用。在博尔顿的所霍（Soho）制造厂里有瓦特所需的工匠，这些工匠为瓦特制造阀门和发动机等各式精致部件。在不远处就是煤溪谷（Coalbrookdale）铁厂，在这个厂里有生产发动机所需的铸铁经验。[3]

同时，正是由于军事竞争，使得早期的蒸汽机等技术的发明能够经受成本的考验。像矿场中使用的蒸汽机，消耗的燃料非常之大严重制约了采矿的利润。一台大型火力引擎每年要消耗三千英镑的煤。这好比对生产课以重税，这种消耗对生产者来说简直是一道禁令。此时，耗资不菲的蒸汽机就需要由对价格不那么敏感的消费者来承担。当时，英国军事上的需求正好满足了这一需要。蒸汽机诞生的早期，其主要需求正来源于军事方面，因为当时的海军船坞根

---

[1] 西蒙·富迪著，董晓怡译：《突破：工业革命之道》，北京：中国科学技术出版社 2020 年版，第 46 页。
[2] 大卫·兰德斯：《解除束缚的普罗米修斯》，第 2—3 页。
[3] T. S. 阿什顿著，李冠杰译：《工业革命：1760—1830》，上海：上海人民出版社 2020 年版，第 77 页。

本不考虑费用问题。① 正是有了这些购买者才保障了新技术得以持存，并不断改良。

就第一次技术革命时期纺织业发展而言，政府发挥的作用主要在需求方面。桑巴特看到，七年战争期间，军队的需求对国家的纺织业起到了特别积极的促进作用，让人印象深刻。由于战争对军队制服的巨大需求，以至于那些接到军事订单的厂家人手明显不够。② 不仅如此，纺织业需要大量的碱，但是制造碱需要用昂贵的海藻与海草。1790 年，尼古拉斯·勒布朗（Nicolas Leblanc）实现了用盐替代海藻来制造碱，这样可以为纺织生产提供大量原料。在拿破仑的直接命令下，这项技术得以完善。碱的生产支持了棉纺织大幅度增产，而纺织业的发展又是工业革命的重要生长点。③ 此外，第一次工业革命实现了"用机器制造机器"，而要用机器制造机器，车床发挥了中流砥柱的作用，也可以说车床是"机器之母"。1770 年，英国人杰西·拉姆斯登（Jesse Ramsden）制成世界上第一部功能完备的螺旋切割机床，也设计出了很多精密仪器，英国陆军测量局（Ordnance Survey）授权他制造一种"大经纬仪"的测量仪器。在 1784 年，法国科学家让·查尔斯·博达（Jean-Charles Borda）设计出一种类似的机器。④ 在 1797 年左右，亨利·莫兹利（Henry Maudslay）发明了车床。该车床不但包含所有必需的功能，而且足够结实，可以供日常使用。这部机床生产精确，为生产可互换部件

① 大卫·兰德斯：《解除束缚的普罗米修斯》，第 103 页。
② 维尔纳·桑巴特：《战争与资本主义》，第 237 页。
③ 约翰·贝尔纳：《历史上的科学（卷二）：科学革命与工业革命》，第 480 页。
④ 乔尔·莫基尔著，段异兵、唐乐译：《雅典娜的礼物：知识经济的历史起源》，北京：科学出版社 2011 年版，第 101 页。

打开了大门。而莫兹利则是在英国的皇家兵工厂的学徒。[①] 英法的霸权竞争促成了大量技术平台的出现，也使得英法两国大量技术积累得以实现。

历史学家威廉·麦尼尔指出：政府的干预改变了英国的技术与产业。特别就冶铁业而言，当时英国贫穷和就业不足的人们不会购买大炮，难以购买极其昂贵的工业产品。英国制造商如果没有可靠的大炮销售渠道，就不会冒风险做巨大投资。无论如何，他们最初的市场主要是军队提供的。从 1793 年到 1815 年，英国工厂和锻铁厂的产量和产品类型都受到英国政府战争支出的深刻影响。军事竞争对英国经济提出了种种要求，给工业革命带来了深远影响，也促进了蒸汽机的改进以及铁路和铁船等极为重要的技术革新。

在那个时代，如果没有战争对制造业的推动，这些进步是不可能取得的。而 1816 年—1820 年战后出现了萧条，也说明了这一点。[②] 事实上，当 1815 年拿破仑战败，英国世界政治经济霸权得以巩固，欧洲就经历了一段科学与技术变迁的消沉期。贝尔纳看到：在 19 世纪 20 年代，英法对科学兴趣暂时衰落，科学与技术的进步消沉了一段时期。这是由于拿破仑战败以后，军事订单大幅度减少，相关工业对科学的需要不再如此迫切了。1830，英国科学家、计算机史上的先驱查尔斯·巴贝奇（Charles Babbage）写了一本很有影响的小册子《对英格兰科学衰落的感想》（Reflection on the Decline of Science in England）。巴贝奇指出英国政府及其科学代理人皇家学会对新的需求置若罔闻，皇家学会已经沦为一个官僚们封闭的小

① 西蒙·富迪：《突破：工业革命之道》，第 78 页。
② 威廉·麦尼尔：《竞逐富强：公元 1000 年以来的技术、军事与社会》，第 184 页。

圈子，控制着大多数成员。而学会的大多数会员对科学认识肤浅，此时的皇家学会甚至也不是科学的大方的赞助人。[①] 和当年皇家学会罔顾佩品的请求一样，由于英国稳固的霸权地位，此时的英国政府已失去对重大技术变迁推动的激励。直到 19 世纪后期，英国再度面临权力转移压力时，这一局面才会改变。

(二) 德国对英国的挑战与第二次技术革命

第二次技术革命的标志性成果是内燃机、电力等技术的发明与普及。而第二次技术革命的出现和当时德国与美国在世界政治中迅速崛起以及作为领导国的英国对德国、美国崛起的回应密不可分。不少研究者关注美国的崛起及其对英国的技术冲击。[②] 本章主要聚焦德国对英国的冲击。与美国相比，德国依靠海外市场的经济成长模式对英国构成的挑战与冲击更为迫切与直接，英德两国从经济竞争走向了军备竞赛，并最终走向了战争。[③]

在 1914 年，八十多岁的雷金纳德·韦尔比勋爵（Reginald Welby）回忆说：在 19 世纪 50 年代，德国还由一群年幼君主统治着，它是一群分裂的、无足轻重的小邦国。现在，在一个人的有生之年，德国变成了欧洲最为强大的国家，而且它还在继续发展。仅此一点，就使得 1890 年以后"德国问题"成为世界政治事务的中

---

① 约翰·贝尔纳：《历史上的科学（卷二）：科学革命与工业革命》，第 416 页，第 423 页。
② Peter Hugill, *Transition in Power: Technological warfare and the Shift from British to American Hegemony since 1919*, New York: Lexington Books, 2018, pp. 1-24.
③ 黄琪轩：《大国经济成长模式及其国际政治后果》，载《世界经济与政治》，2012 年 9 期，第 114—122 页。

心,而且占据这一中心长达半个多世纪。① 普鲁士在 19 世纪 60 年代
先后击败丹麦和奥地利,又在 1870 年赢得了对法战争。普鲁士在短
短十几年间内迅速崛起,英德矛盾由此加大。"1870 年法国的崩溃,
比 1866 年奥地利的崩溃更加清楚地表明,那些未曾学会如何训练和
部署以现代武器装备的庞大军队的国家,将遭到何等厄运;而且,
欧洲国家面临着这样的抉择:或者屈服于以这些技术武装起来的新
兴德意志帝国的霸权,或者用这些技术武装自己。"② 从某种意义上
来讲,从 19 世纪 60 年代到二次世界大战结束的世界史一直都是被
"德国问题"主导的。③

在工业产值中,英国在世界总产值中所占的份额从 1870 年的近
1/3 下降为 1900 年的 1/5。在 19 世纪 80 年代,英国被美国超过;
到了 20 世纪的最初 10 年,又被德国超过。④ 在 1871 年到 1914 年期
间,德国的工业产出增长了六倍,而法国仅增长了三倍,英国则仅
增长了两倍。⑤ 从 1870 年至 1913 年间,德国的钢铁产量增长了近十
倍。就贸易而言,1870 年的德国出口额约为 4 亿美元。到了 1913 年,
德国的出口额已与英国相当,为 24.5 亿美元,是法国的近两倍。从
投资来看,英国的资本投资在 1873 年以后的 25 年中增加了一倍,

① 保罗·肯尼迪著,蒋葆英等译:《大国的兴衰》,北京:中国经济出版社 1989 年版,第
263—264 页。
② F. H. 欣斯利编:《新编剑桥世界近代史:物质进步与世界范围的问题 1870—1898》
(第 11 卷),第 274 页。
③ David Calleo, *The German Problem Reconsidered: Germany and the World Order*, 1870
to the Present, New York: Cambridge University Press, 1978, p. 1.
④ F. H. 欣斯利编:《新编剑桥世界近代史:物质进步与世界范围的问题 1870—1898》
(第 11 卷),第 4 页。
⑤ Hans-Joachim Braun, *The German Economy in the Twentieth Century: The German
Reich and the Federal Republic*, New York: Routledge, 1990, p. 19.

德国则增加了三倍，美国增加了三倍以上。①就人口而言，在一战爆发前夕，德国已经是欧洲人口最多的国家。在 1913 年，德国的人口为 6500 万，而同期的法国只有 4100 万，英国为 4600 万。②德国迅速崛起引发了英国强烈的敌视，英德两国的经济竞争升级到军备竞赛，第一次世界大战将英德两国的竞争推向了高潮。

随着德国势力日趋扩展，英国的抱怨日趋明显；到了 19 世纪末，英国人的抱怨达到了顶点。英国议会发言人慷慨陈词，英国的报章都让人看到德国的崛起使英国人义愤填膺。据说德国人频频使用不正当的竞争手段：他们销售假冒伪劣产品，而且这些产品上面还常常打着英国的商标；他们派人到英国商行做学徒，以便获取商业机密；他们毫无原则地迎合当地人的需要，还将销售目录翻译成当地的语言。到了 19 世纪末，英国人的抱怨达到了顶点。英国议会发言人慷慨陈词反对德国，他们抨击英国政府购买德国巴伐利亚地区的铅笔；或者埋怨英国政府进口德国囚犯制造的刷子；英国报刊还强烈谴责英国人购买德国生产的廉价服装，说这些服装是用回收的英国羊毛制成的。即使是英国人使用德国制造的纸牌、乐器、马鞭这样的小玩意儿，也足以让英国人火冒三丈。当时，英国实施的几乎每一次官方调查，每一次访问团的报告都会反复涉及一个主题，那就是英国失去了领先地位，错过了应有的机会，放弃了不该放弃的市场。③

---

① F. H. 欣斯利编：《新编剑桥世界近代史：物质进步与世界范围的问题 1870—1898》（第 11 卷），第 5 页。
② Angus Maddison, *The World Economy. A Millennial Perspective*, Paris: OECD Development Centre, 2001, pp. 183 - 184.
③ 大卫·兰德斯：《解除束缚的普罗米修斯》，第 326—329 页。

在英国人对德国的抱怨与日俱增的同时，德国也出现了对英国的严重不满。在德国崛起以前，英国人的每一个构想都受到了德国人的赞扬。但是德国经济的迅速成长使得他们把英国人视为欧洲木偶剧院的恶魔导演，这个恶魔导演在 16 世纪与 17 世纪就一直控制着世界。"仇视"一词在绝大多数经济学的著作中很难找到，但是在德国的历史上却频繁出现。[1] 英国与德国的矛盾与日俱增。19 世纪末，德国统治阶级的头面人物似乎深信，当时机成熟的时候，需要大规模地扩展其疆域。海军上将艾尔弗雷德·冯·提尔皮茨（Alfred von Tirpitz）就认为，德国的工业化和海外征服就像自然法则那样不可抗拒。他在 1894 写道："没有一支能够发动攻势的舰队，德国就不可能发展世界贸易、世界工业以及某种程度上的公海捕鱼、世界交往和殖民地"。不过，提尔皮茨曾恳请让战争推迟十八个月，以便让舰队做好同英国皇家海军作战的准备。[2] 伯恩哈德·冯·比洛（Bernhard von Bülow）宰相宣称：问题不在于我们要不要开拓殖民地，而是不管我们要不要，我们都必须开拓殖民地。[3] 德皇威廉二世在 1912 年召开的"战争议事会"上，表达了他的坚定信念：即在不远的将来，德国和协约国的战争不可避免。威廉二世"狼吞虎咽地"攻读了马汉的著作，并且在德国海军的每一艘舰艇上放置了这些著作的译本。[4] 德国对海外利益的关注使得它从一个以陆军为主的国家走向陆海军并重的国家。在提尔皮茨执掌德国海军军部的头三年，

---

① 查尔斯·金德尔伯格：《世界经济霸权：1500—1990》，第 245、259 页。

② 威廉森·默里、麦格雷戈·诺克斯、阿尔文·伯恩斯坦：《缔造战略：统治者、国家与战争》，第 277 页。

③ 保罗·肯尼迪：《大国的兴衰》，第 265 页。

④ F. H. 欣斯利编：《新编剑桥世界近代史：物质进步与世界范围的问题 1870—1898》（第 11 卷），第 313 页。

德国海军军费以年均 13.7% 的速度增长,而陆军的军费开支年均增长仅为 2.1%。以陆军预算的百分比计算,从 1900 年到 1913 年,德国的海军预算急剧攀升:1900 年为 25%,1905 年增加至 35%,1911 年增加至 55%。①

英德双方的敌意带来了扩军备战,双方加强技术投入以扩大或确保自身在世界政治中的地位与安全。此时,重大技术进步在政府推动下浮出水面。

在权力转移背景下,我们可以观察到政府开始更积极地介入技术变迁。与法国和英国相比,德国加入科学运动的潮流较晚,但德国的官僚集团纪律性很强,尽管德国人的独立性不强,但德国能用强大的组织来弥补他们所缺少的个人首创精神。到 19 世纪,德国培养了一批熟练的科学家,组织编写好了科学课本,还制出了一批科学技术仪器。② 同时,在权力转移背景下,政府也积极支持与技术变迁相关的教育事业发展。19 世纪后期的德国,出现了许多中等专科学校和工艺学校。德国教育不仅有应用技术的职业培训,还不断推动并强化了一个新趋势,即德国的高等教育日益重视纯科学与基础科学研究,具有研究型大学特征的高等教育机构随之发展壮大。此时德国的科学技术与产业发展联系紧密,在德国的高等教育中,科学研究和科学家的重要性进一步提升,尤其是在化学工业、电工技术和精密光学领域更是如此。德国这种研究型大学的模式不久以后就传到了美国等国家,比如说美国的约翰斯·霍普金斯大学(Johns

---

① 威廉森·默里、麦格雷戈·诺克斯、阿尔文·伯恩斯坦:《缔造战略:统治者、国家与战争》,第 271 页。

② 约翰·贝尔纳:《历史上的科学(卷二):科学革命与工业革命》,第 425—426 页。

Hopkins University）就仿照了德国研究型大学模式。[1] 在德国新成立的高等技术学校里，德国学者创办了诸多学术期刊，出版了多样的学术专著，活跃的科学研究让德语成为科学界的国际语言。德国教授们建立了一个科学帝国，成为当时全世界科学家的典范。而他们的使命很清楚，即科学为国家服务，特别为军事目的服务。[2]

英国人威廉·珀金（William Perkin）在 1856 年发明苯胺紫（淡紫染料）可以被视为第二次工业革命的预兆；而德国化学家凯库勒（von Kekule）在 1865 年确立了苯分子结构式，让合成染料变得更为简单和快捷。1868 年，德国出现了工业研究实验室，莫基尔称：这是有史以来"用技术生产技术"方面的最伟大的创新。[3] 德国的新兴化学工业是德国新兴产业的代表。当时德国化学工业雇佣 27 万员工，占据了 35% 的国际化工产品市场份额。[4] 而德国的染料产业发展尤其迅速。在 19 世纪 60 年代后期，德国的染料产业规模小，生产集中度也不够，主要依靠模仿国外染料技术。但随着德国的崛起与国际竞争的加剧，企业的集中度也在不断提高。在不到十年时间里，以拜耳和霍奇斯特公司为首的德国化学公司就占据了一半的世界市场份额；到 19、20 世纪之交，德国染料已占据了近 90% 的世界市场份额。[5]

---

① J·E·麦克莱伦第三、哈罗德·多恩：《世界科学技术通史》，第 421—422 页。
② 约翰·贝尔纳：《历史上的科学（卷二）：科学革命与工业革命》，第 429—430 页。
③ 乔尔·莫基尔：《雅典娜的礼物：知识经济的历史起源》，第 87—88 页。
④ James Retallack, ed. , *Imperial Germany: 1871 - 1918*, New York: Oxford University Press, 2008, p. 227.
⑤ David Calleo, *The German Problem Reconsidered: Germany and the World Order*, 1870 *to the Present*, p. 63.

在权力转移的背景下，英国和德国积极推动技术进步，包括对技术的资助与采购不断提升。即便是像德国的克虏伯（Krupp）和英国的阿姆斯特朗（Armstrong）这样生意兴隆的大公司，如果事先不能保证找到买主，也不敢冒险付出飞速增长的试验和试制费用。在此背景下，类似的"军工复合体"等利益集团开始出现。1855年时，武器制造业曾经落后于民用机器制造业。当时英国的军火商人阿姆斯特朗提出必须使大炮制造技术向民用机器制造水平看齐。在19世纪80年代以前，技术改革的建议往往是由私人发明家提出来的，他们想说服当权者去改革现有武器制造水平或生产方法。但总体而言，手握审批权的官员对急于出售新技术的推销者往往持怀疑态度。1886年，安全压力下的英国皇家海军不再听从军械局的意见。海军采购官员与英国的武器制造商建立了更直接、密切的联系。而在过去，欧洲各国的陆军和海军还从没有这样做。在英德权力转移的背景下，历史学家麦尼尔指出，英国也崛起了"军工复合体"。[①]而大国权力转移背景下，政府相关的技术努力对第二次技术革命有着重要的推动作用。

第二次技术革命的关键技术之一的内燃机，其工作原理就是引导性的爆炸：气体在某一有限空间（如汽缸）内迅速膨胀，推动物体（通常是活塞）向指定方向运动。而内燃机的原始雏形是火枪。早在17世纪，人们就开始思考如何利用这类有规律的重复性爆炸来驱动装置的可能性。1678年奥特弗埃神父（Hautefeuille）首先提出设想，并由荷兰人惠更斯制造出了一台由黑火药驱动的试验装置。

---

① 威廉·麦尼尔：《竞逐富强：公元1000年以来的技术、军事与社会》，第195页，第224—245页，第236页，第251页。

到了 19 世纪后半期，当比利时工程师艾蒂安·勒努瓦（Etienne Lenoir）研制出由煤气和空气混合物驱动的发动机时，内燃机才开始具有潜在的实用价值。[①] 德国人维尔纳·冯·西门子（Ernst Werner von Siemens）于 1866 年提出了发电机的工作原理，同年在西门子公司制造完成了第一台自力式直流发电机，该发电机最初运用于军事目的。德国人罗斯·奥古斯特·奥托（Ross August Otto）研究了内燃机，并于 1876 年登记了一项四部冲程内燃机的专利。[②] 19 世纪 80 年代，德国工程师先后研制出相对更高效的汽油内燃机和柴油内燃机。把这些新型动力机器安装在四轮马车和犁上便成了汽车和拖拉机。[③] 17 世纪惠更斯提出的内燃机设想，正是到了 19 世纪末英德霸权竞争日趋加剧的时候，潜在发明才开始走向前台。

第二次技术革命的一个重要投入品是钢材。而钢的兴起离不开当时英德霸权竞争下，政府对新材料的需要。不仅造船需要新的钢材，制造枪支也同样需要。冶炼业尤其是炼钢业有了很大进步，而军队是钢材最早的用户。最开始钢材的价格过于昂贵，甚至军方都对现有碳钢技术的成本感到难以承受。[④] 但是军事竞争的压力迫使他们在技术上加以改进。曼德维尔和伯利恒钢铁厂就为海军制造装甲钢板。[⑤] 而当军队使用钢材打开市场以后，其他民用部门才开始接受这一新材料的消费。后续的消费者是铁路部门，它是最早采用这一新型金属的大型客户。[⑥] 亨利·贝西默（Henry Bessemer）是英国发

① 大卫·兰德斯：《解除束缚的普罗米修斯》，第 279—280 页。
② 乔尔·莫基尔：《雅典娜的礼物：知识经济的历史起源》，第 92 页。
③ J·E·麦克莱伦第三、哈罗德·多恩：《世界科学技术通史》，第 466 页。
④ 大卫·兰德斯：《解除束缚的普罗米修斯》，第 256 页。
⑤ 克里斯·弗里曼、弗朗西斯科·卢桑著，沈宏亮译：《光阴似箭：从工业革命到信息革命》，北京：中国人民大学出版社 2007 年版，第 241 页。
⑥ 大卫·兰德斯：《解除束缚的普罗米修斯》，第 260 页。

明家，他从事大炮设计试验时发现了熔融矿石吹风炼钢法。[1] 贝西默发明的炼钢工艺是第二次工业革命时期的一项杰作。[2] 在 19 世纪 90 年代，德国军火制造商克虏伯使用领先的钢铁技术大规模制作先进的军事武器。[3]

英国人查尔斯·惠斯通（Charles Wheatstone）在 1867 年设计、制造了并励式自励发电机，对发展直流电机做出很大贡献。美国新泽西州的托马斯·爱迪生（Thomas Edison）和英国的约瑟夫·斯旺（Joseph Swan）两人各自在 1879 年制成了白炽灯泡。[4] 1903 年，德国皇帝说服西门子公司和德国电气公司建立无线电通讯公司。而这背后的故事是英国和德国海军军备竞赛的需要。[5] 这家公司开始在世界各地从事研发、设计和安装无线电的工作站。出生于意大利的工程师"无线电通讯之父"古列尔莫·马可尼（Guglielmo Marconi）于 1896 年移居英国。1899 年，马可尼的通讯系统第一次被应用于英国海军演习。马可尼也从英国皇家海军那里得到第一份合同。到 1913 年，英国的皇家海军的每艘船都可以与伦敦的海军部进行通信。

因此在第二次技术革命中，新技术的出现和推广离不开当时欧洲大国权力竞争的逻辑。由于英国德国的大国竞争，双方政府力促改进交通运输工具、电话、无线电、汽车运输、飞机等重大技术，使人们有可能一次调动和指挥几百万人参与战争。正是英国和德国对霸权的争夺，为内燃机、钢铁、铁路、无线电、可互换部件以及

① 威廉·麦尼尔：《竞逐富强：公元 1000 年以来的技术、军事与社会》，第 207 页。
② 乔尔·莫基尔：《雅典娜的礼物：知识经济的历史起源》，第 89 页。
③ 威廉·麦尼尔：《竞逐富强：公元 1000 年以来的技术、军事与社会》，第 233 页。
④ J. E. 麦克莱伦第三、哈罗德·多恩：《世界科学技术通史》，第 425 页。
⑤ 乔尔·莫基尔：《富裕的杠杆：技术革新与经济进步》，第 317 页。

大规模生产等技术的出现和发展创造了条件。

此外，尽管英国和美国在权力转移时期的竞争不及德国。但是在同一个时代，美国与英国的竞争也促成了美国政府对科学与技术的支持，并推动了第二次技术革命的进展。

如表示 8·1 所示，无论是在工业革命前还是工业革命后，从欧洲航海技术的改进与地理大发现、科学革命、两次技术革命等重大科学技术变迁来看，欧洲大国间的权力转移大大推动了上述科学技术革命的发生。

表 8.1　世界霸权竞争与技术革命

	霸权竞争	领导国	挑战国	政府行为	技术变迁
第一次	1479—1580	葡萄牙	西班牙	皇室资助航海事业、支持航海技术的改进	地理大发现
第二次	1604—1688	荷兰	英国与法国	成立皇家学会等，资助与军事技术相关的力学、弹道学研究	科学革命
第三次	1714—1815	英国	法国	资助与军事技术相关的研究，促成对蒸汽机的改进。	第一次技术革命
第四次	1871—1914	英国	德国	政府资助、采购，带动了钢铁、内燃机、有线电报等产业的发展。	第二次技术革命

资料来源：笔者自制。

第三节　比较视野下的古代中国技术变迁

如果说欧洲的大国竞争，尤其是大国权力转移时期的国际竞争推动了重大技术变迁的出现，那么古代中国由于国际竞争烈度的不足，就导致它缺乏欧洲这样的重大技术变迁。尽管古代中国在很长一段时期里享有在技术上的领先优势，但是它却未能维持这样的优势。此外，在古代中国面临比较严峻的外部竞争的时候，往往能取得重要的技术成就。我们在这一节将要讨论古代中国的技术变迁。

（一）"李约瑟"之谜的政治经济

技术经济史学家乔尔·莫基尔指出："在技术史上，中国未能维持其技术上的至尊地位是最不可思议的谜题。在1400年以前的数百年里，中国人在技术上的发展势头令人惊叹。而且在可以衡量的范围内，其发展速度堪比甚至高于欧洲。他们的许多发明最终落户欧洲，要么是直接输入，要么是欧洲人独立地重新发明出来"，但是，"大约在欧洲文艺复兴开始的时候，中国技术进步的步伐开始放缓，最后停下脚步……某些为人所知的技术开始废弃不用，然后被遗忘了"。[1] 李约瑟（Joseph Needham）在其著作《中国科学技术史》（第一卷）的序言中提出，尽管中国的技术水平曾达到西方无法企及的水平，但值得思考的是：中国文明中的哪些抑制因素阻止了现代科学的兴起。而现代科学则在16世纪的欧洲兴起，并成为现代世界秩序形成的基本因素之一。[2]

在中国古代，已有的技术曾被束之高阁，被世人逐渐忘却。例如，早在十三世纪，中国人便知道了如何使用火炮。然而，这样的

---

[1] 乔尔·莫基尔：《富裕的杠杆：技术革新与经济进步》，第234、243—245页。

[2] Joseph Needham, *Science and Civilisation in China, Vol. 1*, New York: Cambridge University Press, 1956, preface, p. 4.

知识和技术却悄无声息地失传了。这是因为"古代中国的统治者不赞成使用火器,也许因为他们怀疑臣子会因持有火器而对朝廷不忠"。[①] 活字印刷术也是古代中国的重大发明,但是这项技术也没有在当时流行开来,相反木刻印刷却继续大行其道。"还有一些技术开始的时候很成功,但是没有再接再厉,发挥其全部潜力……计时技术的例子最引人注目,机械钟据说被带到了欧洲。到了 16 世纪,中国人已经把苏颂发明的水运天象仪这一杰作忘得干干净净。"[②] 因此,经济史学家埃里克·琼斯(Eric Jones)指出,十四世纪的中国离工业化只有一根头发丝的距离。[③] 可是到了 1600 年,对大多数的来访者而言,中国人在技术上的落后历历在目;到了十九世纪,连中国人自己都觉得这种状况是"不能容忍的"。[④]

莫基尔概括技术进步存在"卡德韦尔定律"(Cardwell's Law)。"大多数在技术上具有创造力的社会只存在于相对较短的时间……仿佛技术上的创造性就像一把火炬,太烫手而无法长期握住……最初,意大利北部与德国南部地区占有技术上的领导地位,在地理大发现时代传递给了西班牙和葡萄牙,在改革时期又传递到了低地国家。在黄金时期,荷兰所取得的重大成功是国家技术创新能力的结果,其创新能力与其商业上的成就相互补充。而后在第一次工业革命时期,英国获得了技术上的领先地位,再后来传到美国与德国。"[⑤] 古代中国也没有逃脱"卡德韦尔定律",没有能维持技术上的领先优

---

① 戴维·兰德斯著,门洪华等译:《国富国穷》,北京:新华出版社 2007 年版,第 370 页。
② 乔尔·莫基尔:《富裕的杠杆:技术革新与经济进步》,第 245 页。
③ Eric Jones, *The European Miracle: Environments, Economies, and Geopolitics in the History of Europe and Asia*, New York: Cambrige University Press, 1981, p. 160.
④ 乔尔·莫基尔:《富裕的杠杆:技术革新与经济进步》,第 234 页。
⑤ 乔尔·莫基尔:《雅典娜的礼物:知识经济的历史起源》,第 282 页。

势。马克斯·韦伯（Max Weber）指出古代中国欠缺自然科学的思维。"在中国，系统化的、自然主义的思维得不到发展"，中国的官吏阶层"没有理性的科学，没有理性的技艺训练，没有理性的神学、法学、医学、自然科学和技术……自从帝国的统一得到巩固后，就再也没有完全独立自主的思想家出现"。[①] 为什么古代中国会欠缺自然科学思维呢？要解释古代中国在技术上的领先优势没有得以很好地维持，要解释古代中国科学思维的缺乏，离不开对古代中国所面临的外部环境的考察。

事实上，古代中国的技术进步也存在起落。总体而言，我们可以看到，在古代中国存在激烈的外部竞争环境的时期，技术上往往能取得显著的进展。而当外部威胁消失，外部竞争压力降低的时候，技术上会裹足不前乃至存在倒退的情况。总体而言，古代中国缺乏欧洲那样激烈的国际竞争环境，尤其是缺乏欧洲大国之间权力转移这样如此激烈的国际竞争。因此，欧洲的大国竞争催生了一波又一波的重大技术变迁，而古代中国却缺乏这样的变迁。

当缺乏严峻的外部挑战时，统治者难以致力于促进重大技术变迁。古代中国在很长一段时期内，就面临这样的问题。国际政治经济学学者王正毅在其《世界体系论与中国》的著作中如此描述古代中国的地缘环境，"在这一区域的西部，险峻的喜马拉雅山成为这一区域的西界，北部的蒙古高原阻挡了这一区域的进一步延伸，而东部和南部一望无际的海洋成为它的天然屏障。这些在科学技术高度发达的今天看来可笑的描述，在16世纪欧洲人到来之前却是真实的

---

① 马克斯·韦伯著，洪天富译：《儒家与道教》，南京：江苏人民出版社2003年版，第124—125页。

历史"。[①] 这些天然屏障，使得中华帝国成为一个相对封闭体系。在这个体系内，中国难得和欧洲交锋，而在东亚维系了一个以自己为核心的朝贡的体系。[②] 既然长期以来，古代中国没有显著威胁其生存的竞争对手，也就难有在技术上积极进取的压力。

勒芬·斯塔夫里阿诺斯（Leften Stavrianos）在其教科书中指出："最有机会与其他民族相互影响的那些民族，最有可能得到突飞猛进的发展。实际上，环境也迫使它们非迅速发展不可，因为它们面临的不仅是发展的机会，还有被淘汰的压力。如果不能很好地利用相互影响的机会求得发展，这种可接近性就常常会带来被同化或被消灭的危险。相反，那些处于闭塞状态下的民族，既得不到外来的促进，也没有外来的威胁，因而，被淘汰的压力对它们来说是不存在的，它们可以按原来的状态过上几千年而不危及其生存。"[③] 古代中国在很长一段时期里也是这样走过来的，她按照自己的治理逻辑走了上千年而没有遇到严重的生存威胁。

从某种意义上讲，中国的朝贡制度是成功的；但是另一方面，正是古代中国的这一成功促成后来的困局。这一成功使古代中国的统治者更加以为，中国是一个没有人能与之竞争的世界中心。马克思在《鸦片贸易史》中也有过相应的论述，"一个人口几乎占人类三分之一的幅员广大的帝国，不顾时势，仍安于现状，由于被列强排斥于世界联系的体系之外而孤立无依，因此竭力以天朝尽善尽美的

① 王正毅著：《世界体系论与中国》，北京：商务印书馆 2000 年版，第 319 页。
② David Kang, "Hierarchy and Legitimacy in International Systems: The Tribute System in Early Modern East Asia", *Security Studies*, Vol. 19, No. 4, 2010, pp. 591 - 622.
③ 勒芬·斯塔夫里阿诺斯著，吴象婴、梁赤民译：《全球通史：1500 年前的世界》，上海：上海社会科学院出版社 1998 年版，第 57—58 页。

幻想来欺骗自己"。① 即便在"中国在与欧洲发生第一次冲突之后，依然极度自信和独立……有史以来，从未有过一个民族面对未来竟如此自信，却又如此缺乏根据"。② 这样缺乏竞争的外部环境，让古代中国的统治者在很长一段时期里远离欧洲的大国竞争，因而可以更从容地执行封关禁海政策，可以一意孤行地排斥西方科技。

学者们常常谈到明代的郑和远航，也常常把郑和与哥伦布的远航做比较。郑和的远航展示了古代中国造船技术的世界领先水平。不过，与哥伦布以及后继者不同的是，郑和远航之后，航海图纸等资料被付之一炬。郑和的航海事业没有能够继续下去。不仅如此，明清两朝在很长一段时间里还执行封关禁海的政策。在1500年，明朝统治者下令禁止民间建造双桅船只，违者一律处死。1525年，明代统治者又明令拆毁所有远洋船只。此时，缺乏外来威胁的明朝皇帝已经觉得没有再远航的必要。清朝也延续了这样的政策。而要理解明清两代的封关禁海政策，离不开对当时外部环境的考察。这是因为，在明清统治的大部分时期，缺乏严峻的外部威胁，因此，统治者缺乏促进新兴技术发展的意愿，乃至缺乏促进经济发展的意愿，他们只需维持一个传统社会的稳定。在缺乏严峻外部竞争的情况下，维系社会稳定对统治者而言，比推动科学技术进步更重要。这样的环境也影响了明清两朝的统治者对西方科技的态度。

统治者与士大夫对西方技术的反应大都是排斥和贬低。即便是以开明著称、充满求知欲的康熙皇帝，他也谆谆告诫臣民："即使西方的某些方法与我们不同，甚至是对我们方法的改进，却没有什么

---

① 马克思、恩格斯著，中共中央编译局译：《马克思恩格斯选集》（第二卷），北京：人民出版社1972年版，第26页。
② 勒芬·斯塔夫里阿诺斯：《全球通史：1500年前的世界》，第76—79页。

新颖之处，一切数学原理都来自易经，西方的方法源于中国。"[①] 英国使节乔治·马戛尔尼（George Macartney）来中国要求通商时，清朝乾隆帝对他的态度也是非常傲慢。当时马戛尔尼带了 84 名随员，其中包括科学家；还带了 600 多件行李，里面装有科学仪器等物件。他希望借此吸引清朝皇帝的注意。面对英国使臣提出的通商要求，乾隆帝的回答是："天朝物产丰盈，无所不有，远不借外夷货物以通有无"，从而拒绝了英国使臣的通商要求。后来马戛尔尼的报告指出：中国没有做好和西方列强打仗的准备，因为它到处充满了贫穷，文人对物质进步兴趣索然，士兵还在使用弓箭。[②]

因此我们看到，一个缺乏外部威胁的社会，更看重社会秩序，而不是技术革新。因为新技术往往会冲击社会秩序。因此，明清两代的统治者对技术革新持警惕乃至抵制态度。除非必要，统治集团没有技术变革的动力。即便在遇到西方挑战的时候，清代的大学士倭仁还义无反顾地反对学习西方技术，反对清政府兴办洋务。他的名言是"立国之道，尚礼义不尚权谋；根本之图，在人心不在技艺"，尽管现在成了笑柄，但我们却能从中看到新兴技术对传统价值观构成的威胁，对传统社会秩序构成的挑战。除非外部威胁足够严峻，否则统治集团很难采取积极的措施推动新技术的进步。

不过，研究者也发现，古代中国也存在技术进步的周期性波动。贾雷德·戴蒙德（Jared Diamond）就指出，中国的发明创造也是引人注目的，随着时间而起伏不定；直到公元 1450 年左右，中国在技术上比欧洲更富于革新精神也先进得多，甚至也大大超过了中世纪

---

① 戴维·兰德斯：《国富国穷》，第 369 页。
② 尹佩霞著，赵世瑜、赵世玲、张宏艳译：《剑桥插图中国史》，济南：山东画报出版社 2002 年版，第 177 页。

的伊斯兰世界。中国的一系列发明包括运河、闸门、铸铁、深钻技术、牲畜挽具、火药、风筝、罗盘、活字印刷、瓷器、船尾舵、独轮车等，但是接下来中国就不再富于革新精神。^① 欧阳泰（Tonio Andrade）同样看到了中国技术的起伏，他发现：从军事技术的角度来看，中国有两个阶段发生了停滞。从 1450 年到 1550 年是轻微的停滞，从 1760 年到 1839 年是显著的停滞。^② 如何解释古代中国革新精神与技术停滞呢？

要解释明清两代技术上的落伍，离不开对明清两代外部环境的考察。我们可以尝试着说，由于古代中国缺乏欧洲那样严峻的国际竞争，尤其是大国权力转移这样激烈程度很高的国际竞争，因此古代中国没有出现像西方社会那样的科学革命、技术革命。不过，古代中国并非一直如此安稳与太平。古代中国也出现过诸侯国之间的竞争以及中原地区与北方游牧民族之间的竞争。在低下的技术水平和匮乏的环境下，人类群体也冲突不断。每当遭遇自然灾害，为确保自身生存，北方游牧民族就南下侵扰农耕民族以获取稀缺资源。中国历史上北方游牧民族征服南方往往发生在气候干燥期。^③ 在古代中国存在与西方国际竞争类似的情况的时候，古代中国的技术轨迹就有所不同。毕竟，古代中国曾享有领先的技术优势。乃至有研究宣称：在公元 1000 年之后，促使西方商业、生产、金融、军事、航海革命、文艺复兴以及科学革命的主要技术、思想和制度，

---

① 贾雷德·戴蒙德著，谢延光译：《枪炮、病菌与钢铁：人类社会的命运》，上海：上海译文出版社 2000 年版，第 273 页。
② 欧阳泰著，张晓铎译：《从丹药到枪炮：世界史上的中国军事格局》，北京：中信出版社 2019 年版，第 8 页。
③ 雷海宗：《中国的文化与中国的兵》，北京：商务印书馆 2001 年版，第 118 页。

都是首先在东方形成和发展，然后才被欧洲所吸收的。[1] 而古代中国的这些技术，往往出现在它面临严峻的外部环境的时期。春秋战国诸侯国之间的竞争让各诸侯国面临严峻的外部环境；宋代与游牧民族的竞争让宋面临同样严峻的外部环境。因此，春秋战国时期与宋代，是古代中国科学、技术以及思想上的两个高峰。到了晚清与民国，中国开始面临严峻的西方世界的挑战，这样的高峰又重新出现了。

许田波（Victoria Tin-bor Hui）将战国时期的中国与欧洲的国际竞争作对比。[2] 杰弗里·帕克（Geoffrey Parker）在其《军事革命》中指出战国时代的中国与欧洲近代类似，持续的战争让国家的权力更集中，军事、运输等技术创新也不断涌现。[3] 春秋战国时期，诸侯国之间频繁的战争让当时的古代中国呈现 16 世纪以后欧洲国家竞争的特色，也塑造了当时独特的技术轨迹。"诸侯之间反复发生非摧毁性的战争，而这样的战争催生了效率导向行为的快速发展。"[4] 春秋战国时期取得的重要技术成就就是这样效率导向行为的结果。

在水利方面，西门豹的"引漳入邺"，李冰父子修筑的"都江堰"，水工郑国开凿的"郑国渠"，等等，都是当时世界上罕见的大型水利建设工程。都江堰水利工程被誉为"世界水利文化的鼻祖"，是全世界迄今为止年代最久的保留下来的大型水利工程，至今泽被

---

① 约翰·霍布森著，孙建党译：《西方文明的东方起源》，济南：山东画报出版社 2009 年版，第 20 页。

② Victoria Tin-bor Hui, *War and State Formation in Ancient China and Early Modern Europe*, New York: Cambridge University Press, 2005, pp. 1 - 52.

③ Geoffrey Parker, *The Military Revolution: Military Innovation and the Rise of the West, 1500 - 1800*, New York: Cambridge University Press, 1996, pp. 2 - 4.

④ 赵鼎新著，夏江旗译：《东周战争与儒法国家的诞生》，上海：华东师范大学出版社、上海三联书店 2006 年版，第 20 页。

后人。它在规划、设计与施工方面具有相当高的技术水平。

不断的征战刺激了军事技术与各种工艺的发展，尤其是冶炼业的发展。冶铁鼓风炉的进步、铸铁冶炼技术的发明、铸铁制造工艺的进步、铸铁柔化技术的发明、渗碳制钢技术的发明、采矿技术的进步等使得冶铁手工业有了很大的发展，产量和质量不断提高。[①] 乔尔·莫基尔指出："在鼓风炉的使用方面，中国人领先欧洲人一千五百多年。这使中国人能够使用铸铁，把生铁精炼为熟铁。到公元前200年，中国人已经了解了铁的铸造，而这最早在14世纪后期才到达欧洲。"[②] 战国史专家杨宽指出，春秋战国时期的战争中不但使用了地道战术，而且把鼓风设备作为抵御地道战术的防御武器。军队用鼓风设备把烟压送到敌人地道中去窒息敌人。战国后期的燕国已经采用渗碳制钢技术，制成兵器或工具，改进钢的性能。渗碳制钢技术适应了当时社会大变革中发展生产的需要和战争的需要。这一技术对革新生产技术和扩大社会生产，改变战争的方式起了重要的作用。[③]

这时科学上的发明往往被利用到兼并战争中去。战国工匠利用机械轮轴制作的弩，已成为最有力的进攻手段。战国末年已经出现了连弩之车。当时测算箭在空中飞行的轨迹，摸索飞行物体各部分比重以及空气的阻力，也形成空气力学的萌芽。[④]

因此，我们可以看到，春秋战国时期，诸侯国之间相互征战的副产品是当时重大的技术进步。不仅在技术领域如此，在思想领域

---

① 杨宽：《战国史》，上海：上海人民出版社2016年版，第586页。
② 乔尔·莫基尔：《富裕的杠杆：技术革新与经济进步》，第236页。
③ 杨宽：《战国史》，第48页。
④ 杨宽：《战国史》，第587—589页，第598页。

也是如此，先秦时期也是古代中国思想创作上的高峰。随着秦的统一，结束了诸侯国之间的竞争局面，书同文，车同轨。即出现了韦伯所说的：自从帝国的统一得到巩固后，就再也没有完全独立自主的思想家出现，这样的局面也抑制了后来的技术进步。而到了宋代，宋朝与周边民族的竞争再度出现，古代中国的技术又再度出现一轮高峰。

历史学家欧阳泰指出：毫无疑问的是，宋朝在技术、经济、科学、文化方面都是历史上的巅峰时代。[①] 历史学家迪特·库恩（Dieter Kuhn）乃至将这一时期的技术进步冠名为发生在 11 和 13 世纪之间宋代的"工业革命"。在这一时期，踏板织布机、手工提花机等各种机器层出不穷，中国的技术发明不断涌现。他指出：在 1000 多年前，中国的宋朝就作为世界上"最先进的文明国家"出现了，而且呈现出现代资本主义最为显著的特征。[②]

而恰恰在宋朝，也面临类似的外部环境，北方游牧民族对宋的统治构成了严峻的威胁。宋朝的统治者面对强大的邻邦，必须严阵以待，积极应对它们的入侵。"从 979 年到 1041 年间，宋朝的军队增加了三倍，达到了 125 万余人。政府每年都要生产大量的武器，包括数以万计的箭头和数以千计的盔甲。军费开支耗费了政府大约四分之三的收入。"[③] 欧阳泰看到：从 1127 年到 1279 年，也就是南宋时期，人类经历了从使用最初级的火器（如火药箭）到发展出一套精密武器（如火枪、各种原型枪）的技术发展。而在北宋之前，

① 欧阳泰：《从丹药到枪炮：世界史上的中国军事格局》，第 17 页。
② 迪特·库恩著，李文锋译：《儒家统治的时代：宋的转型》，北京：中信出版集团 2016 年版，第 272 页，第 270 页。
③ 尹佩霞：《剑桥插图中国史》，第 99 页。

中国连一件火器都没有。而在宋朝统治的三个世纪里，人类在军事技术上取得了 21 世纪前最为迅速的技术发展。从某种意义上来说，现代战争是从中国宋朝开始的。[1]

而这却刺激了技术的改良。在这样的环境下，宋朝开创了古代中国技术史上又一个辉煌时期。古代中国四大发明中的三项发明，指南针、活字印刷术与火药都与宋代密切相关。除了火药，指南针，印刷术这三大基础发明，宋朝人处于领先地位的还有解剖学、树林测定、雨雪测量、圆盘环切、磁疗、地形图的知识、数学上的新知，蒸汽杀菌、高温消毒、人工培育珍珠、水下打捞、天花疫苗接种等，并制造出了新式的机械钟。[2]

风箱也在宋代发明出来，后来传入西方，这被李约瑟看作蒸汽机的重要构成。此外，宋代冶铁也取得了重大进展。在 1064 年，宋代的工匠冶炼了约 9 万吨左右的铁；到了 1078 年，铁的产量达到了 12.5 万吨，而 1788 年的英国，其铁的产量才仅有 7.6 万吨。[3] 在 1100 年左右宋朝的铁产量可以匹敌 600 年之后的欧洲的铁产量。这种铁是当时世界上最先进的技术炼制出来的，使用了煤炭和焦炭。这是欧洲几个世纪后工业炼铁的标志性特色。庞大的宋朝制铁工坊雇佣了上千人，他们操作鼓风机，大大领先于同时代欧洲设备。[4] 十一世纪宋代大规模的冶铁支撑起了兵器的铸造，也包括盔甲、马蹄铁、车轴、刀、短柄斧、锤子等各类对工匠和消费者来说至关重要

---

① 欧阳泰：《从丹药到枪炮：世界史上的中国军事格局》，第 17 页。
② 欧阳泰：《从丹药到枪炮：世界史上的中国军事格局》，第 19 页。
③ Robert Hartwell, "Markets, Technology, and the structure of Enter-price in the Development of the Eleventh Century Chinese Iron and Steel Industirs", *Journal of Economic History*, Vol. 26, No. 1, 1966, pp. 29 - 58.
④ 欧阳泰：《从丹药到枪炮：世界史上的中国军事格局》，第 18 页。

的工具制造行业。①

因此英国学者约翰·霍布森（John Hobson）乃至宣称，工业化的起源不应该从英国的经济史中去寻找，而应该从古代中国寻找。古代中国的"工业奇迹"有着漫长的历史，并在宋代达到顶峰，比英国进入工业化阶段要早了约 600 年。而且，正是由于宋代许多思想和技术向西方世界的传播，才极大地促进了西方世界的兴起，这正是西方文明的东方起源。② 而宋代技术对西方文明的起源起到了举足轻重的作用。可是，宋代密集的技术成就的出现不是偶然的。宋代的技术成就离不开当时外部竞争压力。宋代的中国，尽管学界常常认为这是积贫积弱的时期，但是在严峻的外部竞争压力下，却取得了惊人的技术进步与经济成就。

(二) 国际竞争与技术变迁的历史比较

从 1450 年到 1550 年，中国的战争越来越少，力度越来越低，军事革新也放慢了脚步。而这时恰好是欧洲军事加速革新的时期，接连爆发的残酷的大规模战争成为欧洲技术进步的推力。15 世纪 80 年代，欧洲所有的火枪都已经更新换代。以至于 16 世纪初，葡萄牙把这些新式火枪带到中国时，中国开始积极仿制。清朝时，军事发展开始停滞，因为缺少实战。③

到了晚清与民国，中国再度面临西方列强的严峻挑战，此时，中国的技术再度出现重大进步，思想领域也再度出现高峰。当然，

---

① 迪特·库恩：《儒家统治的时代：宋的转型》，第 225 页。
② 约翰·霍布森：《西方文明的东方起源》，第 47 页。
③ 欧阳泰：《从丹药到枪炮：世界史上的中国军事格局》，第 4—6 页。

这次技术进步的主要内容是对西方先进科学与技术的借鉴，这里就不再详细展开。从春秋战国时期以及宋代的先进科技成就，以及从明清两代的技术停滞来看，要解释中国与欧洲技术轨迹的异同，离不开对外部环境的考察。简言之，就是欧洲存在比较激烈的国际竞争，尤其是存在国家间权力转移这样异常激烈的国际竞争环境，因此，欧洲在世界技术史中能脱颖而出。而古代中国在很长一段时间里缺乏严峻的国际竞争环境，更缺乏国际关系中的权力转移这样高强度的国际竞争，因此古代中国逐渐丧失了技术进步的意愿，也逐渐丧失进行重大技术变迁的能力，进而丧失技术上的领先地位。

在本章，我们分析了欧洲以及古代中国的案例。欧洲的案例分成了两个部分，即工业革命之前与工业革命之后。欧洲的历史案例展示了在无核时代，大国的权力转移如何促成了重大的技术变迁。而古代中国的案例展示，一个与西方社会不同的文明，国际竞争的强弱对其技术变迁的影响。对欧洲案例以及古代中国案例的比较历史分析展示了权力转移对技术变迁起到的重要作用。

我们看到，在欧洲大国的权力转移时期，欧洲领导国与崛起国政府资助重大技术的意愿在大幅度提高，这带动了重大技术变革的出现。因此，欧洲重大的技术变迁往往离不开欧洲大国竞争的逻辑。而本书选取的欧洲案例则展示了，即便是在大国持有核武器以前，虽然大国权力转移的争端往往依靠战争来解决，但国家资助科学技术的发展也是一项重要的备选方案。

对古代中国的技术发展史的研究则展示：即便是一直被当作具有特殊性的古代中国而言，本书的逻辑也同样适用。古代中国技术上的落伍很大程度上源于它在很长一段时间里缺乏严峻的国际竞争环境，更缺乏国际关系中的权力转移这样高强度的国际竞争。而当古代中国存在与西方国际竞争类似情况的时候，往往会出现重大的技术进步，春秋战国时期以及宋代的技术成就向我们展示了这一逻辑。

从对欧洲以及古代中国的案例研究中，我们看到：在权力转移时期，大国会更加强调技术的自主性。欧洲大国政府也在权力竞争中，纷纷介入到对当时重大技术变迁的资助中。同时，在大国权力转移时期，国家干预技术的模式更加强调国家主导。

而我们发现，重大技术变迁的区位往往聚集在权力转移时期的领导国与崛起国。而在欧洲史上，霸权竞争的领导国与崛起国往往都是重大技术变迁的先行者：葡萄牙和西班牙率先完成航海技术的改进，也在远洋航行事业上捷足先登；荷兰和英国都是科学革命的领先者；英国和法国也都是第一次技术革命的先行者；而英国和德国则引领了第二次技术革命的潮流。因此，欧洲史上重大技术的变迁往往是由领导国与崛起国引发，进而扩展到世界其他国家和地区。

欧洲每次权力转移时期都催生出了重大的技术变迁，当时大量的科学技术发现都源于欧洲激烈的国际竞争。当然，在那些领导国与崛起国之外的国家，也存在大量的技术革新，只是与领导国和崛起国相比，这些国家意愿与能力往往不及崛起国与领导国而已。欧洲激烈的国际竞争恰恰可以与承平日久的古代中国形成鲜明对照，古代欧洲的国际竞争比古代中国激烈。当古代中国面临承平日久的外部环境的时候，它在技术上的领先优势就难以保持了。"竞争驱动发展"不仅适用于个体，在世界政治的"无政府"状态下，更适用于国家这样的将"生存"作为首要目标的群体。"生于忧患"的逻辑不仅适用于国际关系史，也适用于技术史。

第九章

技术变迁的国际政治经济学

本书集中探讨了大国政治与技术变迁，即大国权力转移如何引发了世界重大技术变迁。已有研究指出，技术进步有着自身的轨道，技术进步有着自身的周期。而本书试图展示，技术进步的周期受到国际政治变化的影响。已有不少研究也为重大技术变迁提供了有益的解释，而本书引入国际政治因素，为此加入一项新的解释，国际政治因素可以与以往的解释相互补充。

第一节　权力转移如何容纳相关学说

以往对技术的研究，技术学的学者往往集中于企业层次、国内层面的因素以及民用领域的技术。仅仅限于企业层次限制了研究者的分析视野，进而难以探寻影响大国技术变迁背后更根本的因素。本书的目的就是要展示，大国权力转移改变了领导国与崛起国双方对技术变迁介入的深度和广度，进而推动了重大技术变革。这是从政治经济学的视角来理解技术变迁。以往政治学文献对技术变迁的解释，要么仅仅关注国内政治的因素，忽视了国际因素的牵引；即便是有研究注意到了国际层次的影响，也仅仅停留在论证战争对技术进步的推动作用。但是战争对技术进步究竟起到了促进还是抑制作用，本身就是争论不休的话题。本书指出，二战后重大的技术变迁是在"持久的和平"的条件下发生的。大国权力转移（即使没有爆发大战）是引发重大技术变迁的驱动力。那么，为何这个解释有着合理性，至少可以作为以往解释的一项重要补充呢？这是因为本书可以在一定程度上容纳以往的解释，与本书相比，以往的解释面临更多的问题无法回答。

（一）地理与人口解释的漏洞

以往有的研究关注特定地域的资源对技术进步的影响，而有的研究则关注行业的地域聚集对技术进步的影响。如有研究就指出，英国之所以能有工业革命，是因为英国拥有得天独厚的煤炭。但是这一因素对技术进步周期的解释比较乏力的。这类研究的主要问题是：不具备这些资源的国家和地区，如日本能克服这些资源劣势实现重大技术变迁。即便具有特殊地理优势的地区，其技术进步也呈现周期性的分布，如英国其所处的地理位置保持不变，当其国际地位有所变更时，其技术也有了相应的变迁。当英国作为崛起国崛起，或面临其它崛起国挑战时，英国政府积极推动重大技术变迁的出现；而当英国的世界政治经济霸权比较稳固时，则在重大技术领域裹足不前。

也有不少研究指出，行业在地理上的聚集对知识和技术的进步具有正的外部性。同一行业在特定地域的聚集有利于该地区企业的创新。问题在于：是什么原因，促使了特定时期、特定的技术在某些区域聚集呢？而本书试图展示的是：大国权力竞争会促使新的技术集群在特定国家聚集。实现重大技术变迁的先行区域往往是领导国与崛起国，同时往往是在与国家安全密切相关的产业中来聚集。因此，在地理因素解释乏力的领域，大国政治的变迁能提供更好的解释。

有研究从人口因素来解释重大技术变迁。这些研究关注人口数量、人口营养状况、人均寿命、人口质量等因素对技术变迁的影响。我们的研究却展示，出现重大技术变迁的大国有着迥然不同的人口密度。如美国和苏联的人口密度就相对较低，而后起的中国与日本的人口密度则相对较高。因此，只要人口密度满足了最基本的规模，在大国权力转移时期，不同人口密度的大国都能推动技术变迁。在二战后全球化日益推进的时代更是如此，如果能有效塑造、进入庞大的国际市场，不少大国都能在很大程度上克服人口规模相对不足的障碍。

关于人口质量、人力资本与重大技术变迁的关系也存在很大挑战。我们需要注意的是，中国、苏联、日本、美国这几个案例，居民有着极其不同的人均受教育水平。但当国际竞争把这些国家推向前台时，诸大国在技术上都有着重大的变化。即使是像中国这样人力资本比较稀缺的国家，在国家安全的考量下，也大规模投资原子弹、人造卫星等重大科研项目。而即使是日本这样人均受教育程度远远高于中国的国家，在跻身大国队伍之前也安于现状，依靠技术引进。欧洲国家也是如此，欧洲君主开始大规模延揽人才，培育人力资本的时候，也是在欧洲大国竞争加剧的时期。

不可否认，受教育水平等人力资本因素对技术进步是重要的，但什么原因促使了国家在一定时期加大对人力资本的投资呢？本书的比较历史分析展示，国家加大对人力资本投资往往发生在国际政治的权力转移时期。而从美国、苏联、日本、中国等案例来看，在大国权力转移时期，领导国与崛起国的政府出于安全的考虑，致力于推动技术进步，因而都加大了人力资本投入，如采取措施加强高等教育等。因此，人力资本水平等因素在本书中不是一项外生变量，而在一定程度上是大国权力转移引发的副产品。在很大程度上，人力资本的积累是大国权力转移引发的，它是结果而非原因。

(二) 制度与其他解释的局限

不少学者强调良好的制度对技术进步的促进作用。这些学者尤其强调良好的产权保护对技术进步的重要性。创新者的研发活动给社会带来的收益多，而个人所获得的收益少。而专利等制度正好使得创新者给社会带来的收益能内部化，让创新的个体获益。因此，制度的缺失会导致创新没有供给或者供给不足。

总体上看来，专利、知识产权等制度因素对技术进步作用很重要，对历史上欧洲取得世界技术领先地位的一些个案也有解释力。但我们发现，不少国家重大的技术变迁并不是靠私人来完成，而是靠国家。这些重大技术变迁与军事需求相关，相关技术产品在出现早期，市场前景并不广阔。在政府的效用函数中，安全逻辑替代了单纯的盈利目标，支配其投资方向。我们看到，苏联和改革开放以前的中国取得了重大的技术进步，而这些技术进步很大程度上均是国家基于安全考虑推动的。而在当时，苏联抑或中国并没有成型的专利制度。即使是市场经济比较发达的美国，大量重大技术变迁也离不开政府采购，企业生产的技术产品最终也是出售给政府，这些技术产品也并没有以专利的形式出现。因此还可能存在其它更重要的因素在推动重大技术的产生。无论是否存在专利制度，只要在权力转移过程中，国家安全驱动足够强劲，都能促使大国政府去积极推动重大技术变迁。因此与国家安全相关的"大发明"并不是如此依赖专利制度与产权制度安排；而对技术的市场化改进，则更依赖于成熟的市场制度安排。

此外，还有市场结构的解释、利益集团的解释等，这些解释也存在相关问题。我们知道欧洲历史上，早期的工业国英国，更强调市场竞争的作用；而后起的德国，集中化程度就高于英国。同时，二战后实现了重大技术变迁的美国、苏联以及日本，这些国家的市场结构迥然不同。美国更强调市场竞争；而同属于市场经济的日本，则存在更多大企业集团。在权力转移的时期，有着不同的市场结构的国家均积极推动着重大技术变迁的出现。而本书还展示，市场结构还可能被国际环境所决定。当国家安全被纳入考虑的时候，那些与国家安全息息相关的行业的市场集中度会相应提高。即使是像美国这样的市场经济国家，在与苏联展开竞争时，也比较集中地资助与采购高科技产品。而当我们讲到国家创新体系，国家建立有效的制度安排并实施诸多干预措施以完善相互补充的创新环境，这些体制的形成也离不开国际形势。在美国"国家创新体系"中发挥重要作用的美国研究型大学，亦是"冷战大学"。"军工复合体"等利益集团也是类似的情况，当苏联迅速崛起时，国家安全的考虑为"军工复合体"等相关利益集团的兴起提供了重要的外部条件。

重大技术还存在"战争推动说"。本书主要聚焦二战后的大国技术变迁。二战后，大国间维持了"持续的和平"，同时却出现大量重大技术变迁。在没有战争的情况下，只要有持续的大国竞争压力也会出现重大技术变迁。而大国持续的竞争压力甚至比战争更重要。正如桑巴特说的，战争具有双重作用，此处在破坏，彼处则在建设。战争不仅有"建设"的一面，更重要的还有"破坏"的另一面。因此，是大国的权力转移带来的安全形势改变，而不是战争本身，推动了重大的技术变迁。

技术进步中也长期存在需求拉动说与供给推动说的争论。需求拉动说强调市场需求对技术变迁的重要作用；而供给推动说则强调非市场力量（基础科学的水平与政府技术投入等因素）对技术变迁的重要作用。需求拉动说强调技术进步自下而上的特点（a bottom-up approach），而供给推动说则强调技术进步自上而下（a top-down approach）的特点。需求拉动说和供给推动说对技术进步的解释正体现了政府与市场的张力：在技术变迁过程中，究竟是市场的力量作用更大还是国家的力量影响更多？技术进步是以更集中化（centralized）的方式出现还是以更分权化、非集中化（decentralized）的方式出现？在人类的技术进步过程中，究竟是军用技术拉动技术进步作用更显著，还是民用技术的作用更明显？或者说究竟是军用技术给民用技术的溢出效应更多（spin-off），还是民用技术带动了军用技术的进步（spin-on）？二者的解释力存在此消彼长，而本书则弥合了二者长期的分歧。因为本书试图展示，国际市场的市场规模（需求因素）与技术进步的政府规模（供给因素）都受到大国权力转移的显著影响。

从二战后的历史经验来看，当大国之间发生权力转移的时候，大国出于安全考虑会扩大技术进步的政府规模，国家此时更加重视对基础科学的供给与国防科研的供给。此时，大国更多算政治账，使得技术进步中的供给假说更有解释力。而在冷战后的"单极"时代，苏联解体，日本的挑战褪去，美国开始主导一个稳定的国际秩序。此时，大国之间的相互依赖程度较高，庞大的国际市场规模在提供全球的购买力，大规模的市场需求在有效拉动技术进步。美国的"互联网"技术从国防部走向了寻常百姓家，技术的"供给推动"逐步让位于"需求拉动"。

日本技术进步的轨迹也如出一辙，当日本还是美国羽翼下的小国，日本靠美国建立的全球资本主义市场拉动了国内技术进步；而当日本开始崛起，日本的技术进步开始转向，政府开始系统供给基础科学和技术，技术进步开始了供给转向。

改革开放后，由于中国国际安全形势的改善，中国的技术进步开始走向需求占主导，更加强调市场在技术进步中的作用，此时"需求拉动说"有着较大的解释力。步入二十一世纪以后，随着中国在世界政治中日益崛起，国际竞争的压力促使中国日益重视以"新型举国体制"来解决"关键核心技术"供给的问题，供给推动说的解释力在上升。

因此，需求与供给两种学说在很大程度上是可以由大国权力转移视角下的技术变迁研究加以整合。

当然，所有的理论都有自己的规模和限度，因此一味指责以往理论的不足并不公允。本书只是试图将大国权力转移作为重大技术变迁的一项重要解释因素；它对重大技术变迁的解释力，至少可以和以往的重要解释形成互补。我们从第四章到第八章选取的案例涉及不同历史时期的多个国家，这些国家有着不同的人口规模与人口质量；有着不同的市场结构；也处于国际政治的不同时期；它们有着不同的政治制度，但是当它们出现重大技术变迁的时候，都享有共同的因素：它们都是权力转移时期的领导国或崛起国。因此，本书试图得出这样的结论：大国的权力转移引发了重大技术变迁。

与此相关的结论还有：在权力转移时期，领导国与崛起国对技术自主性的强调会更加明显，技术民族主义会上升；同时，在权力转移时期，领导国与崛起国政府会大幅度提升对技术变迁的介入幅度；双方政府会加大人力资本投入，加强基础研究；在权力转移时期，国家日趋介入技术变迁会使得市场集中程度相应提高；在权力转移时期，领导国与崛起国国内的"军工复合体"等利益集团的活动会更明显；在权力转移时期，领导国与崛起国技术会出现军事化的走向，正是这些军事技术的重大突破，很大程度上为以后技术的民用化储备了技术来源；此外，重大技术变迁的区位往往聚集在权力转移时期的领导国与崛起国，然后扩散到其它国家。因此，本书力图展示：大国权力转移是重大技术变迁的一项重要解释。从某种意义上讲：大国政治竞争塑造了世界重大技术变迁，政治是主人，技术是仆人。这就是技术进步的国际政治经济学。

第二节　大国的技术进步模式与技术观

本书通过对大国权力转移与技术变迁的研究，展示了大国技术进步模式的特殊性。有研究就指出，战争是与一国的国际等级相关的活动，一个国家在国际社会等级中的序列越高，它越可能卷入战争。换句话，大国之间战争爆发的可能性大于小国。即便在二战后大国之间维持了持久的和平，世界政治日益呈现出"平靖进程"，[1]但大国间的竞争仍在继续。本书也试图展示，大国技术进步的模式有着相当大的特殊性，大国更强调技术的自主性、技术的覆盖面等。

（一）大国技术进步模式不同于小国

我们前面提到：就技术进步而言，国家面临三种技术发展战略：

---

[1] 黄琪轩：《世界政治"平靖进程"的技术变迁支撑》，载《东北亚论坛》，2022 年第 1 期。

其一，大而全的技术进步模式。这个模式需要该国在各个方面建立自己的科学技术基础。我们分析的美国、苏联以及崛起后的日本都是这一模式。在大国权力转移时期，这样的技术进步模式尤其明显。其二，小而精的模式，即遵循专业分工的模式。这种模式要求科学与技术往专业化的方向发展，要求该国把注意力集中于有限的几个领域。这是典型的小国技术进步模式。这个模式是以北欧小国，如瑞典、瑞士、荷兰等为代表的。其三，技术依赖模式。即依赖进口技术，再进行本土的技术改进。二战后，日本曾经有一段时期采纳了这一模式。改革开放后，中国也曾积极从西方引进技术。这三种模式明显体现了：不同等级的国家，技术进步模式有着明显的分野。我们可以看到，在技术的产业分布上，大国往往强调技术的全面覆盖性，以降低对他国的技术依赖；而小国则更强调技术的专业分工，更加专注于比较优势的发挥。大国的技术国际分工程度远远不如小国；大国会投资很多违反其比较优势的技术领域，以确保国家安全。

这种差异并非富裕程度可以解释。富裕的小国对技术投入的绝对量与相对量也远远落后于大国。人均 GDP 在世界前列的北欧小国，在技术投资上的排名远远落后于其经济排名。从国际数据来看，人均收入相当高的加拿大、瑞典、瑞士、挪威、丹麦、芬兰、新西兰、澳大利亚等国，它们在技术研发中属于技术研发的中小国家，投资远远跟不上其人均收入和国民财富。而大国对技术的投入则可超前于其经济排名。由于迅速崛起的国际地位，苏联在经济绩效并不十分靠前的时候，进行了大规模的技术投入。

如果一国的国际地位发生变化，其技术选择也会有相应改变。外来技术并非公共品，领导国常常会通过技术出口限制或者技术转让来应对竞争者，扶持支持者。[①] 随着日本的崛起，日本开始着意于摆脱对领导国美国的技术依赖。在政府的资助下，日本科学和技术进步开始覆盖到广阔的领域。当前，中国致力于建设世界科技强国，依托"新型举国体制"解决"关键核心技术"供给问题，解决"卡脖子"技术问题，在不断拓展自身的技术宽度与深度。因此，我们可以说：并不是经济发展了，该国技术自主性的诉求就会上升。大国和小国对自主创新的强调有很大差别。与小国相比较，大国自主创新的诉求更高。而与其它时期相比，在权力转移时期，大国队伍中的领导国与崛起国自主创新的诉求更高。

概括地讲，与小国相比较，大国更加强调技术的自主性，其技术涵盖面更广泛。不过，尽管大国对技术自主性的诉求系统地高于小国，大国技术自主性的意愿仍然会有波动。有时候，大国出现技术国际主义的浪潮，有时候又出现技术民族主义的返潮。为何有时候大国偏好于通过国际市场购买技术，有时候又转向自主研发呢？大国的技术进步为何在技术的经济现实主义与经济自由主义二者之间转换呢？

(二) 权力转移影响下的技术观与发展模式

从国际关系看技术问题有经济现实主义与经济自由主义两种视角。技术的经济现实主义构造了一个世界。这个世界的主要行为体是享有独立主权的民族国家，这些民族国家追求权力最大化。只有

---

① 黄琪轩：《"振兴的机遇"与"失去的机会"——美日竞争背景下美国的技术转移与亚洲经济体》，载《世界经济与政治》，2021年第12期。

如此，它们才能确保在弱肉强食的国际丛林留得生存之地。在国际社会的无政府状态下，国家间为追求国家生存，斗争永不停歇。国家之间的竞争与冲突尽管可能通过各种办法来加以应对，但却难以一劳永逸地消除。长期来看民族国家之间的竞争持续影响各国的政治经济。在经济现实主义的视角下，即便是国家间的技术交易也与国家安全息息相关。国家的技术是其国家政治军事权力的重要支柱；一国的对外经济战略可以促使他国行为的改变。如果在技术贸易中，对手取得了更多的相对收益，或者一国过于依赖于对手，那么对国家安全是相当危险的。因此，经济现实主义者自然会过多考虑相对收益，更加关注摆脱对对手的依赖。从经济现实主义的角度来看，技术不能依靠贸易，而国家需要掌握自主的技术。

经济自由主义则持有完全不同的看法。技术的经济自由主义往往认为，在一个共同的法律框架下，理性的个人会实现分工。因此根据要素禀赋，有的国家自然集中于生产高技术产品而有的国家则可能集中于生产劳动密集型的低端技术。双方可以通过国际交换，实现了经济收益最大化。正是国际技术贸易，带来了国际的和谐。

我们看到，有时国家强调技术自由主义，重视技术国际主义；而有时国家则强调技术的现实主义，重视技术的民族主义。大国有时愿意通过国际市场购买技术，而有时则强调自主研发。不同的技术观本身没有褒贬，它们往往是一定国际权力格局下的产物。本书也试图展示：国际政治所处的时期有所不同，大国在世界政治中所处的位置不同，其奉行的技术主义也有所不同。在权力转移时期，领导国与崛起国双方会更多考虑技术贸易中的相对收益，会更避免对对方的技术依赖。因此在这一时期，技术的经济现实主义、技术民族主义更加盛行。由于技术路线的变化，需要国内政治经济体制做出相应的调整来适应这种变化。因此，在权力转移时期，大国的技术发展模式，乃至整个发展模式会出现相应的变化来适应国际形势的变迁。当前，中国政府日益强调"新型举国体制"、强调"加快构建以国内大循环为主体、国内国际双循环相互促进的新发展格局"，强调"努力实现关键核心技术自主可控"都离不开变化的国际形势，即"世界进入新的动荡变革期"。

技术发展模式受诸多因素的影响，如一些意识形态更倾向于国家主导的发展模式；后发展国家更多强调国家在经济发展中的强组织力。而我们对大国技术变迁的研究展示，大国间的权力转移会导致其技术观念与发展模式的改变。在大国的权力转移时期，领导国与崛起国双方会减少对对方市场与技术的依赖，更加强调独立自主的发展模式，更加强调国家的干预。如二战后，美苏两国间的权力转移就促使两国技术发展模式做出了相应调整。所以我们才看到：此时，即使是以市场经济著称的美国，面临苏联的迅速崛起，也形成了一个比较奇特的军工复合体，而其政府对技术进步的干预也有显著的扩张。比较明显的干预方式是对研发的资助与对高端技术产品的采购。当前，不仅中国政府在推进"新型举国体制"建设，美国也通过《芯片和科学法案》等系列法案与政策，加强了政府对技术进步的介入。2023 年，美国国家安全顾问杰克·沙利文（Jake Sullivan）在布鲁金斯学会的演讲——被称为"新华盛顿共识"（New Washington Consensus），就公开质疑"市场经济"、"全球化"与"自由贸易"，并强调对"政府引导的产业政策与创新政策"的高度认同。① 因此，大国的技术观念、技术发展模式，乃至发展模式，尤其是政府干预强度与对外依存度，受到大国权力变迁的显著影响；而大国权力转移不仅会影响国内发展模式，还可能会影响到全球化的进程。

我们都知道，全球化受到国内政治的显著影响。但是，我们需要注意到，如果大国之间的相互依赖是全球化的重要内容的话，那么全球化的拓展并不是自然而然的。如前面我们所展示的那样，领导国与崛起国都是全球政治与经济的重要行为体。在国际政治中，两国行为举足轻重。全球化的进程就离不开世界政治的大国合作。但是在权力转移时期，双方的这种合作是有困难的。正如我们看到的那样，在苏联迅速崛起的时期，领导国美国和崛起国苏联各自建立一个封闭的贸易体系，严重阻碍了全球化在"全球层面"的推进。而当崛起国苏联失去权力增长优势的时候，全球化又开始了新一轮的进展。从日本崛起时期美日之间日益显著的贸易摩擦以及迅速崛起的中国面临美国制造的诸多难题，我们可以看到全球化在撤退的端倪。时至今日，"中美两国政府在全球化问题上调换了立场，中国提倡推动全球化，而特朗普政府则采取了反对全球化的政策"。② 因此，可能的推论是：大国权力转移会重新塑造大国的技术观、技术发展模式乃至全球化的进程。当前，面临去全球化逆潮，中国领导人相继提出了"全球发展倡议"、"全球安全倡议"与"全球文明倡议"，推进"高水平对外开放"，崛起的中国在积极推动经济全球化

---

① https://www.whitehouse.gov/briefing-room/speeches-remarks/2023/04/27/remarks-by-national-security-advisor-jake-sullivan-on-renewing-american-economic-leadership-at-the-brookings-institution/

② 阎学通：《反建制主义与国际秩序》，载《国际政治科学》，2017年第2期，第3页。

朝着更加开放、包容、普惠、平衡、共赢的方向发展。

第三节　余论

2013年，好莱坞大片《地心引力》中的女主角在太空遇险。中国的天宫一号、神舟飞船在最后关头闪亮登场，让女主角重返地球。在2015年的美国电影《火星救援》中，男主角被意外地留在了火星。正是依靠中国航天部门贡献的助推器，男主角才得以获救。两部电影中的中国科技产品成功地拯救了美国宇航员。事实上，这两部电影中的中国元素在现实生活中都有更真实的写照，也是新时代的中国在日益迈向世界科技强国的一个侧影。国际关系史以及技术史上的经验与教训可以为中国建设"创新型国家"服务，可以为中国迈向"世界科技强国"服务。

在世界技术史上，重大技术变迁往往呈现周期性的波动。有时候，技术进步比较缓慢；而有时候，重大技术变迁却在一段时间里集中出现，出现了技术革命。是什么原因驱动了技术革命？和以往的答案不同在于,本书试图从国际政治的变迁来寻找重大技术变迁的驱动力。世界重大技术变迁往往受大国竞争驱使。权力转移时期是大国竞争最激烈的时期，这一时期往往催生重大技术变迁。

对重大技术变迁而言，能力和意愿都很重要。而世界政治中的领导国与挑战国既有能力，又有意愿推动技术革新。领导国与挑战国是世界政治中的大国，是技术潜力最强劲的国家，因此它们有能力；无论是进攻抑或是防御，都依靠关键技术，因此它们也有意愿。为驱动重大技术变迁。领导国与挑战国的政府会采取一系列措施，比如加大关税保护、实施贸易禁运、扶植战略产业等，而其中有两项措施显著地影响了技术进步的强度和方向。第一项措施是政府资助。在大国权力转移时期的安全压力下，政府资助更集中，有利于化整为零，整合力量解决技术难题。第二项措施是政府采购。一般而言，高科技产品在面世早期，造价往往过于高昂，普通消费者难以承受。在大国权力转移时期的安全压力下，政府采购对成本不那么敏感，这有利于企业收回巨额的技术投资；而政府采购对产品的性能相当敏感，这有利于提高产品的精度。因此，在权力转移时期，领导国与挑战国的政府会加大对技术的资助与采购，国际竞争带来了新技术的投资机会与消费市场。在这一时期，在领导国与挑战国两个国家，突破技术瓶颈的可能性在显著提高。因此，这一时期是孕育重大技术变迁的时期。国际政治出现周期性的权力转移，重大技术也相应出现周期性的变迁。

尽管目前中国的技术短板还很多，进入新世纪以来，中国的创新型国家建设也取得了丰硕的成果，重大技术变迁的萌芽已初见端倪，崛起的中国在积极致力于成为世界科技强国。值得关注的是，在国际关系史与大国技术史上，推动了重大技术变迁"只是万里长征走完了第一步"，诸多成功推动了大国技术变迁的国家并没有赢得大国技术竞争。这是未来研究需要关注的议题，即赢得大国技术竞争需要有怎样的政治经济安排。

重大技术变迁是引人入胜的研究领域，本书的探索也是开放性的。我希望自己的后续研究和他人的研究能继续为这一有趣的议题提供新视角与新解答。

参考文献

中文部分：

F. H. 欣斯利编，中国社会科学院世界历史研究所组译：《新编剑桥世界近代史：物质进步与世界范围的问题 1870—1898》（第 11 卷），北京：中国社会科学出版社 1999 年版，第 79 页。

J·E·麦克莱伦第三、哈罗德·多恩著，王鸣阳译：《世界科学技术通史》，上海：上海世纪出版集团 2007 年版。

T. S. 阿什顿著，李冠杰译：《工业革命：1760—1830》，上海：上海人民出版社 2020 年版。

埃里克·霍布斯鲍姆著，梅俊杰译：《工业与帝国：英国现代化历程》，北京：中央编译出版社 2016 年版。

爱德华·卡尔著，秦亚青译：《20 年危机（1919—1939）：国际关系研究导论》北京：世界知识出版社 2005 年版。

安格斯·麦迪森著，伍晓英等译：《世界经济千年史》，北京：北京大学出版社 2003 年版。

安妮·雅各布森著，李文婕、郭颖译：《五角大楼之脑：美国国防部高级研究计划局不为人知的历史》，北京：中信出版集团 2017 年版。

巴里·艾肯格林著，张群群译：《全球失衡与布雷顿森林的教训》，大连：东北财经大学出版社 2013 年版。

保尔·芒图著，杨人楩等译：《十八世纪产业革命——英国近代大工业初期的概况》，北京：商务印书馆 1983 年版。

保罗·肯尼迪著，蒋葆英等译：《大国的兴衰》，北京：中国经济出版社 1989

年版。

保罗·麦克唐纳、约瑟夫·培伦特著，武雅斌等译：《霸权的黄昏：大国的衰退和收缩》，北京：法律出版社 2020 年版。

贝卡·洛温著，叶赋桂，罗燕译：《创建冷战大学：斯坦福大学的转型》，北京：清华大学出版社 2007 年版。

查尔斯·金德尔伯格著，高祖贵译：《世界经济霸权：1500—1900》，北京：商务印书馆 2003 年版。

查默斯·约翰逊著，金毅等译：《通产省与日本奇迹：产业政策的成长（1925—1975）》，长春：吉林人民出版社 2010 年版。

池田吉纪、内田茂男、三桥规宏著，丁红卫、胡左浩译：《透视日本经济》，北京：清华大学出版社 2018 年版。

丛进著：《曲折发展的岁月》，北京：人民出版社 2009 年版。

大卫·兰德斯著，谢怀筑译：《解除束缚的普罗米修斯》，北京：华夏出版社 2007 年版。

大西康之著，徐文臻译：《东芝解体：电器企业的消亡之日》，南京：江苏人民出版社 2020 年版。

戴维·莱克著，高婉妮译：《国际关系中的等级制》，上海：上海世纪出版集团 2013 年版，第 153 页。

戴维·兰德斯著，门洪华等译：《国富国穷》，北京：新华出版社 2007 年版。

戴维·诺布尔著，李风华译：《生产力：工业自动化的社会史》，北京：中国人民大学出版社 2007 年版。

道格拉斯·诺斯著，厉以平等译：《西方世界的兴起》，北京：华夏出版社 1999 年版。

德隆·阿西莫格鲁、詹姆斯·罗宾逊著，李增刚译：《国家为什么会失败》，长沙：湖南科学技术出版社，2015 年版。

邓小平著：《邓小平文选》（第三卷），北京：人民出版社 1993 年版。

邓小平著：《邓小平军事文选》（第三卷），北京：军事科学出版社，中央文献出版社 2004 年版。

邓小平著：《邓小平文选》（第一卷），北京：人民出版社 1994 年版。

迪特·库恩著，李文锋译：《儒家通知的时代：宋的转型》，北京：中信出版集团 2016 年版。

董辅礽主编：《中华人民共和国经济史》（上卷），北京：经济科学出版社 1999 年版。

都留重人著，马成三译：《日本经济奇迹的终结》，北京：商务印书馆 1992 年版。

范内瓦·布什著，范岱年、解道华等译：《科学——没有止境的前沿》，北京：商务印书馆 2004 年版。

费尔南·布罗代尔著：《15 至 18 世纪的物质文明、经济和资本主义》（第一卷），顾良、施康强译，北京：三联书店 1992 年版。

弗里德里希·李斯特著，陈万煦译：《政治经济学的国民体系》，北京：商务印书馆 1961 年版。

傅高义著，冯克利译：《邓小平时代》，北京：三联书店 2013 年版。

傅军，《制度安排与技术发展：两个技术市场的理论命题》，载《上海交通大学学报》（哲学社会科学版），2013 年第 5 期。

高柏著，安佳译：《经济意识形态与日本产业政策：1931—1965 年的发展主义》，上海：上海人民出版社 2008 年版，第 144 页。

高柏著，刘耳译：《日本经济的悖论——繁荣与停滞的制度性根源》，北京：商务印书馆 2004 年版。

格雷厄姆·艾利森著，陈定定、傅强译：《注定一战：中美能避免修昔底德陷阱吗?》上海：上海人民出版社 2019 年版，第 320—321 页。

哈罗德·埃文斯、盖尔·巴克兰、戴维·列菲著，倪波等译：《美国创新史：从蒸汽机到搜索引擎》，北京：中信出版社 2011 年版。

胡绳著：《中国共产党的七十年》，北京：中共党史出版社 1991 年版。

黄琪轩、李晨阳：《大国市场开拓的国际政治经济学——模式比较及对"一带一路"的启示》，载《世界经济与政治》，2016 年第 5 期。

黄琪轩：《"振兴的机遇"与"失去的机会"——美日竞争背景下美国的技术转移与亚洲经济体》，载《世界经济与政治》，2021 年，第 12 期。

黄琪轩：《大国经济成长模式及其国际政治后果：海外贸易、国内市场与权力转移》，《世界经济与政治》，2012 年 9 期。

黄琪轩：《大国战略竞争与美国对华技术政策变迁》，《外交评论》，2020 年第 3 期。

黄琪轩：《国际货币制度竞争的权力基础——二战后改革国际货币制度努力的成败》，《上海交通大学学报》（哲学社会科学版），2017 年，第 4 期，第 12 页。

黄琪轩：《国家权力变化与技术进步动力的变迁》，载《中共浙江省委党校学报》，2009 年第 4 期，第 38 页。

黄琪轩：《世界政治"平靖进程"的技术变迁支撑》，载《东北亚论坛》，2022 年，第 1 期。

黄琪轩：《探索国际关系历史规律的社会科学尝试——问题、理论视角与方法》，载《国际论坛》，2019 年第 3 期。

黄琪轩：《在剑与犁之间——安全环境对中国国有工业的塑造》，载《华东理工大学学报》（哲学社会科学版），2015 年第 3 期，

贾雷德·戴蒙德著，谢延光译：《枪炮、病菌与钢铁：人类社会的命运》，上海：上海译文出版社 2000 年版。

杰里米·布莱克著，李海峰、梁本彬译：《军事革命？1550—1800 年的军事变革与欧洲社会》，北京：北京大学出版社 2019 年版。

金俊远著，王军、林民旺译：《中国大战略与国际安全》，北京：社会科学文献出版社 2008 年版。

靖志远、彭小枫：《建设中国特色战略导弹部队——改革开放 30 年第二炮兵建设发展回顾与实践》，《求是》，2009 年 3 期。

克莱德·普雷斯托维茨著，于杰等译：《美日博弈：美国如何将未来给予日本，又该如何索回》，北京：中信出版集团 2021 年版。

克里斯·弗里曼、弗朗西斯科·卢桑著，沈宏亮译：《光阴似箭：从工业革命到信息革命》，北京：中国人民大学出版社 2007 年版。

克里斯·米勒著，蔡树军译：《芯片战争：世界最关键技术的争夺战》，杭州：浙江人民出版社 2023 年版。

拉斯·马格努松著，梅俊杰译：《重商主义政治经济学》，北京：商务印书馆 2021 年版。

赖特·米尔斯著，李子文译：《权力精英》，北京：北京时代华文书局 2019 年版。

劳伦斯·普林西比著，张卜天译：《科学革命》，南京：译林出版社 2013 年版。

理查德·克罗卡特著，王振西、钱俊德译：《五十年战争：世界政治中的美国与苏联》，北京：社会科学文献出版社 2015 年版。

陆南泉、姜长斌等主编：《苏联兴亡史论》，北京：人民出版社 2002 年。

路风：《走向自主创新：寻求中国力量的源泉》，桂林：广西师范大学出版社 2006 年版。

罗伯特·艾伦著，毛立坤译：《近代英国工业革命揭秘：放眼全球的深度透视》，杭州：浙江大学出版社 2012 年版。

罗伯特·吉尔平著，宋新宁、杜建平译：《世界政治中的战争与变革》，上海：上海人民出版社 2007 年版。

罗伯特·金·默顿著，范岱年等译：《十七世纪英格兰的科学、技术与社会》，北京：商务印书馆 2000 年版。

罗伯特·金·默顿著，鲁旭东，林聚任译：《科学社会学：理论与经验研究》（上册），北京：商务印书馆 2003 年版。

罗伯特·罗斯、朱峰主编：《中国崛起：理论与政策的视角》，上海：上海人民出版社 2008 年版。

罗杰·克劳利著，陆大鹏译：《征服者：葡萄牙帝国的崛起》，北京：社会科学文献出版社 2016 年版。

罗拉·迪森著，刘靖华等译：《鹿死谁手——高技术产业中的贸易冲突》，北京：中国经济出版社 1996 年版。

罗纳德·芬德利、凯文·奥罗克著，华建光译：《强权与富足：第二个千年的贸易、战争和世界经济》，北京：中信出版社 2012 年版。

马丁·坎贝尔-凯利、内森·恩斯门格著，蒋楠译：《计算机简史》，北京：人民邮电出版社 2020 年版。

马尔腾·波拉著，金海译：《黄金时代的荷兰共和国》，北京：中国社会科学出版社 2013 年版。

马克·卡扎里·泰勒著，任俊红译：《为什么有的国家创新能力强》，北京：新华出版社 2018 年版，第 91 页。

马克思、恩格斯著，中共中央编译局译：《马克思恩格斯选集》（第二卷），北京：人民出版社 1972 年版。

马克斯·韦伯著，洪天富译：《儒家与道教》，南京：江苏人民出版社 2003 年版。

麦克法夸尔、费正清著，谢亮生等译：《剑桥中华人民共和国史——中国革命内部的革命：1966—1982》，中国社会科学出版社 1998 年版。

毛泽东著：《建国以来毛泽东文稿》（第十一册），北京：中央文献出版社 1996 年版。

毛泽东著：《毛泽东文选》（第 6 卷），北京：人民出版社 1999 年。

内森·罗森堡、L·E·小伯泽尔著，曾刚译：《西方现代社会的经济变迁》，北京：中信出版社 2009 年版。

欧阳泰著，张晓铎译：《从丹药到枪炮：世界史上的中国军事格局》，北京：中信出版社 2019 年版。

逄先知、金冲及主编：《毛泽东传（1949—1976）》，北京：中央文献出版社 2003 年版。

乔尔·莫基尔著，陈小白译：《富裕的杠杆：技术革新与经济进步》，北京：华夏出版社 2008 年版。

乔尔·莫基尔著，段异兵、唐乐译：《雅典娜的礼物：知识经济的历史起源》，北京：科学出版社 2011 年版。

乔尼·赖安著，段铁铮译：《离心力：互联网历史与数字化未来》，北京：电子工业出版社 2018 年版。

沈志华主编：《中苏关系史纲》，北京：社会科学文献出版社，2011 年版。

斯科特·萨根、肯尼斯·华尔兹著，赵品宇译：《核武器的扩散：一场是非之辩》，上海：上海人民出版社 2012 年版。

宋泽滨，《毛泽东与"东方红一号"卫星》，载《党史博采》，2020 年第 3 期。

汤之上隆著，林睍等译：《失去的制造业》，北京：机械工业出版社 2019 年版。

汤之上隆著，林睍等译：《失去的制造业》，北京：机械工业出版社 2019 年版。

唐世平著，林民旺、刘丰、尹继武译：《我们时代的安全战略理论：防御性现实主义》，北京：北京大学出版社 2016 年版。

陶文钊著：《中美关系史》（1972—2000），上海人民出版社 2004 年版。

托马斯·黑格、保罗·塞鲁齐著，刘淘英译：《计算机驱动世界：新编现代计算机发展史》，上海：上海科技教育出版社 2022 年版。

托马斯·麦格劳著，赵文书，肖锁章译：《现代资本主义三次工业革命中的成功者》，南京：江苏人民出版社 2006 年版。

瓦克拉夫·斯米尔著，李凤海、刘寅龙译：《国家制造：国家繁荣为什么离不开制造业》，北京：机械工业出版社 2014 年版。

王绍光著：《中国崛起的世界意义》，北京：中信出版社 2020 年版。

王正毅著：《世界体系论与中国》，北京：商务印书馆 2000 年版。

威廉·拉佐尼克著，徐华、黄虹译：《车间的竞争优势》，北京　中国人民大学出版社 2007 年版。

威廉·麦尼尔著，孙岳译：《竞逐富强：公元 1000 年以来的技术、军事与社会》，北京：中信出版社 2020 年版。

威廉森·默里、麦格雷戈·诺克斯、阿尔文·伯恩斯坦著：《缔造战略：统治者、国家与战争》，时殷弘等译，北京：世界知识出版社 2004 年版。

维尔纳·桑巴特著，晏小宝译：《战争与资本主义》，上海：上海人民出版社 2023 年版。

维尔纳·桑巴特著：《现代资本主义》（第一卷），李季译，北京：商务印书馆 1958 年版。

文安立著，牛可译：《全球冷战：美苏对第三世界的干涉与当代世界的形成》，北京：世界图书版公司 2012 年版。

文一著：《科学革命的密码——枪炮、战争与西方崛起之谜》，北京：东方出版社 2021 年版。

沃伦·科恩著，王琛译：《剑桥美国对外关系史（第四卷）：苏联强权时期的美国 1945—1991》，北京：新华出版社 2004 年版。

西村吉雄著，侯秀娟译：《日本电子产业兴衰录》，北京：人民邮电出版社
2016年版。

西村吉雄著，侯秀娟译：《日本电子产业兴衰录》，北京：人民邮电出版社
2016年版，第82页。

西蒙·富迪著，董晓怡译：《突破：工业革命之道》，北京：中国科协技术出
版社2020年版，

小田切宏之、后藤晃著，周超等译：《日本的技术与产业发展：以学习、创
新和公共政策提升能力》，广州：广东人民出版社2019年版。

亚当·斯密著，杨敬年译：《国富论》，西安：陕西人民出版社2001年版。

杨宽著：《战国史》，上海：上海人民出版社2016年版。

杨奎松著：《中华人民共和国建国史研究》（第二册），南昌：江西人民出版
社2009年版。

野口悠纪雄著，张玲译：《战后日本经济史：从喧嚣到沉寂的70年》，北京：
民主与建设出版社2018年版。

约翰·阿伯特著，周琴译：《哥伦布、大航海时代与地理大发现》，北京：华
文出版社2019年版。

约翰·贝尔纳著，陈体芳译：《科学的社会功能》，桂林：广西师范大学出版
社2003年版。

约翰·贝尔纳著，伍矿甫、彭家礼译：《历史上的科学（卷二）：科学革命与
工业革命》，北京：科学出版社2015年版。

约翰·亨利著，杨俊杰译：《科学革命与现代科学的起源》，北京：北京大学
出版社2023年版。

约翰·霍布森著，孙建党译：《西方文明的东方起源》，济南：山东画报出版
社2009年版。

约翰·加迪斯著，时殷弘等译：《遏制战略：战后美国国家安全政策评析》，
北京：世界知识出版社2005年版。

约翰·刘易斯·加迪斯著，潘亚玲译：《长和平：冷战史考察》，上海：上海
世纪出版集团2011年版。

约翰·刘易斯·加迪斯著，潘亚玲译：《长和平：冷战史考察》，上海：上海
世纪出版集团2011年版。

约翰·米尔斯海默著，王义桅、唐小松译：《大国政治的悲剧》，上海：上海
人民出版社,2003年版。

约翰·伊肯伯里著，门洪华译：《大战胜利之后：制度、战略约束与战后秩
序重建》，北京：北京大学出版社2008年版。

约瑟夫·熊彼特著，何畏等译：《经济发展理论》，北京：商务印书馆1990

年版。

张景安：《激扬创新精神：中宣部科技部自主创新报告团演讲录》，北京：知识产权出版社 2006 年版。

赵鼎新著，夏江旗译：《东周战争与儒法国家的诞生》，上海：华东师范大学出版社、上海三联书店 2006 年版。

赵瑾著，《全球化与经贸摩擦——日美经济摩擦的理论与实证研究》，北京：商务印书馆 2002 年版。

中共中央党史和文献研究院、中央学习贯彻习近平新时代中国特色社会主义思想主题教育领导小组办公室编，《习近平新时代中国特色社会主义思想专题摘编》，北京：党建读物出版社、中央文献出版社 2023 年版。

朱天飚：《国际政治经济学与比较政治经济学》，载《世界经济与政治》2005年第 3 期。

英文部分：

Abramovitz, Moses. "Catching Up, Forging Ahead, and Falling Behind", *Journal of Economic History*, Vol. 42, No. 2, 1986.

Adirim, I. "Current Development and Dissemination of Computer Technology in the Soviet Economy", *Soviet Studies*, Vol. 43, No. 4, 1991.

Alden, Chris. "*China's New Engagement with Africa*," in Riordan Roett and Guadalupe Paz, eds., *China's Expansion into the Western Hemisphere: Implications for Latin America and the United States*, Washington, D. C. : Brookings Institution Press, 2008.

Alic, John. *Trillions for Military Technology: How the Pentagon Innovates and Why It Costs So Much*, Palgrave Macmillan, 2007.

Allen, Robert. "The Rise and Decline of the Soviet Economy", *The Canadian Journal of Economics*, Vol. 34, No. 4, 2001.

Allison, Graham. Kevin Klyman, Karina Barbesino and Hugo Yen. *The Great Tech Rivalry: China vs the U. S.*, Boston: Belfer Center for Science and International Affairs, 2021.

Amann, Ronald and Julian Cooper, *Industrial Innovation in the Soviet Union*, New Haven: Yale University Press, 1982.

Ames, Edward. "International Trade Without Markets: The Soviet Bloc Case", *American Economic Review*, Vol. 44, No. 5, 1954.

Amsden, Alice. *Asia's Next Giant: South Korea and Late Industrialization*, New York: Oxford University Press, 1989.

Anchordoguy, Marie. *Reprogramming Japan: The High Tech Crisis under Communitarian Capitalism*, Ithaca and London: Cornell University Press, 2005.

Anderson, Benedict. *Imagined Communities: Reflections on the Origins and Spread of Nationalism*, London: Verso, 1991.

Andrade, E. N. *A Brief History of the Royal Society*, London: Royal Society, 1960.

Appel, Toby. *Shaping Biology: The National Science Foundation and American Biological Research, 1945 – 1975*, Baltimore: The Johns Hopkins University Press, 2000.

Aron, Raymond. *Peace and War*, New York: Doubleday and Company, 1966.

Aslund, Anders. *Gorbachev's Struggle for Economic Reform*, Ithaca, N. Y. : Cornell University Press, 1991.

Autor, David. David Dorn and Gordon Hanson, "The China Syndrome: Local Labor Market Effects of Import Competition in the United States", American Economic Review, Vol. 103, No. 6, 2013.

Axelrod, Robert and Robert Keohane, "Achieving Cooperation Under Anarchy: Strategies and Institutions", *World Politics*, Vol. 38, No. 1, 1985.

Baack, Ben and Edward Ray, "The Political Economy of the Origins of the Military-Industrial Complex in the United States", *The Journal of Economic History*, Vol. 45, No. 2, 1985.

Badwin, David. *Economic Statecraft*, Princeton: Princeton University Press, 1985.

Barry, Buzan. *United States and the Great Powers: World Politics in the Twenty-First Century*, Cambridge: Polity, 2004.

Becker, Abraham. "Main Features of United States-Soviet Trade", *Proceedings of the Academy of Political Science*, Vol. 36, No. 4, 1987.

Berman, Harold. "The Legal Framework of Trade between Planned and Market Economies: The Soviet-American Example", *Law and Contemporary Problems*, Vol. 24, No. 3, 1959.

Block, Fred Matthew Keller and Marian Negota, "Revisiting the Hidden Developental State", *Politics & Society*, 2023.

Boldrin, Michele and David Levine, *Against Intellectual Monopoly*, New

York: Cambridge University Press, 2008.

Bonus, Michael. "Exploiting Asia to Beat Japan: Production Networks and the Comeback of U. S. Electronics," in Dennis Encarnation, ed., *Japanese Multinationals in Asia: Regional Operations in Comparative Perspective*, New York: Oxford University Press, 1999.

Borden, William. *The Pacific Alliance: United States Foreign Economic Policy And Japanese Trade Recovery, 1947 – 1955*, Madison: University of Wisconsin Press, 1984.

Borden, William. *The Pacific Alliance: United States Foreign Economic Policy and Japanese Trade Recovery, 1947 – 1955*, Madison: University of Wisconsin Press, 1984.

Borrus, Michael. "Left for Dead: Asian Production Networks and the Revival of US Electronics", *The Berkeley Roundtable on the International Economy Working Paper*, 1997.

Boserup, Ester. *Population and Technological Change*, Chicago: University of Chicago Press, 1981.

Bova, Russell. "The Soviet Military and Economic Reform", *Soviet Studies*, Vol. 40, No. 3, 1988.

Brada, Josef and Arthur King, "The Soviet-American Trade Agreements: Prospects for the Soviet Economy", *Russian Review*, Vol. 32, No. 4, 1973.

Brada, Josef and Larry Wipf, "The Impact of U. S. Trade Controls on Exports to the Soviet Bloc", *Southern Economic Journal*, Vol. 41, No. 1, 1974.

Bramall, Chris. *Chinese Economic Development*, New York: Routledge, 2009.

Braun, Hans-Joachim. *The German Economy in the Twentieth Century: The German Reich and the Federal Republic*, New York: Routledge, 1990.

Brooks, Stephen and William Wohlforth, "Power, Globalization, and the End of the Cold War: Reevaluating a Landmark Case for Ideas", *International Security*, Vol. 25, No. 3. 2000 – 2001.

Brooks, Stephen and William Wohlforth, *World Out of Balance: International Relations Theory and the Challenge of American Primacy*, Princeton University Press, 2008.

Brubaker, Earl. "Embodied Technology, the Asymptotic Behavior of

Capital's Age, and Soviet Growth", *Review of Economics and Statistics*, Vol. 50, No. 3, 1968.

Bucy, Fred "On Strategic Technology Transfer to the Soviet Union", *International Security*, Vol. 1, No. 4, 1977.

Bull, Hedley. *The Anarchical Society: A study of Order in World Politics*, London: Macmillan, 1977.

Calleo, David. *The German Problem Reconsidered: Germany and the World Order, 1870 to the Present*, New York: Cambridge University Press, 1978.

Campbell-Kelly, Martin. *From Airline Reservations to Sonic the Hedgehog: A History of the Software Industry*, Cambridge: MIT Press, 2003.

Carlisle, Rodney. *Inventions and Discoveries*, New Jersey: John Wiley & Sons, 2004.

Chan, Steve. "Exploring Puzzles in Power-Transition Theory: Implications for Sino-American ", *Security Studies*, 13:3, 2004.

Chan, Steve. *Thucydides's Trap: Historical Interpretation, Logic of Inquiry, and the Future of Sino-American Relations*, Ann Arbor: University of Michigan Press, 2020.

Chanis, Jonathan. "United States Trade Policy toward the Soviet Union: A More Commercial Orientation", *Proceedings of the Academy of Political Science*, Vol. 37, No. 4, 1990.

Chapman, S. D. *The Cotton Industry in the Industrial Revolution*, London: Macmillan, 1987.

Childs, David. *The Two Red Flags: European Social Democracy and Soviet Communism since 1945*, New York: Routledge, 2000.

Christensen, Clayton and Richard Rosenbloom, "Explaining the Attacker's Advantage: Technological Paradigms, Organizational Dynamics, and the Value Network", *Research Policy*, Vol. 24, No. 2, 1995.

Christensen, Thomas. *The China Challenge: Shaping the Choices of a Rising Power*, New York: W. W. Norton & Company, 2015.

Cipolla, Carlo. *Guns, Sails and Empires: Technological Innovation and the Early Phases of European Expansion, 1400 – 1700*, New York: Pantheon Books, 1965.

Cohen, Linda. "When Can Government Subsidize Research Joint Ventures? Politics, Economics, and Limits to Technology Policy ", *American*

Economic Review, Vol. 84, No. 2, 1994.

Cohen, Wesley and Daniel Levinthal, "Absorptive Capacity: A New Perspective on Learning and Innovation", *Administrative Science Quarterly*, Vol. 35, No. 1, 1990.

Conybeare, John. "Public Goods, Prisoners' Dilemmas and the International Political Economy", *International Studies Quarterly*, Vol. 28, No. 1, 1984.

Copeland, Dale. "Economic Interdependence and War: A Theory of Trade Expectations International Security", Vol. 20, No. 4, 1996.

Copeland, Dale. *The Origins of Major War*, Ithaca: Cornell University Press, 2000.

Corning, Gregory. "U. S. -Japan Security Cooperation in the 1990s: The Promise of High-Tech Defense", *Asian Survey*, Vol. 29, No. 3, 1989.

Dallin, Alexander. "America Through Soviet Eyes", *The Public Opinion Quarterly*, Vol. 11, No. 1, 1947.

Deibert, Ronard. *Parchment, Printing, and Hypermedia: Communication in World Order Transformation*, New York: Columbia University Press, 1997.

DiCicco, Jonathan and Jack Levy, "Power Shifts and Problem Shifts: The Evolution of the Power Transition Research Program", *The Journal of Conflict Resolution*, Vol. 43, No. 6, 1999.

Doel, Ronald "Evaluating Soviet Lunar Science in Cold War America", *Osiris*, Vol. 7, 1992.

Dosi, Giovanni. "Technological Paradigms and Technological Trajectories: A Suggested Interpretation of the Determinants and Directions of Technical Change", *Research Policy*, Vol. 11, No. 3, 1982.

Dosi, Giovanni. "Technological Paradigms and Technological Trajectories: A Suggested Interpretation of the Determinants and Directions of Technical Change", *Research Policy*, Vol. 11, No. 3, 1982.

Drezner, Daniel. "State Structure, Technological Leadership and the Maintenance of Hegemony," *Review of International Studies*, Vol. 27, No. 1, 2001.

Drifte, Reinhard. *Arms Production in Japan*, Boulder: Westview Press, 1986.

Eckstein, Alexander. *China's Economic Revolution*, Cambridge University

Press, 1977.

Elman, Colin and Miriam Elman, "Lakatos and Neorealism: A Reply to Vasquez," *American Political Science Review*, Vol. 91, No. 4, 1997.

Epstein, Katherine. *Torpedo: Inventing the Military-Industrial Complex in the United States and Great Britain*, Cambridge: Harvard University Press, 2014.

Ernest Braun, *Revolution in Miniature: The History and Impact of Semiconductor Electronics Re-explored*, New York: Cambridge University Press, 1982.

Ernst, Dieter and Barry Naughton, "China's Emerging Industrial Economy: Insights from the IT industry", in Christopher McNally, ed., *China's Emergent Political Economy*, New York: Routledge, 2008.

Ernst, Dieter. "Global Production Networks and the Changing Geography of Innovation Systems: Implications for Developing Countries", *Economics of Innovation and New Technology*, Vol. 11, No. 6, 2002.

Evans, Peter. *Embedded Autonomy: States and Industrial Transformation*, Princeton: Princeton University Press, 1995.

Evcra, Stephen. "Offense, Defense, and the Causes of War", *International Security*, Vol. 22, No. 4, 1998.

Evera, Stephen. *Causes of War*, Ithaca: Cornell University Press, 1999.

Fagerberg, Jan. David Moweryand Richard Nelson, eds., *The Oxford Handbook of Innovation*, Oxford: Oxford University Press, 2005.

Farrell, Henry and Abraham L. Newman, "Weaponized Interdependence: How Global Economic Networks Shape State Coercion", *International Security*, Vol. 44, No. 1, 2019.

Flamm, Kenneth. *Creating the Computer: Government, Industry and High Technology*. Washinton, DC: Brookings Institution Press, 1988.

Fong, Glenn. "ARPA Does Windows: The Defense Underpinning of the PC Revolution", *Business and Politics*, Vol. 3, No. 3, 2001.

Forsberg, Aaron. *America and the Japanese Miracle: The Cold War Context of Japan's Postwar Economic Revival, 1950 – 1960*, Chapel Hill and London: The University of North Carolina Press, 2000.

Freeman, Christopher. *As Time Goes by: From the Industrial Revolutions to the Information Revolution*, New York: Oxford University Press, 2002.

Freeman, Christopher. *Long Waves in the World Economy*, Boston:

Butterworths, 1983.

Freeman, Christopher. *Technology Policy and Economic Performance*. London: Pinter Publisher, 1987.

Friedberg, Aaron. *A Contest for Supremacy: China, America, and the Struggle for Mastery in Asia*, W. W. Norton & Company, 2011.

Friedman, David and Richard Samuels, "How to Succeed without Really Flying: The Japanese Aircraft Industry and Japan's Technology Ideology", in Jeffrey Frankel and Miles Kahler, eds. , *Regionalism and Rivalry: Japan and the United States in Pacific Asia*, Chicago: The University of Chicago Press, 1993.

Gaddis, John. *The Long Peace: Inquiries into the History of the Cold War*, New York: Oxford University Press, 1987.

Gehlen, Michael. "The Politics of Soviet Foreign Trade", *Western Political Quarterly*, Vol. 18, No. 1, 1965.

Gilpin, Robert. "Technological Strategies and National Purpose", *Science*, New Series, Vol. 169, No. 3944, 1970.

Gilpin, Robert. "The Theory of Hegemonic War", *in* Robert Rotberg and Theodore Rabb, eds. , *The Origin and Prevention of Major Wars*, New York: Cambridge University Press, 1988.

Gilpin, Robert. *War and Change in World Politics*, New York: Cambridge University Press, 1981.

Gittings, John. *The Changing Face of China: From Mao to Market*, Oxford University Press, 2006.

Goh, Evelyn. *Constructing the U. S. Rapprochement with China, 1961 - 1974: From "Red Menace" to "Tacit Ally"*, Cambridge University Press, 2005.

Goldstein, Avery. *Rising to the Challenge: China's Grand Strategy and International Security*, Stanford: Stanford University Press, 2005.

Goodman, Seymour. "*Soviet Computing and Technology Transfer: An Overview*", *World Politics,* Vol. 31, No. 4, 1979.

Gowa, Joanne and Edward Mansfield, "Power Politics and International Trade", *American Political Science Review*, Vol. 87, No. 2, 1993.

Gowa, Joanne. "Bipolarity, Multipolarity, and Free Trade", *American Political Science Review*, Vol. 83, No. 4, 1989.

Gowa, Joanne. "Rational Hegemons, Excludable Goods, and Small Groups:

An Epitaph for Hegemonic Stability Theory?" *World Politics*, Vol. 41, No. 3, 1989.

Graham, Loren and Irina Dezhina, *Science in the New Russia: Crisis, Aid, Reform*, Bloomington: Indiana University Press, 2008.

Green, Michael. *Arming Japan: Defense Production, Alliance Politics, and the Postwar Search for Autonomy*, New York: Columbia University Press, 1995.

Greenberg, D. S. "Who Runs America? An Examination of a Theory That Says the Answer Is A 'Military-Industrial Complex'", *Science*, Vol. 138, No. 3542, 1962.

Grieco, Joseph, Robert Powell and Duncan Snidal. "The Relative-Gains Problem for International Cooperation", *American Political Science Review*, Vol. 87, No. 3, 1993.

Grieco, Joseph. *Cooperation Among Nations: Europe, America, and Non-Tariff Barriers to Trade*, Ithaca: Cornell University Press, 1990.

Griliches, Zvi. "Hybrid Corn and the Economics of Innovation", *Science, New Series*, Vol. 132, No. 3422, 1960.

Griliches, Zvi. "Hybrid Corn: An Exploration in the Economics of Technological Change", *Econometrica*, Vol. 25, No. 4, 1957.

Hackett, Edward. Olga Amsterdamska, Michael Lynch and Judy Wajcman, eds. , *The Handbook of Science and Technology Studies*, Cambridge: The MIT Press, 2008.

Haines, Gerald and Robert Leggett, eds. , *Watching the Bear: Essays on CIA's Analysis of the Soviet Union*, Washington, D. C. : Center for the Study of Intelligence, Central Intelligence Agency, 2003.

Hall, Peter and David Soskice, eds. , *Varieties of Capitalism: The Institutional Foundations of Comparative Advantage*, New York: Oxford University Press, 1986.

Hanami, Andrew. "The Emerging Military-Industrial Relationship in Japan and the U. S. Connection", *Asian Survey*, Vol. 33, No. 6, 1993.

Hanson, Philip. *The Rise and Fall of the Soviet Economy: An Economic History of the USSR from 1945*, London: Longman, 2003.

Harding, Harry. *A Fragile Relationship: The United States and China since 1972*, Brookings Institution Press, 1992.

Hart, Jeffrey. *Rival Capitalism: International Competiveness in the United*

States, Japan and Western Europe, Ithaca and London: Cornell University Press, 1992.

Hart, Jeffrey. Robert Reed and Francois Bar, "The Building of the Internet: Implications for the Future of Broadband Networks", *Telecommunications Policy*, Vol. 16, No. 8, 1992.

Hartwell, Robert. "Markets, Technology, and the structure of Enter-price in the Development of the Eleventh Century Chinese Iron and Steel Industirs, " *Journal of Economic History*, Vol 26, 1966.

Headrick, Daniel. *Tools of Empires: Technology and European Imperialism in the Nineteenth Century*, New York: Oxford University Press, 1981.

Heiduk, Gunter and Kozo Yamamura, T*echnological Competition and Interdependence: The Search for Policy in the United States, West Germany, and Japan*, Seattle: University of Washington Press, 1990.

Herman, Leon. "The Economic Content of Soviet Trade with the West", *Law and Contemporary Problems*, Vol. 29, No. 4, 1964.

Herrera, Geoffrey. *Technology and International Transformation: The Railroad, the Atom Bomb, and the Politics of Technological Change*, Albany: State University of New York Press, 2006.

Herrmann, Richard. "Analyzing Soviet Images of the United States: A Psychological Theory and Empirical Study", *The Journal of Conflict Resolution*, Vol. 29, No. 4, 1985.

Herrmann, Richard. "Analyzing Soviet Images of the United States: A Psychological Theory and Empirical Study", *The Journal of Conflict Resolution*, Vol. 29, No. 4, 1985.

Hicks, John. *The Theory of Wages*, New York: Palgrave Macmillan, 1963.

Hidetaka, Yoshimatsu. *Internationalisation, Corporate Preferences and Commercial Policy in Japan*, New York: Palgrave Macmillan, 2000.

Hoffmann, Erik. "Soviet Foreign Policy from 1986 to 1991: Domestic and International Influences", *Proceedings of the Academy of Political Science*, Vol. 36, No. 4, 1987.

Holbraad, Carsten. *Middle Powers in International Politics*, Lodnon: Macmillan Press, 1984.

Holden, Constance. "Innovation: Japan Races Ahead as U. S. Falters", *Science,* Vol. 210, No. 4471, 1980.

Houweling, Henk and Jan Siccama, "Power Transitions as a Cause of War",

Journal of Conflict Resolution, Vol. 32, No. 1, 1988.

Howard, Michael. *The Causes of Wars*, Cambridge: Harvard University Press, 1983,

Hugill, Peter. *Transition in Power: Technological warfare and the Shift from British to American Hegemony since 1919*, New York: Lexington Books, 2018.

Hui, Victoria Tin-bor. *War and State Formation in Ancient China and Early Modern Europe*, New York: Cambridge University Press, 2005.

Ikenberry, John. "Institutions, Strategic Restraint, and the Persistence of American Postwar Order," *International Security*, Vol. 23, No. 3, 1998 - 1999.

Iriye, Akira. "Japan's Defense Strategy", *Annals of the American Academy of Political and Social Science*, Vol. 513, No. 1, 1991.

Israel, Jonathan. *Dutch Primacy in World Trade, 1585 - 1740*, New York: Clarendon Press, 1990.

Jacobson, Harold. "The Soviet Union, the UN and World Trade", *The Western Political Quarterly*, Vol. 11, No. 3, 1958.

Jervis, Robert. "Cooperation under the Security Dilemma," *World Politics*, Vol. 30, No. 2, 1978.

Jervis, Robert. *Perception and Misperception in International Politics*, Princeton: Princeton University Press, 1976.

Jervis, Robert. *The Meaning of the Nuclear Revolution: Statecraft and the Prospect of Armageddon*, Ithaca and London: Cornell University Press, 1989.

Johnson, Chalmers. *MITI and the Japanese Miracle: The Growth of Industrial Policy, 1925 - 1975*, Stanford: Stanford University Press, 1982.

Jones, Eric. *The European Miracle: Environments, Economies, and Geopolitics in the History of Europe and Asia*, New York: Cambridge University Press, 1981.

Kang, David. "Hierarchy and Legitimacy in International Systems: The Tribute System in Early Modern East Asia," *Security Studies*, Vol. 19, No. 4, 2010.

Kaufman, Richard. "Causes of the Slowdown in Soviet Defense", *Soviet Economy*, Vol. 1 No. 1, 1985.

Keohane, Robert and Joseph Nye, "Power and Interdependence in the

Information Age", *Foreign Affairs*, Vol. 77, No. 5, 1998.

Keohane, Robert. *After Hegemony: Cooperation and Discord in the World Political Economy*, Princeton: Princeton University Press, 1984.

Kevles, Daniel. *The Physicists: The History of a Scientific Community in Modern America*, New York: Vintage, 1979.

Kindleberger, Charles. *The World in Depression, 1929 – 1939*, Berkeley: University of California Press, 1973.

Kirshner, Jonathan. "Realist Political Economy: Traditional Themes and Contemporary Challenges", in Mark Blyth, ed. , *Routledge Handbook of International Political Economy*, Routledge, 2009.

Kirshner, Jonathan. *Appeasing Bankers: Financial Caution on the Road to War*, Princeton: Princeton University Press, 2007.

Kirshner, Jonathan. *Currency and Coercion: The Political Economy of International Monetary Power*, Princeton: Princeton University Press, 1997.

Krasner, Stepehn. *Asymmetries in Japanese-American Trade: The Case for Specific Reciprocity*, Berkeley: Institute of International Studies, University of California, 1987.

Krasner, Stephen. "State Power and the Structure of International Trade", *World Politics*, Vol. 28, No. 3, 1976.

Krasner, Stephen. "Trade Conflicts and the Common Defense: The United States and Japan", *Political Science Quarterly*, Vol. 101, No. 5, 1986.

Krementsov, Nikolai. *Stalinist Science*, Princeton: Princeton University Press, 1997.

Kugler, Jacek and Douglas Lemke, eds. , *Parity and War: Evaluations and Extensions of The War Ledger*, Ann Arbor: University of Michigan Press, 1996.

Kunkel, John. *America's Trade Policy Towards Japan: Demanding Results*, London and New York: Routledge, 2003.

Kunkel, John. *America's Trade Policy Towards Japan: Demanding Results*, London and New York: Routledge, 2003.

Kurlatzick, Joshua. *Charm Offensive: How China's Soft Power is Transforming the World*, New Haven and London: Yale University Press, 2007.

Kuznets, Simon. *Population, Capital, and Growth*: Selected Essays, New

York: Norton, 1973.

Lake, David. "Leadership, Hegemony, and the International Economy: Naked Emperor or Tattered Monarch with Potential?" *International Studies Quarterly*, Vol. 37, No. 4, 1993.

Lalkaka, Rustam. "Is the United States Losing Technological Influence in the Developing Countries?" *The Annals of the American Academy of Political and Social Science*, Vol. 500, No. 1, 1988,

Layne, Christopher. "The Unipolar Illusion: Why New Great Powers Will Rise", *International Security*, Vol. 17, No. 4, 1993.

Lebow, Richard. *Between Peace and War*, Baltimore: The Johns Hopkins University Press, 1981.

Lee, W. T. "The Shift in Soviet National Priorities to Military Forces, 1958 - 85", *Annals of the American Academy of Political and Social Science*, Vol. 457, No. 1, 1981.

Lemke, Douglas and Suzanne Werner, "Power Parity, Commitment to Change, and War", *International Studies Quarterly*, Vol. 40, No. 2, 1996.

Leslie, Stuart. *The Cold War and American Science: The Military-Industrial-Academic Complex at MIT and Stanford*, New York: Columbia University Press, 1993.

Leslie, Stuart. *The Cold War and American Science: The Military-Industrial-Academic Complex at MIT and Stanford*, New York: Columbia University Press, 1993.

Levy, Jack and William Thompson, *The Arc of War: Origins, Escalation, and Transformation*, Chicago and London: The University of Chicago Press, 2011.

Levy, Jack. "Declining Power and the Preventive Motivation for War," *World Politics*, Vol. 39, No. 1, 1987.

Levy, Jack. "The Causes of War and the Conditions of Peace", *Annul Review of Polzticu1 Science*, Vol. 1, 1998.

Levy, Jack. "The Theoretical Foundations of Paul W. Schroeder's International System", *International History Review*, Vol. 16, No. 4, 1994.

Levy, Jack. "Theories of General War", *World Politics*, Vol. 37, No. 3, 1985.

Levy, Jack. *War in the Modern Great Power System: 1495 - 1975*,

Lexington: University Press of Kentucky, 1983.

Lewis, John and Xue Litai, "China's Search for a Modern Air Force", *International Security*, Vol. 24, No. 1, 1999.

Li, He. "Latin America and China's growing interest", in Quansheng Zhao and Guoli Liu, eds. , *Managing the China Challenge: Global Perspectives*, London and New York: Routledge, 2009.

Li, Nan. "The Party and The Gun: Civil-military Relations", in Gungwu Wang and John Wang, eds. , *Interpreting China's Development*, Hackensack: World Scientific Publishing, 2007.

Lichtenberg, Frank. "The Impact of the Strategic Defense Initiative on US Civilian R&D Investment and Industrial Competitiveness", *Social Studies of Science*, Vol. 19, No. 2, 1989.

Lieber, Keir and Daryl Press, "The New Era of Counterforce: Technological Change and the Future of Nuclear Deterrence", *International Security*, Vol. 41, No. 4, 2017.

Lieber, Keir and Daryl Press, *The Myth of the Nuclear Revolution: Power Politics in the Atomic Age*, Ithaca: Cornell University Press, 2020.

Lieber, Keir. *War and the Engineers: The Primacy of Politics over Techonology*, Ithaca: Cornell University Press, 2005.

Lipson, Charles. "International Cooperation in Economic and Security Affairs", *World Politics*, Vol. 37, No. 1, 1984.

Long, Austin and Brendan Green, "Stalking the Secure Second Strike: Intelligence, Counterforce, and Nuclear Strategy", *Journal of Strategic Studies*, Vol. 38, No. 1 - 2, 2015.

Luke, Timothy. "Technology and Soviet Foreign Trade: On the Political Economy of an Underdeveloped Superpower", *International Studies Quarterly*, Vol. 29, No. 3, 1985.

MacLeod, Christine. *Inventing the Industrial Revolution: The English Patent System 1660 - 1800*, New York: Cambridge University Press, 1988.

Maddison, Angus. *Monitoring the World Economy, 1820 - 1992*, Washiton, D. C. : OECD Publications and Information Center, 1995.

Maddison, Angus. *The World Economy. A Millennial Perspective*, Paris: OECD Development Centre, 2001.

Mann, James. *About Face: A History of America's Curious Relationship with China, from Nixon to Clinton*, Alfred knopf, 1999.

Mastanduno, Michael. "Do Relative Gains Matter? America's Response to Japanese Industrial Policy", *International Security*, Vol. 16, No. 1, 1991.

Mastanduno, Michael. *Economic Containment: CoCom and the Politics of East-West Trade*, Cornell University Press, 1992.

Mazzucato, Mariana. *The Entrepreneurial State: Debunking Public vs. Private Sector Myths*, London: Anthem Press, 2013.

McCauley, Martin. *The Soviet Union: 1917 - 1991*, London: Longman, 1993.

McNeil, William. *The Pursuit of Power: Technology, Armed Force and Society since A. D. 1000*, Chicago: Chicago University Press, 1984.

Mearsheimer, John. "The Rise and Fall of the Liberal International Order," *International Security*, Vol. 43, No. 4, 2019.

Mearsheimer, John. *The Tragedy of Great Power Politics*, New York: W. W. Norton & Company, 2001.

Meijer, Hugo. "Balancing Conflicting Security Interests: U. S. Defense Exports to China in the Last Decade of the Cold War", *Journal of Cold War Studies*, Vol. 17, No. 1, 2015,

Meijer, Hugo. *Trading with the Enemy: The Making of US Export Control Policy toward the People's Republic of China*, New York: Oxford University Press, 2016.

Milner, Helen and Sondre Solstad, "Technological Change and the International System," *World Politics*, Vol. 73, No. 3, 2021.

Modelski, George. "The Long Cycle of Global Politics and the Nation-State", *Comparative Studies of Society and History*, Vol. 20, No. 2, 1978.

Modelski, George. *Long Cycles in World Politics*, Basingstoke: Macmillan, 1987.

Mokyr, Joel. "Cardwell's Law and the Political Economy of Technological Progress", *Research Policy*, Vol. 23, No. 5, 1994.

Mokyr, Joel. *The Lever of Riches, Technological Creativity and Economic Progress*, New York: Oxford University Press, 1990.

Morgenthau, Hans. *Politics among Nations*, New York: Alfred A. Knopf, 1948.

Mowery, David and Nathan Rosenberg, *Paths of Innovation: Technological Change in 20th-Century America*, New York: Cambridge University Press, 1998.

Mowery, David Richard R Nelson, eds. , *Sources of Industrial Leadership: Studies of Seven Industries*, New York: Cambridge University Press, 1999.

Mulder, Nicholas. *The Economic Weapon: The Rise of Sanctions as a Tool of Modern War*, New Haven: Yale University Press, 2022.

Mulgan, Aurelia and Masayoshi Honma, eds. , *The Political Economy of Japanese Trade Policy*, London: Palgrave Macmillan, 2015.

Mulgan, Aurelia. "Understanding Japanese Trade Policy: A Political Economy Perspective," in Aurelia George Mulgan and Masayoshi Honma, eds. , *The Political Economy of Japanese Trade Policy*, London: Palgrave Macmillan, 2015.

Nathan, Rosenberg. "Why do Firms do Basic Research (with Their Own Money)?" *Research Policy*, Vol. 19, No. 2, 1990.

Naughton, Barry. *The Chinese Economy: Transitions and Growth*, Massachusetts: MIT Press, 2007.

Needham, Joseph. *Science and Civilisation in China, Vol. 1*, New York: Cambridge University Press, 1956.

Nelson, Douglas. "The Political Economy of U. S. Automobile Protection," in Anne Krueger, ed. , *The Political Economy of American Trade Policy*, Chicago and London: The University of Chicago Press, 1996.

Nelson, Richard and Sidney Winter, *An Evolutionary Theory of Economic Change*, Cambridge: Belknap Press of Harvard University Press, 1982.

Nelson, Richard. *National Innovation Systems: A Comparative Analysis*, New York: Oxford University Press, 1993.

Nettl, J. P. *The Soviet Achievement*, London: Thames & Hudson, 1967.

Niou, Emerson and Peter Ordeshook, "Preventive War and the Balance of Power: A Game-Theoretic Approach", *The Journal of Conflict Resolution*, Vol. 31, No. 3, 1987.

Nishihara, Masashi. "Expanding Japan's Credible Defense Role", *International Security*, Vol. 8, No. 3, 1983 – 1984.

Nolan, Peter. *China and the Global Economy: National Champions, Industrial Policy and the Big Business Revolution*, New York: Palgrave, 2001.

Norberg, Arthur and Judy O'Neill, *Transforming Computer Technology: Information Processing for the Pentagon, 1962 – 1986*, Baltimore: Johns

Hopkins University Press, p. 1996.

Odom, William. "The Soviet Military in Transition", *Problems of Communism*, Vol. 39, 1990.

Okamura, Minoru. "Estimating the Impact of the Soviet Union's Threat on the United States-Japan Alliance: A Demand System Approach", *The Review of Economics and Statistics*, Vol. 73, No. 2, 1991.

Oksenberg, Michel. "A Decade of Sino-American Relations", *Foreign Affairs*, Vol. 61, No. 1, 1982.

Olson, Mancur. *The Logic of Collective Action: Public Goods and the Theory of Groups*, Cambridge: Harvard University Press, 1971.

Olson, Mancur. *The Rise and Decline of Nations: Economic Growth, Stagflation and Social Rigidities*, New Haven: Yale University Press, 1982.

Organski, A. F. K. and Jacek Kugler, *The War Ledger*, Chicago: University of Chicago Press, 1980.

Organski, A. F. K. *World Politics*, New York: Knopf, 1968.

Ozawa, Terutomo. *Institutions, Industrial Upgrading, And Economic Performance in Japan: The 'Flying-Geese' Paradigm of Catch-Up Growth*, Northampton: Edward Elgar, 2005.

Palmer, M. A. J. "The 'Military Revolution' Afloat: The Era of the Anglo-Dutch Wars and the Transition to Modern Warfare at Sea", *War in History*, Vol. 4, No. 2, 1997.

Parker, Geoffrey. *The Military Revolution: Military Innovation and the Rise of the West, 1500 – 1800*, New York: Cambridge University Press, 1996.

Parker, Geoffrey. *The Military Revolution: Military Innovation and the Rise of the West, 1500 – 1800*, New York: Cambridge University Press, 1988.

Parrott, Bruce. *Trade, Technology, and Soviet-American Relations*, Bloomington: Indiana University Press, 1985.

Pearton, Maurice. *The Knowledgeable State: Diplomacy, War, and Technology Since 1830*, London: Burnett Books, 1982.

Pempel, T. J. *Regime Shift: Comparative Dynamics of the Japanese Political Economy*, Ithaca and London: Cornell University Press, 1998.

Perez, Carlota. *Technological Revolutions and Financial Capital: The*

Dynamics of Bubbles and Golden Ages, Northampton: E. Elgar Publising, 2002.

Polanyi, Karl. *The Great Transformation: The Political and Economic Origins of Our Time*, Boston: Beacon Press, 1944.

Pollack, Jonathan. *The Lessons from Coalition Politics: Sino-American Security Relations*, Rand Corporation, 1984.

Posen, Barry. and Andrew Ross, "Competing Visions for U. S. Grand Strategy", *International Security*, Vol. 21, No. 3, 1996 – 7.

Posen, Barry. *The Sources of Military Doctrine*, Ithaca: Cornell University Press, 1984.

Powell, Robert. "Absolute and Relative Gains in International Relations Theory", *The American Political Science Review*, Vol. 85, No. 4. 1991.

Powell, Robert. "Review: Anarchy in International Relations Theory: The Neorealist-Neoliberal Debate", *International Organization*, Vol. 48, No. 2, 1994.

Reed, Sidney. Richard Van Atta and Seymour Deitchman, *DARPA Technical Accomplishments, Volume 1: An Historical Review of Selected DARPA Projects*, Alexandria: Institute for Defense Analysis, 1990.

Rees, Mina. "The Computing Program of Office of Naval Research, 1946 – 53", *Annals of the History of Computing* 4, Vol. 30, No. 10, 1982.

Rezun, Miron. *Science, Technology, and Ecopolitics in the USSR*, Westport: Praeger, 1996.

Rielly, John. ed., *American Public Opinion and U. S. Foreign Policy*, Chicago: The Chicago Council on Foreign Relations, 1991.

Rogowski, Ronald. *Commerce and Coalitions: How Trade Affects Domestic Political Alignments*, Princeton: Princeton University Press, 1989.

Rosato, Sebastian. "The Inscrutable Intentions of Great Powers", *International Security*, Vol. 39, No. 3, 2014/2015.

Rosecrance, Richard. *The Rise of the Trading State: Commerce and Conquest in the Morden World*, New York: Basic Books, 1986.

Rosecrance, Richard. *The Rrise of the Virtual State: Wealth and Power in the Coming Century*, New York: Basic Books, 1999.

Rosenberg, Nathan and Richard Nelson. "The Roles of Universities in the Advance of Industrial Technology." in Richard Rosenbloom and William Spencer, eds., *Engines of Innovation: U. S. Industrial Research at the*

End of an Era, Boston: Harvard Business School Press, 1996.

Rosenberg, Nathan. "Uncertainty and Technological Change," in Ralph Landau, Timothy Taylor and Gavin Wright, eds., *The Mosaic of Economic Growth*, Stanford: Stanford University Press, 1996.

Rosenberg, Nathan. "Why Do Firms Do Basic Resarch With Their Own Money", *Research Policy*, Vol. 19, No. 2, 1990.

Rosenberg, Nathan. *Perspective on Technology*, New York, Cambridge University Press, 1976.

Rushing, Francis and Anne Lieberman, *The Role of U. S. Imports in the Soviet Growth Strategy for the Seventies*, Journal of International Business Studies, Vol. 8, No. 2, 1977.

Ruttan, Vernon. *Is War Necessary for Economic Growth? Military Procurement and Technology Development*, New York: Oxford University Press, 2006.

Ruttan, Vernon. *Technology, Growth and Development: An Induced Innovation Perspective*, New York: Oxford University Press, 2001.

Samuels, Richard. *Rich Nation, Strong Army, National Security and the Technological Transformation of Japan*, Ithaca: Cornell University Press, 1994.

Schiavone, Giuseppe. *The Institutions of Comecon*, London: The Macmillan Press, 1981.

Schmookler, Jacob. "Economic Sources of Inventive Activity", *The Journal of Economic History*, Vol. 22, No. 1, 1962.

Schmookler, Jacob. *Invention and Economic Growth*, Cambridge: Harvard University Press, 1966.

Schweitzer, Glenn. *Techno-Diplomacy: US-Soviet confrontations in science and technology*, New York: Plenum Press, 1989.

Schweller, Randall. "Bandwagoning for Profit: Bringing the Revisionist State Back In", *International Security*, Vol. 19, No. 1, 1994.

Schweller, Randall. "Neorealism's Status Quo Bias: What Security Dilemma?" *Security Studies*, Vol. 5, No. 3, 1996.

Shambaugh, David. *China Goes Global: The Partial Power*, New York: Oxford University Press, 2013.

Shavinina, Larisa. ed., *The International Handbook on Innovation*, Oxford: Pergamon, 2003.

Shewin, C. W. and R. S. Isenson, "Project HINDSIGHT: A Defense Department Study of the Utility of Research", *Science*, Vol. 156, No. 3782, 1967.

Simmons, Joel. *The Politics of Technological Progress: Parties, Time Horizons, and Long-term Economic Development*, New York: Cambridge University Press, 2016.

Smith, Merritt. *Military Enterprise and Technological Change: Perspective on the American Experience*, Cambridge: MIT Press, 1985.

Snidal, Duncan. "Relative Gains and the Pattern of International Cooperation", *American Political Science Review*, Vol. 85, No. 3, 1991.

Solow, Robert. "A Contribution to the theory of Economic Growth", *Quarterly Journal of Economics*, Vol. 70, No. 1, 1956.

Sternheimer, Stephen. "From Dependency to Interdependency: Japan's Experience with Technology Trade with the West and the Soviet Union", *Annals of the American Academy of Political and Social Science*, Vol. 458, 1981.

Strode, Dan and Rebecca Strode, "Diplomacy and Defense in Soviet National Security Policy", *International Security*, Vol. 8, No. 2, 1983.

Sun, Marjorie. "Japan Faces Big Task in Improving Basic Science", *Science*, Vol. 243, No. 4896, 1989.

Taira, Koji. "Japan, an Imminent Hegemon?" *Annals of the American Academy of Political and Social Science*, Vol. 513, No. 1, 1991.

Taylor, Mark. "International Linkages and National Innovation Rates: An Exploratory Probe", *Review of Policy Research*, Vol. 26, No. 1 – 2, 2009.

Thomas, John and Ursula Kruse-Vaucienne, eds., *Soviet Science and Technology: Domestic and Foreign Perspectives*, Washington: National Science Foundation and George Washington University, 1977.

Thompson, William. *Power Concentration in World Politics: The Political Economy of Systemic Leadership, Growth, And Conflict*, Bloomington: Springer, 2020.

Thucydides, *The Peloponnesian War*, New York: Penguin, 1954.

Tufte, Edward. *Political Control of the Economy*, Princeton: Princeton University Press, 1978.

Uriu, Robert. *Clinton and Japan: The Impact of Revisionism on U. S. Trade Policy*, New York: Oxford University Press, 2009.

Utterback, James and Fernando Suarez, "Innovation, Competition, and Industry Structure," *Research Policy*, Vol. 22, No. 2, 1993.

Utterback, James. "Innovation in Industry and the Diffusion of Technology", *Science*, Vol. 183, No. 4125, 1974.

Walsh, John. "International Trade in Electronics: U. S. -Japan Competition", *Science*, Vol. 195, No. 4283, 1977.

Waltz, Kenneth. "Evaluating Theories", *American Political Science Review*, Vol. 91, No. 4, 1997.

Waltz, Kenneth. *Man, the State, and War*, New York: Columbia University Press, 1959.

Waltz, Kenneth. *Theory of International Politics*, Mass. Addison-Wesley Pub, 1979.

Weinstein, Martin. "Trade Problems and U. S. -Japanese Security Cooperation", *The Washington Quarterly*, Vol. 11, No. 1, 1988.

Weiss, Linda. *America Inc. : Innovation and Enterprise in the National Security State*, Cornell University Press, 2014.

White, Stephen. "Economic Performance and Communist Legitimacy", *World Politics*, Vol. 38, No. 3, 1986.

Whitney, Christopher. *Soft Power in Asia: Results of a 2008 Multinational Survey of Public Opinion*, The Chicago Council on Global Affairs and East Asia Institute, 2008.

Wike, Richard. "Trump's International Ratings Remain Low, Especially Among Key Allies", *Pew Research Center*, 2018.

William Lynn III, "The End of the Military-Industrial Complex: How the Pentagon Is Adapting to Globalization", *Foreign Affairs*, Vol. 93, No. 6, 2014.

Wohlforth, William. "The Stability of a Unipolar World", *International Security*, Vol. 24, No. 1, 1999.

Wrigley, E. A. *Energy and the English Industrial Revolution*, New York: Cambridge University Press, 2010.

Yarbrough, Beth and Robert Yarbrough, "Cooperation in the Liberalization of International Trade: After Hegemony, What?", *International Organization*, Vol. 41, No. 1, 1987.

Yue, Linda. *The Economy of China*, Cheltenham and Northampton: Edward Elgar, 2010.

Zhang, Chi. "China's energy diplomacy in Africa: The Convergence of National and Corporate Interests," in Christopher Dent, ed. , *China and Africa Development Relations*, London and New York: Routledge, 2011.

Zheng, Bijian. "China's 'Peaceful Rise' to Great-Power Status", *Foreign Affairs*, Vol. 84, No. 5, 2005.

Zhu, Tianbiao. "Developmental States and Threat Perceptions in Northeast Asia", *Conflict, Security & Development*, Vol. 2, No. 1, 2002.

Zhu, Tianbiao. "International Context and China's Business-Government Relations", in Xiaoke Zhang and Tianbiao Zhu, eds. , *Business, Government and Economic Institutions in China*, Palgrave Macmillan, 2018.

Zysman, John. "US Power, Trade and Technology", *International Affairs*, Vol. 67, No. 1, 1991.

后记

本书是在我博士论文的基础上修改而成的。在博士期间，对这一议题的研究让我对科学技术的政治经济学以及与此相关的发展的政治经济学产生了持久的兴趣。这本书是我学术生涯的第一部专著，我希望将自己感兴趣的东西与学界同仁分享。

我 1999 年进入南开大学政治学系，然后开始双修经济学，获得了双学士学位。2003 我进入北京大学政治经济学系，几经波折，我换到了傅军教授门下。那年中秋节，傅军老师邀请朱天飚老师与路风老师与我们几位研究生见面。此后，他们三位开始对我进行集体指导。不久以后，宋磊老师加盟政治经济学系，在我做博士论文期间，他给予了我很多非常重要的建议。在康奈尔大学联合培养期间，卡赞斯坦教授也给了我不遗余力的帮助。这几位老师是驱使我选择大学教师这一职业的重要动力，我常常庆幸自己能遇到他们。

傅老师分析问题高度抽象，他强大的思维能力让人折服。他的敏锐性和做研究的方法让我终生受益。在学生眼中：傅老师是开放的、执着的。他会打电话到我宿舍，回应我对他研究提出的问题；

他讲研究到兴头的时候，拉着我们几个博士，一谈就是一个下午；乃至有一次在瑟瑟寒风中，和我们讨论大半个晚上。他一直强调博士生与导师之间的人格平等。所以，正是傅老师在学术上的开放态度，给了我很大的空间，让我能做自己感兴趣的研究。

朱天飚老师是一个天生的好教师，他的故事遍及北大、清华、南开。他是和我讨论最频繁、交流最多的老师。卡赞斯坦教授说：当他走进朱老师的课堂时，立刻就感觉到空气中有一股"电流"。每次课上，朱天飚老师来回踱着方步，检查大家的阅读。他总是能以开放的态度倾听各种不同意见，鼓励学生去挑战他。我曾邀请他给我的学生讲一次课，他回邮件："我一定认真准备，接受同学们的批评"。此外，非常重要的是，他与学生有非常频繁的师生互动——他常常邀请我们吃饭；每周安排答疑时间；在北大 bbs 上有教学专栏。我的不少同事都希望朱老师能有机会来上海交大交流，以一睹他的风采。

路老师对研究一直保持着高度的激情，他办公室的门几乎天天都开着，他永远在干活。连跟我们吃午饭的时候，还总在聊他的研究。他对学术的激情，对民族工业的责任感，让我们感动。我记得刚进北大的时候，路老师发出的声音还没有引起这么大的政策反响。当时，主流经济学的声音占据了技术政策的舞台。时过境迁，如今大家一谈到自主创新，就会自然而然想起路风。无论在台下还是走上前台，路风老师总是这么淡定，他是引领新的主流的学者。

宋磊老师从日本获得学位，到北大执教。他的风格与前面几位从美国取得学位的老师不同。他为我研究付出了很大的心血。从指导我的研究技巧、研究方法，再到具体行文，宋老师都表现出了一丝不苟的态度。他常常提醒我要克服研究中的"毛糙"之处，提醒我研究要做得更精致，事实证据要更充分，立论要更严谨。由于我希望自己做一个政治学者，而不是一个区域专家，希望自己构建的理论有足够的广度和解释范围。因此，作为一个年轻学者，我常常难以驾驭宏大的主题和众多的历史材料。历史学家和区域专家在这方面做得很精致，而本书的理论是开放性的，我希望能得到他们的批评，并从他们的专业分工中获益。

卡赞斯坦教授和他的弟子——朱天飚老师很像，他们都是天生的好老师。我一直困惑的是，卡赞斯坦他老人家每天睡几个小时？因为，我们晚上 11：00 下课，才把作业交给他。到第二天早上，我睡眼惺忪地起床开电脑，发现他已经批阅完毕，把详细意见返回了。由于他太受康奈尔大学的学生欢迎，所以每次他刚贴出答疑安排，就被学生预约满了。不得已，我总是再给他写邮件，希望他另外安排时间，和我谈谈我的研究，而我的愿望总是能得到满足。他对问题的分析出奇的敏锐，往往你刚开口或者他刚看一眼你的草稿，他就知道你要说啥，你的问题是什么。

上面五位老师形态各异，各具特色，我愿意沿着他们的足迹，和他们一起把教学和研究做好。

另外，我身边的同学也不断在促使我进步——我在北大政经系436 办公室的各位博士生；我在康奈尔大学联合培养期间和我一起学习的博士生；还有英国曼彻斯特大学"全球化、发展与贫困"讨论会那群博士生。和他们进行的高质量的讨论，尤其是高质量的批评，让人觉得探寻政治科学的奥秘是美的享受。我也希望能有机会，能为我的学生提供这样的讨论。

国家留学基金委资助我到康奈尔大学进行联合培养一年；康奈尔大学政府系为我免除了一年的学费。我很庆幸能获得这样的机会。同时，我也庆幸能到上海交通大学国际与公共事务学院这样一个有很高平台的学术机构继续从事政治经济学的教学和研究，我相信自己能把书教好，把研究做好。

上海市"晨光计划"的资助让我能更进一步地从事科学技术政治经济学的研究。同时，我获得了上海交通大学"文治堂"出版基金的资助。同时，我也要感谢上海交通大学评审专家的帮助，以及交大出版社郁金豹老师的修改建议，让本书能够与读者见面。

本书是和多位老师和博士长期讨论的一个结晶，单单刘骥和叶静博士给我的意见就不下十次，当然主要是批评意见。在其他不同的国际会议上，我不断提交研究，征求意见。在这个过程中，我接受了方方面面的意见，并根据自己的能力和学术判断，进行了调整修改。这里面，要感谢的人太多。

我要感谢我南开大学时候的老师，是他们培养了我早期的学术兴趣，他们是：杨敬年、车铭洲、朱光磊、杨龙、王正毅、蔡拓、葛荃、何自力、李元亨。

此外，还要感谢对我论文有过帮助和批评的老师，他们是：崔之元、陈琪、于铁军、宁骚、李强、萧鸣政、刘靖华、李俊清、Joseph Stiglitz、Jonathan Kirshner、Christopher Way 等。

此外还要感谢几位博士和朋友，他们来自各个大学，他们是：苏莉、李巍、陈琳、张长东、王裕华、刘丰、陈小鼎、刘兴华、刘伟伟、陈慧荣、曹崴、蔡莹莹、包刚升、刘军强、冯明亮。

当然，我特别要感谢的是我的父母黄兴友、罗安琼，他们总是支持我做出自己喜欢的事情。

上海交通大学国际与公共事务学院

黄琪轩

2011 年 9 月

再版后记

　　《大国权力转移与技术变迁》第一版在十年前出版。尽管该书已在市面上售罄，但我拖沓了好些年没有再版。这次承蒙上海三联书店徐建新编辑邀请，我将该书做了调整修改，让本书第二版和读者见面。在本书第一版出版时，我感谢过很多师友，这里我就不再一一重复。长期以来，他们一直予以我最大的支持。我个人的学术成长过程离不开周围诸多师友的鼓励和帮助，借本书再版机会向他们表示感谢。

　　我很幸运，我所从事的国际政治经济学有一个学术共同体。我尤其要感谢张宇燕、王正毅、谭秀英等老师为学界搭建了一个良好的共同体平台，让我的教学和研究都有归属感。在每年"国际政治经济学论坛"上，学界同行都能聚在一起，既有切磋交流，又有相互鼓励。

　　我从与兄弟院校各位师友的互动中获益良多。在这里我要感谢北京大学的王逸舟、王勇、庞珣、陈绍峰、董昭华、雷少华、王栋、封凯栋、罗祎楠、马啸、席天扬，中国人民大学的杨光斌、宋新宁、田野、方长平、宋伟、尹继武、左希迎、翟东升、保建云、夏敏、刁大明、金晓文、李晨，复旦大学的陈志敏、苏长和、李滨、陈明明、樊勇明、张建新、郑宇、唐世平、陈玉刚、黄河、熊易寒、李辉、陈玉聃、朱杰进、章奇、胡鹏、左才、陈拯、林民旺、孙德刚、贺平、李寅，中国社会科学院的高程、袁正清、冯维江、徐秀军、徐进、主父笑飞、杨原、赵远良、钟飞腾、任琳、黄宇韬、陈兆源，上海社会科学院的王健、余建华、刘鸣、顾炜、叶成城、汤伟、陈永以及清华大学的孙学峰、赵可金、漆海霞、陈冲、黄宇兴、李莉、孟天广。我尤其需要感谢母校南开大学的老师韩召颖、王翠文、杨娜、张发林、董柞壮围绕我本书的修改稿进行了讨论，支持我、鼓励我。

来自其他兄弟院校的师长和朋友也给我巨大的支持和帮助，他们是赵鼎新、牛铭实、朱锋、郑永年、门洪华、陈志瑞、谢岳、石斌、谢韬、牛凯军、丁明磊、戴长征、胡宗山、耿曙、许佳、黄冬娅、王正绪、刘洪钟、董青岭、武心波、王存刚、毛维准、李俊久、王达、段海燕、孙砚菲、杨宏星、郦菁、曾向红、唐敏、任洪生、鲁传颖、钟振明、蔡亮、刘若楠、李振、邢瑞磊、高奇琦、阙天舒、刘旻玮、杨毅、曲博、吴文成、张振华、张志文、朱贵昌、王学东、林娴岚、戚凯、王皓、释启鹏、余嘉俊等。

我还清晰记得刚参加工作时，清华大学的阎学通老师曾召集我们年轻一代学者到清华探讨自己愿意深耕的研究议题；刚到上海不久，金应忠、苏长和老师邀请学界年轻同仁一起相聚，切磋未来的研究选题。在各位前辈和同仁的鼓励下，我长期围绕国际关系中的技术议题展开研究。这一本书修改出版后，我希望大国技术竞争两部曲的第二部《大国市场规模与技术竞争》能很快问世。

来上海交大工作已十余年，这里良好的学术环境让我可以有一方天地看书、教书、写书。我要感谢我的同事林冈、张明军、陈映芳、吕守军、徐家良、李明明、刘帮成、彭勃、朱德米、文一、樊博、魏英杰、陈超、陈玮、季程远、陈尧、史冬波、韩广华、张攀、林浩舟、陈语霆、李晨阳、陈佳、刘宏松、苏若林、郑华、左亚娜、黄平、张学昆、贾开、付舒、刘立群以及服务学院发展的各位老师：胡伟、胡近、章晓懿、钟杨、吴建南、沈丽丹、朱启贵、姜文宁、曹友谊、李振全、程茵、杨姗、高雪花、谢琼、沈崴奕、陆洁敏、赵利润、曹扬、梅寒雪、王文杰等。上海交大其他院系的几位领导和老师也为我的教学和科研提供了帮助，他们是高捷、方曦、王培丞、田冰雪等。最近几年，交大国务学院年轻一代学者已自发形成"技术与产业政治"的研究群体。随着大家交流切磋日益增多，相信未来学院的各位同事会有更多更好的成果面世。

我还要感谢中国船舶七〇八所陈刚教授、吴正、华伟、陈光、李波、唐灿明、崔文国、笪睿、沈敏行。我相关研究受益于和他们的讨论。我儿子黄琛现充满好奇地看我在校对书稿，我太太邓师瑾让他帮忙，但这项工作对小朋友而言太艰巨了。所幸我的研究生李文见、何葭帮我一起完成了校对。本书第一版受上海市哲社项目以及"晨光计划"资助，在修改第二版过程中受上海市"曙光计划"资助，在此表示衷心感谢。

黄琪轩

2023 年 8 月

Here 此间学人系列书目

徐贲

《与时俱进的启蒙》

《人文启蒙的知识传播原理》

《人类还有希望吗：人工智能时代的人文启蒙和教育》

郑也夫

《神似祖先》

《五代九章》

高全喜

《苏格兰道德哲学十讲》

《休谟的政治哲学》（增订版）

《论相互承认的法权：〈精神现象学〉研究两篇》（增订版）

吴飞

《浮生取义（外两种）》

《论殡葬》

李宝臣

《礼不远人：走近明清京师礼制文化》（深度增订版）

陈洪

《结缘两千年：俯瞰中国古代文学与佛教》

朱海就

《真正的市场：行动与规则的视角》

《文明的原理：真正的经济学》

《企业家与企业》

刘业进

《演化经济学原理》

《经济发展的中国经验》

方绍伟

《经济学的观念冲突》

《经济增长的理论突破》

黄琪轩

《大国权力转移与技术变迁》（深度增订版）

《政治经济学通识：历史·经典·现实》（深度增订版）

《世界政治经济中的大国技术竞争》

朱天飚

《争论中的政治经济学理论》

冯兴元

《创造财富的逻辑》（冯兴元、孟冰）

《门格尔与奥地利学派经济学入门》

李强

《自由主义》

《思想的魅力》

军宁

《保守主义》

《投资哲学》

任剑涛

《艰难的现代：现代中国的社会政治思想》

《博大的现代：西方近现代社会政治创制》

《嘱望的现代：巨变激荡的社会政治理念》

Here 此间学人·经典精译系列

亚里士多德：《尼各马可伦理学》（李涛　译注）
久米邦武编撰：《美欧回览实记》（徐静波　译注）

图书在版编目（CIP）数据

大国权力转移与技术变迁/黄琪轩著. —上海：
上海三联书店，2024.9. —ISBN 978 - 7 - 5426 - 8570 - 4

Ⅰ. D523；N11

中国国家版本馆 CIP 数据核字第 2024K37H44 号

大国权力转移与技术变迁

著　　者／黄琪轩

责任编辑／徐建新
装帧设计／一本好书
监　　制／姚　军
责任校对／王凌霄　张　瑞

出版发行／上海三联书店
　　　　　（200041）中国上海市静安区威海路 755 号 30 楼
邮　　箱：sdxsanlian@sina.com
联系电话／编辑部：021 - 22895517
　　　　　发行部：021 - 22895559
印　　刷／山东新华印务有限公司

版　　次／2024 年 9 月第 1 版
印　　次／2024 年 9 月第 1 次印刷
开　　本／655mm×960mm　1/16
字　　数／330 千字
印　　张／28.5
书　　号／ISBN 978 - 7 - 5426 - 8570 - 4/D · 644
定　　价／98.00 元

敬启读者，如发现本书有印装质量问题，请与印刷厂联系 0538 - 6119360